# 软件自动化测试实践

主　编　侯雪梅　高　飞　吴建萍
副主编　燕菊维　徐欢欢　禹　璐

国防工业出版社
·北京·

## 内容简介

本书以软件测试技术为主线，以实践操作为抓手，介绍常用测试方法和测试工具，使读者掌握实用的测试技能，提高测试实践能力。书中内容紧跟软件测试技术发展前沿，对大数据软件测试和机器学习软件测试技术也进行了阐述，有利于拓展软件测试人员的知识面。全书共分为8章，主要内容包括自动化测试基础、JUnit/UnitTest 单元测试、Selenium Web 功能测试、Appium 移动应用测试、JMeter 性能测试、嵌入式系统测试、大数据测试、机器学习软件测试等。

书中实践案例大多采用全国大学软件测试大赛赛题，易操作，可作为高等院校软件工程、计算机等相关专业本科生和研究生软件测试相关课程教材，也可以作为参加全国大学生软件测试大赛的赛前指导书。

#### 图书在版编目（CIP）数据

软件自动化测试实践/侯雪梅，高飞，吴建萍主编．
北京：国防工业出版社，2025.1．—ISBN 978-7-118-13538-1

Ⅰ．TP311.55

中国国家版本馆 CIP 数据核字第 2025TS3420 号

※

国防工业出版社出版发行
（北京市海淀区紫竹院南路23号　邮政编码100048）
北京富博印刷有限公司印刷
新华书店经售

\*

开本 787×1092　1/16　印张 19¾　字数 452 千字
2025年1月第1版第1次印刷　印数 1—1500 册　定价 88.00 元

**（本书如有印装错误，我社负责调换）**

国防书店：(010)88540777　　书店传真：(010)88540776
发行业务：(010)88540717　　发行传真：(010)88540762

# 前　言

随着软件系统规模的日益扩大,用户对软件的质量要求越来越高,大规模软件系统的测试也变得更加困难和复杂,传统的人工测试的局限性也越来越明显。自动化软件测试具有严密的评估标准和完整的自动测试过程,可以克服传统测试技术的许多问题,避免测试人员惯性思维所导致的测试疏漏,也可减少由于手工测试中繁复的重复工作所导致的人为差错。近年来,机器学习软件得到了大规模的应用,模型的结构和所使用的技术越来越复杂,数据规模越来越大,机器学习软件本身的缺陷和漏洞带来了不可预估的问题,机器学习软件的测试也受到了越来越多的关注。

本书以软件测试工作流程为主线,软件测试技术为抓手,通过常用测试工具和实践案例来介绍单元测试、功能测试、性能测试、嵌入式测试、大数据测试和机器学习软件测试的实施过程,使读者掌握实用的测试技能,提高测试实践能力。本书内容通俗易懂,实践案例大多采用全国大学软件测试大赛赛题,易操作,可作为高等院校软件工程、计算机等相关专业本科生和研究生课程的使用教材,也可以作为参加全国大学生软件测试大赛的赛前指导书。

全书分为 8 章,分别是自动化测试基础、JUnit/UnitTest 单元测试、Selenium Web 功能测试、Appium 移动应用测试、JMeter 性能测试、嵌入式系统测试、大数据测试、机器学习软件测试。

第 1 章:自动化测试基础。本章主要介绍软件测试的基本方法和技术、自动化测试和手工测试的区别,并介绍一些新的自动化测试技术和发展趋势。

第 2 章:JUnit/UnitTest 单元测试。本章介绍单元测试过程和方法,介绍 Java 语言开源单元测试工具 Junit 和 Python 语言开源单元测试工具 UnitTest,给出完整的自动化测试框架,并通过 Junit 和 UnitTest 工具完成具体实例单元测试。

第 3 章:Selenium Web 功能测试。本章介绍 Web 应用程序功能测试方法和技术,介绍应用广泛的开源 Web 测试工具 Selenium,以及使用 Selenium 的测试流程,并通过 Selenium 工具完成具体实例的功能测试。

第 4 章:Appium 移动应用测试。本章介绍移动应用测试流程和自动化测试方法,介绍开源的移动应用测试工具 Appium,通过 Appium 工具完成具体实例的测试过程。

第 5 章:JMeter 性能测试。本章介绍性能测试包含的测试类型和测试指标,介绍性能测试流程和开源性能测试工具 JMeter，通过 JMeter 模拟不同业务不同场景的性能测试过程。

第 6 章：嵌入式系统测试。本章从嵌入式系统的产生与发展背景、基本概念、内涵与特点入手，引出嵌入式系统测试的中心任务，随之对主要的嵌入式系统测试方法进行介绍和总结，最后介绍 ETest 嵌入式测试工具，通过 ETest 完成具体实例嵌入式测试过程。

第 7 章：大数据测试。本章介绍新的大数据测试和传统测试的区别，主要包括大数据 ETL 测试和大数据基准测试，并介绍了 ETL 测试和基准测试常用的软件工具，最后介绍了大数据测试发展趋势。

第 8 章：机器学习软件测试。本章介绍机器学习软件测试与传统软件测试的区别，给出机器学习软件测试的流程和软件质量属性，重点介绍基于覆盖、基于对抗样本以及融合传统的测试技术和基于蜕变测试的测试预言方法，给出了机器学习模型测试开源工具 Deepchecks 和 Evidently 的使用方法和实现案例，最后介绍了机器学习软件测试发展趋势。

本书第 1 章由禹璐编写，第 2 章由徐欢欢编写，第 3、4 章由吴建萍编写，第 5 章由侯雪梅编写，第 6 章由李顺航、周萌阳、侯雪梅共同编写，第 7 章由燕菊维编写，第 8 章由高飞编写，全书由侯雪梅统稿。信息工程大学周刚教授、杨奎武副教授、李志博副教授、张俭鸽副教授对全书提出了许多宝贵的意见和建议；本书的编写也得到了学校各级领导的关心和支持；当然，也离不开亲爱的家属们，没有他们的支持与理解，就没有本书的顺利完成，在此一并表示深深的感谢。

由于时间紧迫以及作者水平有限，书中难免有不足之处，恳请各位读者和专家批评、指正。

# 目 录

## 第 1 章 自动化测试基础

1.1 软件测试概述 ·········································································· 001
 1.1.1 软件测试的概念 ······························································ 001
 1.1.2 软件测试的生命周期 ························································ 002
 1.1.3 软件测试的原则 ······························································ 004
 1.1.4 软件测试的分类 ······························································ 005
 1.1.5 常用的软件测试模型 ························································ 008
1.2 软件自动化测试 ······································································· 011
 1.2.1 手工测试与自动化测试 ····················································· 011
 1.2.2 自动化测试技术分类 ························································ 012
 1.2.3 自动化测试实施的三要素 ·················································· 014
 1.2.4 自动化测试的适用场景 ····················································· 015
1.3 自动化测试技术的发展趋势 ························································· 016

## 第 2 章 JUnit/UnitTest 单元测试

2.1 单元测试基础 ·········································································· 019
 2.1.1 单元测试相关概念 ··························································· 019
 2.1.2 单元测试内容 ································································· 020
 2.1.3 单元测试设计原则 ··························································· 022
 2.1.4 单元测试过程 ································································· 023

2.1.5　单元测试的优点 …… 023
　　2.1.6　环境准备 …… 024
2.2　JUnit 单元测试 …… 027
　　2.2.1　Java 单元测试介绍 …… 027
　　2.2.2　JUnit 单元测试框架 …… 029
　　2.2.3　JUnit 应用实例 …… 042
2.3　UnitTest 单元测试 …… 066
　　2.3.1　UnitTest 介绍 …… 066
　　2.3.2　UnitTest 单元测试框架 …… 066
　　2.3.3　UnitTest 应用实例 …… 071

# 第 3 章　Selenium Web 功能测试

3.1　Web 功能测试概述 …… 076
　　3.1.1　功能测试定义 …… 076
　　3.1.2　功能测试工具 …… 076
　　3.1.3　功能测试应用 …… 078
3.2　Selenium 测试流程 …… 079
　　3.2.1　需求分析 …… 079
　　3.2.2　测试设计 …… 079
　　3.2.3　测试执行 …… 083
3.3　Selenium 测试工具 …… 085
　　3.3.1　Selenium 介绍 …… 085
　　3.3.2　Selenium 工作原理 …… 085
　　3.3.3　Selenium 环境安装 …… 086
　　3.3.4　Selenium 元素定位 …… 090
3.4　Selenium 应用实例 …… 098

# 第 4 章　Appium 移动应用测试

4.1　App 自动化测试概述 …… 109

4.1.1　App 应用背景 …… 109
4.1.2　Android 基础 …… 109
4.1.3　App 类型 …… 110
4.2　App 测试流程 …… 111
4.3　Appium 测试工具 …… 113
4.3.1　Appium 介绍 …… 113
4.3.2　Appium 工作原理 …… 113
4.3.3　Appium 环境搭建 …… 114
4.3.4　Appium 元素定位 …… 117
4.3.5　Appium 常用操作 …… 118
4.4　Appium 应用实例 …… 121

# 第 5 章　JMeter 性能测试

5.1　性能测试概述 …… 129
5.1.1　性能测试基础 …… 129
5.1.2　性能测试类型 …… 131
5.1.3　性能测试指标 …… 133
5.2　性能测试流程 …… 138
5.2.1　分析性能需求 …… 139
5.2.2　建立测试模型 …… 140
5.2.3　创建测试场景 …… 141
5.2.4　设计测试脚本 …… 141
5.2.5　执行测试与监控 …… 141
5.2.6　结果分析与调优 …… 141
5.3　JMeter 性能测试工具 …… 142
5.3.1　JMeter 介绍 …… 143
5.3.2　JMeter 安装 …… 144
5.3.3　JMeter 基本概念和常用元件 …… 146
5.4　JMeter 应用实例 …… 157

# 第 6 章　嵌入式系统测试

## 6.1　嵌入式系统 …… 166
### 6.1.1　初步认识嵌入式系统 …… 166
### 6.1.2　嵌入式系统的分类及特点 …… 169
## 6.2　嵌入式系统测试方法 …… 170
### 6.2.1　概述 …… 170
### 6.2.2　嵌入式测试环境 …… 171
### 6.2.3　嵌入式测试流程 …… 172
### 6.2.4　基于业务场景的嵌入式测试 …… 173
### 6.2.5　基于风险的嵌入式测试 …… 174
### 6.2.6　基于探索式的嵌入式测试 …… 175
### 6.2.7　基于任务驱动的嵌入式测试 …… 176
## 6.3　ETest 嵌入式测试工具 …… 177
### 6.3.1　ETest 简介 …… 177
### 6.3.2　ETest 使用过程 …… 178
## 6.4　ETest 应用实例 …… 180
### 6.4.1　测试概述 …… 180
### 6.4.2　功能测试 …… 184
### 6.4.3　接口测试 …… 194
### 6.4.4　性能测试 …… 201

# 第 7 章　大数据测试

## 7.1　大数据基础 …… 204
### 7.1.1　什么是大数据 …… 204
### 7.1.2　Hadoop 生态系统 …… 205
### 7.1.3　数据仓库与 ETL 流程 …… 225
## 7.2　大数据测试概述 …… 228
### 7.2.1　什么是大数据测试 …… 228

7.2.2 大数据测试和传统软件测试的区别 ·········· 229
   7.2.3 大数据 ETL 测试 ·········· 229
   7.2.4 大数据基准测试 ·········· 239
7.3 大数据测试工具 ·········· 241
   7.3.1 大数据 ETL 测试工具 ·········· 241
   7.3.2 大数据基准测试工具 ·········· 243
7.4 大数据测试发展趋势 ·········· 245

# 第 8 章 机器学习软件测试

8.1 机器学习软件测试基础 ·········· 246
   8.1.1 机器学习软件测试与传统软件测试的区别 ·········· 247
   8.1.2 机器学习软件测试内容 ·········· 248
   8.1.3 机器学习软件测试流程 ·········· 249
   8.1.4 机器学习软件质量属性 ·········· 250
8.2 基于覆盖的测试技术 ·········· 254
   8.2.1 神经元覆盖 ·········· 255
   8.2.2 拓展神经元覆盖 ·········· 255
   8.2.3 MC/DC 变体覆盖 ·········· 256
   8.2.4 状态级覆盖 ·········· 257
   8.2.5 路径覆盖 ·········· 258
   8.2.6 意外覆盖 ·········· 258
8.3 基于对抗样本的测试技术 ·········· 259
   8.3.1 白盒方法 ·········· 259
   8.3.2 黑盒方法 ·········· 264
8.4 融合传统的测试技术 ·········· 267
   8.4.1 模糊测试 ·········· 267
   8.4.2 变异测试 ·········· 275
   8.4.3 符号执行 ·········· 278
8.5 机器学习软件测试预言 ·········· 280
   8.5.1 蜕变测试 ·········· 280
   8.5.2 伪预言 ·········· 285

8.6 机器学习模型测试工具 ………………………………………………… 285
  8.6.1 Deepchecks ……………………………………………………… 285
  8.6.2 Evidently ………………………………………………………… 292
8.7 机器学习软件测试发展趋势 …………………………………………… 301

参考文献 ……………………………………………………………………… 302

# 第 1 章
# 自动化测试基础

自动化测试是指需要借助测试脚本或专业测试软件对测试过程中大量重复或可以预定义的操作进行自动测试的过程。通常,在需要频繁迭代更新的产品开发中,手工测试虽然可以实现验证产品工作流程的目的,但是其工作量极大,导致对人力和物力的消耗很大,一般很难完全做到重测每个功能,所以需要借助自动化测试快速找出产品迭代过程中的缺陷。本章通过介绍自动化测试体系概念,带您了解自动化测试在实现高质量产品方面的重要作用。

## 1.1 软件测试概述

### 1.1.1 软件测试的概念

1983 年,IEEE 明确定义软件测试:使用人工或自动手段运行或测定某个系统的过程,其目的在于检验它是否满足规定的需求或是弄清楚预期结果与实际结果之间的区别[1]。换句话说,软件测试就是不断地比较软件系统的实际输出结果与预期输出结果,通过两者的差异发现或推断该软件系统存在的缺陷。

软件测试的最终目的是为了确保能开发出高质量、高性能的软件产品。为了达到这个目的,测试人员需要对软件生产的各个环节进行测试和审查,不仅要检测出软件中存在的错误并修复,还需要判断软件是否符合设计要求和技术要求。

软件测试和软件开发工作密切相关,科技的进步使得软件技术蓬勃发展,软件测试需求也在急速增加。传统的手工测试方法完全依靠测试人员根据软件需求文档手工设计和编写测试用例,并将测试用例逐个进行输入获得测试结果,通过测试结果与预期的输出的差异检测软件错误,测试工作量大,耗时时间长。为了将测试人员从大量的重复性工作中解脱出来,进一步提高软件测试的效率,越来越多的软件开发公司开始投入大量的成本研究如何在测试过程中实施自动化测试,随着自动化测试技术的发展,软件测试工作将会更加智能和高效。

## 1.1.2 软件测试的生命周期

软件测试伴随软件开发的全过程。软件测试就是在软件开发的不同阶段采用不同的测试手段保证软件产品的质量,测试的每个阶段都会制定不同的测试目标并产生相应的交付产物。软件测试的生命周期如图1-1所示。

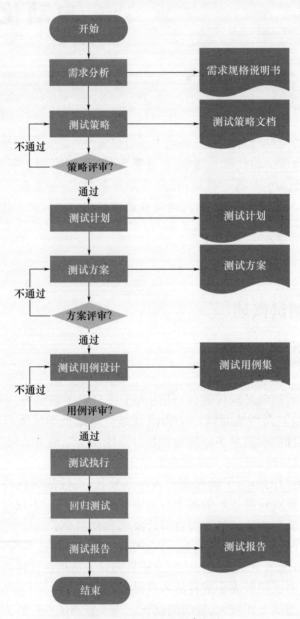

图1-1 软件测试生命周期

**1. 需求分析**

阅读和理解需求,按照任务说明书中的具体任务内容和指标细化各个点,细化到每个按钮的样式、输入输出等各项值,最终整理归档成《需求规格说明书》。

**2. 测试策略**

根据《任务说明书》和《需求规格说明书》的具体要求,确定此次测试需要采用哪种测试手段,明确此次测试需要达到的测试目的。《测试策略》需要经过测试小组集体评审,通过评审不断修改完善,最终形成《测试策略》。

**3. 测试计划**

由测试小组负责人根据《需求规格说明书》和《任务说明书》统一部署此次测试的计划安排,包括测试人员如何分配、软硬件资源的需求、测试点整理汇总、模块的集成顺序、整体进度安排以及存在的风险等内容,最终形成《测试计划》。

**4. 测试方案**

测试方案需要根据《需求规格说明书》完成对每个需求点的设计,通常包括需求点的描述、测试的思路、详细的测试方法三部分,所以测试方案的设计人员必须对需求非常熟悉。《测试方案》也需要经过测试小组的集体评审,通过评审不断修改完善,最终形成《测试方案》。

**5. 测试用例设计**

为了保证设计的测试用例可以覆盖软件系统的所有测试需求点,要求设计测试用例的人员必须对整个软件系统的需求有详尽的了解,并依据前期完成的《测试方案》设计和编写测试用例。测试用例的设计需要包含测试项、用例级别、预置条件、操作步骤和预期结果五部分,其中操作步骤和预期结果的编写需要尽可能地详细和明确。同样,测试用例也需要在测试小组内进行集中评审。最终形成一套测试用例集。

**6. 测试执行**

测试执行前,需要根据测试需求搭建相应的测试环境,并通过冒烟测试判定当前版本是否可测,如果可测,就可以进入正式测试环节。在测试过程中,测试人员根据测试用例对已提测的部分进行测试,测试输出结果与预期结果一致的测试用例可以标注为通过,否则,需要标注未通过,并及时在缺陷管理平台上创建缺陷并指派给相关开发人员进行修复。在测试执行阶段将对所有测试用例进行标注。

**7. 回归测试**

在开发过程中,软件开发人员需要及时修复测试人员提交的缺陷,并将修复结果反馈给测试人员。测试人员需要对已修复的缺陷及其相关功能模块进行再次测试,若缺陷能通过测试则关闭该缺陷,否则,将该缺陷再次提交给相关开发人员进行重新修复,直到测试通过为止。在回归测试阶段,将对提出的缺陷状态进行管理标注。

**8. 测试报告**

测试人员需要记录测试的过程和结果,对测试过程中发现的问题和软件缺陷进行系统地分析,及时发现软件潜在的问题,为后期验收和交付奠定基础,最终整理形成《测试报告》。

### 1.1.3 软件测试的原则

软件测试的目的是找出软件存在的所有缺陷,确保能开发出质量与性能俱佳、用户体验良好的软件产品,所以软件测试需要站在用户的角度对产品进行全面测试。软件测试经过了几十年的发展,测试人员在长期从事软件测试工作的同时,也总结出很多能够提高测试质量和效率的工作方法与经验,这些方法和经验都能更好地指导软件测试工作,所以在实际软件测试工作实施过程中,应尽量遵守以下几项原则。

**1. 测试应基于用户需求**

软件测试的目标就是验证软件产品的一致性和确认软件产品是否满足客户的需求,所以所有的测试都应建立在满足客户需求的基础上,最严重的错误是那些导致程序无法满足用户需求的错误。测试人员应始终站在用户的角度来进行软件测试,应依照用户的需求配置测试环境,应依照用户的使用习惯进行测试并对测试结果进行评价。如果一个软件产品的测试结果非常完美,但是却无法满足用户的需求和期望,那么,这个软件产品的研发是失败的,因为开发者认为的完美产品可能并不是用户真正想要的产品。

**2. 软件测试计划是做好软件测试工作的关键**

软件测试计划作为指导整个测试过程的纲领性文档,应当包含对测试策略、测试资源、测试范围、测试进度安排以及测试存在的风险等内容的详细描述。在正式实施测试之前,测试小组应提前制定切实可行的测试计划,实施测试过程中应严格按照测试计划执行,尽量避免测试的随意性。另外,在制定软件测试计划时,测试时间安排要合理并给出适当的空余时间,不要希望在极短的时间内完成一个高质量的测试。

**3. 应尽早和不断地进行软件测试**

软件系统本身就是复杂和抽象的,开发软件系统的过程也涉及大量开发人员之间的协作配合,这样的特点会导致软件在开发的各个阶段都可能出现缺陷,所以软件测试不应当仅仅是软件整体开发完成后所进行的一个独立的环节,而应当伴随整个软件开发的全过程。软件的缺陷不仅仅是编码阶段产生的,在编码之前就可能存在缺陷,越早发现这些缺陷,修复的成本就会越低。应当在软件开发的不同阶段开展测试工作,编写相关文档,制定测试的策略,不断进行技术评审,在这个过程中能充分了解测试的难度,有效规避测试中可能存在的风险。

**4. 测试前必须明确定义产品的质量标准**

软件测试通过比较实际输出与预期输出之间差异发现和消除软件系统内隐藏的缺陷,为了更好地对软件的质量进行评价,需要在测试之前针对可能存在的差异建立一套质量评价标准,设计测试用例时也应该制定明确的期望输出结果,以便更好地对测试结果进行检验。

**5. 避免测试自己的软件**

软件测试是带有"挑剔性"的行为,需要测试人员具有严谨、客观、冷静的工作态度,所以为了避免在测试过程中受到主观因素的影响而不能及时发现缺陷,程序开发人员应避免测试自己开发的软件,测试工作应交由专门的测试人员组织实施,以达到更客观、更有效的测试效果。一方面,程序开发者在开发过程中可能会错误或片面地理解用户的需求,本人在测试时很难发现;另一方面,受心理因素和思维定式的影响,程序开发者往往潜意识中不希望自己开发的程序出现错误,所以难以客观、有效地测试自己的软件。

#### 6. 应充分注意测试中的集群现象

在测试过程中往往存在这样一种现象,通常,测试人员在某一段时间内很难找到任何软件缺陷,但是一旦找到一个,就会陆续发现更多的软件缺陷,这种现象称为缺陷集群性。缺陷集群性表明,软件的大部分缺陷往往集中出现在某几个模块中。所以一段程序中已发现的缺陷数量越多,意味着在这段程序中可能还隐藏着更多的缺陷。这种现象通常可能与程序开发者自身的开发水平和思维习惯有一定的关系。因此,在测试过程中,如果某些模块的缺陷数量明显多于其他模块,就应当对这些模块进行更加深入、更加仔细的测试。

#### 7. 必须检查每个实际输出结果

这个原则可能最显而易见,但也常常被忽视。在软件测试过程中,测试人员应当严格按照设计的测试用例一条一条逐个检查,每完成一条就将该测试用例标注为已通过,尽量避免因为个人疏忽或主观臆断造成测试用例遗漏,导致缺陷无法及时被发现。

#### 8. 穷举测试是不可能的

由于软件本身具有复杂和抽象的特点,其输入的数据分布可能非常广泛,导致输入输出的组合数据量非常庞大,并且测试的时间和资源也是有限的,因此,想要在测试过程中将所有的输入输出组合全部测试是难以实现的。为了确保程序的所有可能条件都能正常使用,测试过程中应尽量做到充分覆盖所有的程序逻辑,尤其是一些边界值测试。所以在实际测试过程中,测试用例设计阶段就应充分考虑程序的所有逻辑,并设计相应的测试用例覆盖所有的程序逻辑,从而保证软件的质量。

#### 9. 测试用例设计决定了测试的有效性和效率

测试用例设计是整个测试过程中非常重要的一个环节,它决定了测试的有效性和效率。测试工具选择只能在一定程度上提高测试效率,所以在设计测试用例时,应根据测试的目的,采用相应的方法设计合理有效的测试用例,不仅要考虑到合理的输入数据,也要考虑到非法的输入数据,确保能够在最短的时间内发现更多的软件缺陷,从而提高程序的可靠性。

#### 10. 注意保留相关文档材料和设计的可重用性

在测试过程中,会产生大量的过程性文档,如《测试策略》《测试计划》《测试方案》《测试用例》等,测试人员应注意妥善保存这些过程性产物,这些材料不仅能为后期调试和维护软件提供方便,也能为以后的测试提供参考。

### 1.1.4 软件测试的分类

#### 1. 按开发阶段划分

1)单元测试

单元测试(unit testing)是对软件的最小组成单位——模块进行测试,目的是检测基本组成单位的功能是否符合详细设计需求。单元测试需要白盒测试工程师或者开发工程师在软件内部编码的基础上结合详细设计文档进行测试,测试内容包括局部数据结构测试、模块间接口测试、路径测试、错误处理测试、边界值测试等。

2)集成测试

集成测试(integration testing),又称联合测试或组装测试,是指采用适当的集成策略将已经进行过单元测试的各程序模块进行组装,并对模块之间的接口及集成后的子系统的功能进行测试,目的是检查模块之间的接口是否正确。集成测试需要白盒测试工程师或开发工程师根据单元测试的文档和详细设计文档对模块之间的数据传输、功能冲突、模块组装功能的正确性、全局数据结构、单模块缺陷对系统的影响等方面进行测试。

3)系统测试

系统测试(system testing)是在集成测试完成之后基于真实的运行环境对整个软件系统进行全面综合性测试,目的是检查完整的软件系统能否满足用户的所有需求。系统测试需要黑盒测试工程师根据需求规格说明文档对系统功能、用户界面、系统性能、系统兼容性、系统可靠性以及系统运行的软硬件环境等方面进行全面客观的测试。

4)验收测试

验收测试(acceptance testing),又称交付测试,是软件系统交付部署之前的最后一项测试,目的是确保软件系统已准备就绪,能够按照项目合同、任务书、双方约定的验收依据文档为用户提供既定功能和服务。验收测试需要由最终的用户或需求方根据验收标准对整个软件系统的功能、运行性、有效性进行测试。

**2. 按是否查看代码划分**

1)黑盒测试

黑盒测试(black box testing),又称功能测试或数据驱动测试,测试人员在测试过程中把被测试的程序看作一个黑盒子,测试人员看不到程序内部的编码和逻辑结构,只能通过对程序的接口和功能进行测试,检查程序能否按照需求规格说明书的要求正常使用,程序能否正常接收输入数据并产生符合预期的输出数据。黑盒测试的常用方法有等价类划分法、因果图法、边界值分析法等。

2)白盒测试

白盒测试(white box testing),又称结构测试或逻辑驱动测试,在测试过程中,被测试程序可以看作是一个透明的盒子,测试人员需要对被测试程序的内部编码和逻辑结构具有比较全面的了解,通过对程序中的所有逻辑路径进行测试,检验程序中的每条逻辑路径是否都能按照预定的要求正确工作。白盒测试关注的是测试用例对程序源代码的逻辑结构的覆盖程度。常用的白盒测试方法有基本路径测试法、逻辑覆盖法、代码检查法、静态结构分析法等。

3)灰盒测试

顾名思义,灰盒测试(gray box testing)是介于白盒测试和黑盒测试之间的一种测试,不仅注重输出相对于输入的正确性,也注重代码内部逻辑的执行情况。灰盒测试拥有黑盒测试和白盒测试的优点,比黑盒测试的实用性广,比白盒测试的效率高[2]。

**3. 按是否运行划分**

1）静态测试

静态测试（static testing）是指不实际运行被测程序本身，仅通过静态的分析来检查被测程序的语法、结构、过程、接口、界面或文档的正确性，包括代码测试、界面测试、文档测试等。

2）动态测试

动态测试（dynamic testing）是指通过实际运行被测程序检查程序的实际输出结果与预期结果是否一致的过程。动态测试一般由 3 个部分构成：构造测试用例、执行程序过程、分析程序执行的输出结果[3]。

**4. 按测试对象划分**

1）性能测试

性能测试是基于自动化的测试工具来模拟正常的输入、异常的输入以及多并发情况下的峰值输入检验系统的各项性能指标。性能测试通常包括压力测试和负载测试。压力测试是为了检测系统能够承受的最大用户量或负载量，负载测试主要关注随着负载量增大系统的各项性能指标的变化情况[4]。

2）安全性测试

安全性测试是为了检查软件的设计是否存在潜在的安全隐患，是否具备抵御黑客攻击、数据篡改等非法侵入的防范能力。安全测试主要包括用户权限测试和统一资源定位系统（uniform resource locator，URL）安全测试，例如，只有 A 用户拥有登录权限，测试 B 用户是否可以登录；必须登录才能访问的页面，不登录状态下是否可以访问。

3）兼容性测试

兼容性测试主要检验软件系统在不同的应用软件、操作系统、网络环境或硬件平台上是否可以正常运行。兼容性测试通常包括浏览器兼容性测试、分辨率兼容性测试、操作系统兼容性测试、不同设备型号兼容性测试等。例如，在测试一款手机 APP 时，通常需要测试该 APP 在不同的手机型号、网络环境或操作系统上的运行情况[4]。

4）文档测试

文档测试关注整个软件产品设计开发过程中产生的一系列文档材料，包括设计文档、开发文档、测试文档、用户文档、管理文档等，主要检查各种文档的正确性、完整性、一致性、易理解性、易浏览性。

5）易用性测试

易用性是交互的适应性、功能性和有效性的集中体现。易用性测试主要检验软件产品的各项功能操作起来是否符合大多数人的操作习惯，即使用是否方便。

6）界面测试

界面测试，又称 UI 测试，主要是根据 UI 设计图检查软件产品的界面布局是否符合设计要求，产品的整体设计风格是否统一，每个可操作的位置是否符合用户的操作习惯，此外，还需要检查界面中的文字或图片的大小、颜色、边距等是否符合设计要求。

7）安装测试

安装测试主要检测软件在不同条件下，如首次安装、升级等情况下是否能进行正常安装。最典型的就是 APP 的安装、卸载、升级。安装测试包括测试安装代码以及安装手册。

**5. 按测试实施组织划分**

1) α 测试

α 测试(alpha testing)是在开发环境或模拟实际操作环境下进行的测试，目的是对软件产品的功能、局域化、可使用性、可靠性、性能和支持性进行评价，通常不能由被测试软件的开发人员或测试人员完成。

2) β 测试

β 测试(beta testing)是由软件产品的实际使用者在实际使用环境下进行的一种验收测试，目的是测试软件产品的支持性，所以 β 测试应该尽可能由专门负责产品发布的人员进行管理。

3) 第三方测试

第三方测试有别于软件产品开发人员、测试人员或实际用户进行的测试，其目的是保证测试的客观性。

**6. 按是否手工执行划分**

1) 手工测试

手工测试(manual testing)是由测试人员手动依次输入测试用例，然后，观察测试输出结果与预期输出结果的差异，属于比较原始但是必不可少的一种测试方式。

2) 自动化测试

自动化测试(automation testing)是把以人为驱动的测试行为转化为机器执行的一种过程[5]。自动化测试相对于手工测试的优势在于各种自动化测试工具的使用，自动化测试工具会按照预先设定的条件自动执行并分析结果，可以将测试人员从大量重复的测试工作中解脱出来。

**7. 按测试地域划分**

1) 国际化测试

国际化测试(international testing)的目的是测试软件的国际化支持能力，发现软件国际化的潜在问题，保证软件产品能在世界上不同语言、不同风俗的国家和地区正常使用。

2) 本地化测试

本地化测试(localization testing)需要检查软件产品的内容和界面设计风格是否能够满足特定区域的文化和语言需求，要求测试人员了解特定区域的文化背景，具备一定的语言翻译能力。

### 1.1.5 常用的软件测试模型

随着软件测试过程管理的发展，测试人员在大量的测试实践工作中总结出了不少测试模型，这些模型将软件测试与软件开发各阶段进行了紧密结合，可以指导软件测试的全过程。现在比较常见的软件测试模型包括 V 模型、W 模型、H 模型、X 模型和前置模型。

**1. V 模型**

V 模型是最具代表意义、最为人所熟知的测试模型[6]，如图 1-2 所示。V 模型最早提出测试不是开发的事后弥补行为，而是与开发同等重要的过程[7]。

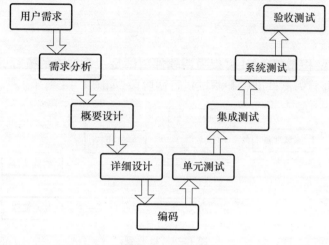

图 1-2　V 模型

图 1-2 中从左至右描述了开发阶段与测试阶段之间的对应关系，以程序开发的编码阶段作为分割线，将整个过程一分为二，左边是开发阶段，右边是测试阶段，测试阶段存在若干不同的测试级别，并与每一个开发级别相对应。由于 V 模型将开发和测试进行了明确的划分，从左至右是一个串行的过程，测试工作在编码完成之后才启动，所以该模型违背了尽早和不断测试的原则，编码之前产生的缺陷直到后期测试阶段才能被发现，导致缺陷修复的周期和成本都提高了。

**2. W 模型**

为了弥补 V 模型的不足，W 模型将两个 V 模型合并，强调测试应该伴随开发的全过程[7]，如图 1-3 所示。W 模型中包含了两个 V，左边的 V 描述了软件开发的生命周期，右边的 V 描述了软件测试的生命周期，并且测试与开发同步进行。

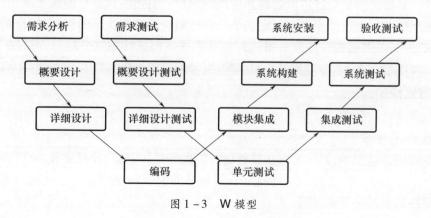

图 1-3　W 模型

W 模型通过改进 V 模型扩大了测试的范围,不仅对软件开发的编码进行测试,还对需求分析和产品设计阶段进行测试,体现了尽早和不断测试的原则。但 W 模型并不完美,也存在一定局限性,在该模型中,开发和测试两条线仍然是两个串行过程,在上一阶段完全结束后才能进入下一阶段工作,缺少了关键的回归测试阶段,也无法支持敏捷开发过程的迭代模型[6]。

### 3. H 模型

与 V 模型和 W 模型相比,H 模型强调软件测试是一个独立的流程,通过测试就绪点将整个测试流程划分为测试准备和测试执行两阶段,如图 1-4 所示。

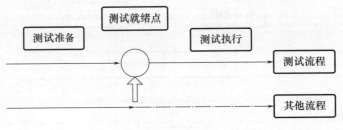

图 1-4  H 模型

在该模型中软件测试与其他流程并发进行。图 1-4 仅演示了整个软件产品生命周期中某一次测试的"微循环",图 1-4 中的其他流程可以表示任意流程,如需求分析流程、设计流程、编码流程等[6]。当某个流程满足了测试条件时,就可以提测,此时,只要针对该流程的测试准备工作已就绪,测试工作就可以开始执行。H 模型的测试范围除程序源码外,还包含需求、文档、设计等,体现了尽早和不断测试的原则。H 模型虽然有很强的灵活性,但它并没有提出具体的应用模型,其实际运用的指导意义不强[6]。

### 4. X 模型

由于 V 模型受到了很多人的质疑,通过改进 V 模型提出了 X 模型,如图 1-5 所示。X 模型分为左右两部分,左边针对不同的程序片段分别进行独立的编码和测试,右边对测试通过的程序片段进行频繁集成,然后再对集成好的程序进行测试,迭代集成后形成的完整的软件产品经过测试后就可以封装并提交给用户。右边多根并行的线表示在任何一个部分变更都可以发生[8]。X 模型还定义了一种计划外的特殊类型的测试,即探索性测试,这种测试方法,可以帮助有经验的测试人员发现更多测试计划之外的软件错误[8]。但这样的测试可能造成人力、物力和财力的浪费,对测试员的熟练程度要求比较高[9]。

### 5. 前置模型

前置测试模型体现了开发与测试的结合,要求对每一个交付内容进行测试[10]。前置模型如图 1-6 所示。

在前置测试模型中,测试工作从软件设计阶段开展,编码阶段每完成一个功能开发就立即进行单元测试,及时发现软件的缺陷,而最终的验收测试则独立于其他技术测试,为软件产品的质量提供双重保险。

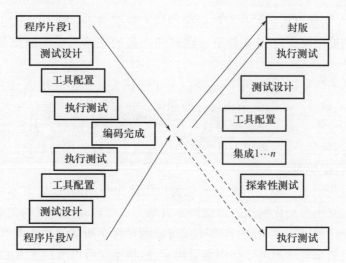

图 1-5 X 模型

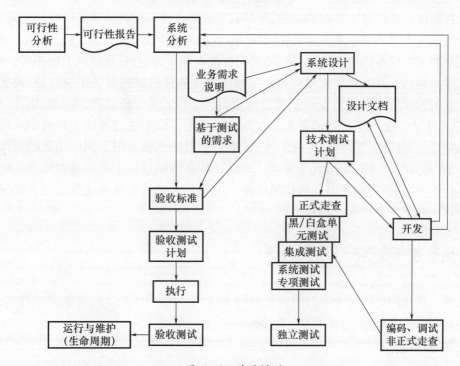

图 1-6 前置模型

## 1.2 软件自动化测试

### 1.2.1 手工测试与自动化测试

　　软件测试的过程包括需求分析、制定测试计划、设计测试用例、执行测试用例、测试总结。手工测试广义上是指软件测试的整个过程不借助任何测试工具,全程由测试人员手工完成，狭义上是指测试用例的执行阶段由测试人员手动逐一输入测试用例，并观察测试输出结果与预期输出结果之间差异来发现软件产品的缺陷。手工测试是最基本的测试形式。

在软件测试发展早期，测试手段主要以手工测试为主。但是随着计算机和信息技术的不断发展，各类软件产品的复杂程度逐渐加深，同时，在测试中会存在大量重复性工作，测试人员完全依靠手工测试完成整个软件测试工作越来越困难。为了节省人力、时间或硬件资源，提高测试的效率，测试人员尝试使用测试工具或脚本帮助自己完成部分测试工作，由此引入了自动化测试。

自动化测试把以人为驱动的测试转化为以机器为驱动的测试，其本质就是将大量的重复性测试工作交由自动化测试工具或脚本自动完成。自动化测试的关键是制定一个正确且合理的自动化测试方案，好的方案不仅可以满足科学测试的基本要求，还可以将软件测试人员从大量的重复性测试工作中解脱出来，这样不仅可以节约人力和硬件资源，还可以缩短软件产品的发布周期，在一定程度上提高企业整体效益。

软件测试虽然经过了长期的发展，但是自动化测试技术在我国开展的时间相对较短，所以国内很多人尤其是企业对自动化测试认识仍然比较片面，有些人认为，由手工测试转为自动化测试的成本代价太高，不易实施，而有些人却认为，自动化测试无所不能，可以完全替代手工测试。其实自动化测试和手工测试都是软件测试的重要组成部分，两者相辅相成。任何测试方式的核心永远都是测试用例，无效的、不合理的测试用例，用任何方法去测试，都不会产生理想的测试效果。自动化测试的目的是通过测试工具的引入让测试人员从繁琐重复的测试工作中解脱出来，把更多的时间和精力用于测试用例的设计以及更有价值的测试工作中，如探索性测试。所以在软件测试过程中决定是否需要采用自动化测试技术时，需要考虑使用自动化测试带来的效率上的增益能不能抵消设计和编写自动化测试工具或脚本产生的消耗。

## 1.2.2 自动化测试技术分类

软件自动化测试经过一定时间的发展和实践，已经形成了一些较好的测试技术，主要有：录制回放、脚本技术、数据驱动、关键字驱动、业务驱动。

**1. 录制回放**

录制回放技术分为两步，其中录制环节是先由专业测试人员手动进行一遍所需要的测试流程，而测试工具会在人工操作的同时记录下客户端和服务器之间的通信信息，以及测试人员与被测试程序的交互过程，如按钮的点击操作、输入框的输入操作等，最终根据这些信息和数据生成该测试流程的测试脚本，而回放的过程就是通过测试工具去执行录制环节生成的脚本来测试某个功能。

录制回放技术的测试脚本与测试数据一一对应，测试脚本与测试数据放在一起，如果被测试程序进行了更新或操作流程产生了变化，测试脚本都需要重新录制，脚本的可维护性较差。录制回放技术常用于自动化负载测试，由人工录制一次产生测试脚本后，就可以通过机器执行该测试脚本模拟大量用户对被测试程序的负载访问场景。

### 2. 脚本技术

脚本在计算机术语中是指使用某种描述性语言编写的一种能被计算机执行的可执行文件。在自动化测试中，脚本是能够被测试工具识别和执行的一组指令的集合，其本质也是一种软件程序。脚本可以由录制回放技术的录制过程产生，也可以人工直接使用脚本语言进行编写。脚本技术可以分为以下几类。

（1）线性脚本。线性脚本是指通过手动执行并录制形成的测试脚本，包含按钮的点击操作、输入框的输入操作等。线性可以完整地进行回放。

（2）结构化脚本。结构化脚本是指具有逻辑结构的测试脚本，与程序设计类似，可以包含顺序结构、选择结构、循环结构，也可以进行函数的调用。结构化脚本可以更加灵活地测试各种复杂的功能。

（3）共享脚本。共享脚本是指某个测试脚本可以被其他测试脚本使用，即一个测试脚本可以被其他测试脚本调用。

### 3. 数据驱动

数据驱动技术将测试数据单独保存为数据文件，执行自动化测试时需要从相应的数据文件中读取数据，并通过参数输入的方式将数据传递给测试脚本。数据驱动技术实现了测试数据与测试脚本的分离，有效提高了测试脚本的可维护性和重复利用率，但是被测试程序发生变化时，仍然需要重新录制或编写测试脚本。

### 4. 关键字驱动

关键字驱动技术是对数据驱动技术的一种改进，该技术更注重测试的逻辑，利用面向对象的思想，将测试脚本与测试数据、界面元素与测试内部的对象、测试过程与实现细节分离。关键字驱动技术将测试逻辑按关键字进行分解并得到不同的数据文件，常用的关键字包括对象、操作、值。

### 5. 业务驱动

业务驱动分为接入层业务驱动、业务层业务驱动、数据层业务驱动和性能驱动。业务驱动的过程如图 1-7 所示。

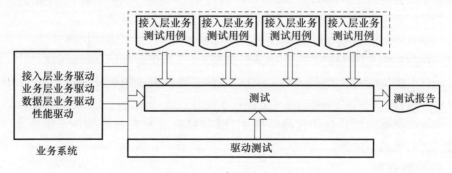

图 1-7 业务驱动过程图

### 1.2.3 自动化测试实施的三要素

**1. 明确的目标**

目标是工作的方向,明确的目标会为工作引导方向,就像是航行中的船,如果没有方向,那么任何风向都是逆风。在进行自动化测试时也是一样,我们需要结合项目的实际情况和团队的实际能力,将自动化测试的目标定义清楚,厘清自动化测试的过程,将自动化测试很好地融入到整个软件开发过程中。

在制定目标时,应遵循 SMART(S = Specific, M = Measurable, A = Attainable, R = Relevant, T – Time – bound)原则,要求目标要具体、可衡量、可达到、有相关性、具有明确的完成时间,如实施自动化测试之后,原来跑一圈要花 15 天,现在只需要 5 天,那我们的目标就可以定为效率提升 15% 以上。

总体来说,制定目标的步骤有以下几步。

(1)首先要定义总目标和具体目标。

(2)分析现状,如业务现状、资源现状、系统现状等,测试流程是否规范,测试文档是否健全,测试文档是否有严格的控制和管理,测试人员是否及时参与项目,被测软件是否有版本控制等。

(3)现状分析之后,提出解决方案,提出团队的目标,如每次归档的文档是否都存在备案,是否都有明确的修订记录,测试人员必须尽早并全程参与到测试过程中。

(4)提出目标之后,要对未来进行规划,如未来的团队及其职责、未来的业务流程。

(5)给大家展示这个目标达成之后的预期效果。

**2. 足够的资源**

目标确定以后,就初步确定了需要做哪些类型的自动化测试,以及待实现自动化的测试用例数量,接下来就是申请资源,包括人力资源和硬件资源。

1)人力资源

根据测试人员水平的不同,可以做不同程度的自动化,理想情况下,需要至少一名测试开发工程师和一名自动化测试工程师,其他参与者为普通测试工程师。

(1)测试开发工程师:负责自动化测试整体框架维护,做必要的扩展开发。

(2)自动化测试工程师:负责底层函数封装,供自动化测试用例组装时调用。

(3)普通测试工程师:组装、调试、执行、维护自动化测试用例。

2)硬件资源

不管是被测系统还是自动化测试框架,都需要明确服务器的操作系统版本、CPU 大小、内存大小、磁盘大小等。

**3. 合理的计划**

计划不是万能的,但没有计划是万万不能的。由于不同公司的实际情况不同,不同被测软件产品的需求也不同,所以自动化测试的实施计划应依据具体的现实场景进行制定。通常,自动化测试的实施计划应该包括自动化测试实施范围、可用人力/时间/预算等信息。

在制定自动化测试实施计划时,务必留足必要的获取项目所需资源的前置时间,如需要时间获取硬件、软件、人员等。有时,测试人员由于在其他项目中无法及时抽身,会对自动化测试实施项目的实施造成影响。

### 1.2.4 自动化测试的适用场景

软件测试就是模拟操作软件系统时能不能完美地解决用户遇到的问题来检验软件系统的可用性。因为是模拟操作,所以可以预先规划好测试方法,测试得到的结果也是可以预期的。自动化测试的特点是借助特定的自动化测试工具或预先编写好的测试脚本自动完成测试,基本不需要测试人员干预,在测试过程中也不会或者不能临时增加别的处理。这些特点也决定了自动化测试的适用场景。

**1. 需求稳定,不会频繁变更**

测试脚本的稳定性决定了自动化测试的维护成本,如果软件需求变动过于频繁,测试人员需要根据需求的变动更新测试用例以及相关的测试脚本,而脚本的维护本身就是一个代码开发过程,需要修改、调试,必要时还要修改自动化框架,所以过高的需求变更频率会导致自动化测试的维护成本直线上升[11]。如果自动化测试的维护成本高于其节省的测试成本,那么,实施自动化测试将得不偿失。所以在实际测试项目中,可以将自动化测试应用于需求相对稳定的模块,而需求变动较频繁的模块则采用传统手工测试方式,两者有机结合能达到更好的测试效果。

**2. 项目周期长,需要频繁进行回归测试**

由于自动化测试需求的确定、自动化框架的设计以及测试脚本的编写与调试过程本身就需要较长的时间来完成[11],对于短期的一次性项目,不建议实施自动化测试。一方面,项目周期较短,没有充足的时间完成自动化测试的准备工作;另一方面,精心设计的自动化测试用例很可能只使用一次,后续无法复用。所以这一类项目建议选择手工探索式测试,以发现缺陷为第一要务。对于生命周期比较长的软件产品,往往一次开发无法实现所有功能,需要通过版本迭代不断更新软件,而每次版本迭代都会伴随大量的回归测试,这一类项目一般预留给自动化测试的准备时间比较充足,而且自动化测试工具可以随着软件产品一起迭代,所以在这一类项目中功能相对稳定的模块可以实施自动化测试。

**3. 需要在多种平台上重复执行相同的测试用例**

现实应用场景中,很多软件产品需要具备跨平台使用的能力,如对于手机移动端应用测试,同样的测试用例需要在Android、iOS、鸿蒙等不同的操作系统或不同的机型上进行测试;对于Web网页测试,同样的测试用例需要在多种不同的浏览器上进行测试;这些应用场景都需要反复执行相同的测试用例,非常适合实施自动化测试,因为精心设计的自动化测试用例能够有效多次被执行,此时,才能使得自动化测试的投资回报率最大,更好地发挥出自动化测试的独特优势。

**4. 通过手工测试无法实现或实现成本过高**

通常,为了确保被测试软件的运行性能需要进行性能测试,而手工测试方法通常很难完成性能测试。例如,淘宝的"双11"秒杀活动,需要测试大量用户同时涌入的高并发场景下系统的响应是否会退化或者失败,此时,很难去组织大量人员模拟测试这种情况;另外,某些软件产品需要长时间不间断地运行,需要进行 7×24h 的不间断测试,确保系统的稳定性,让测试人员没日没夜地操作被测软件也非常困难。这些场景下,手工测试已无法满足测试需要,需要借助自动化测试技术,让机器模拟大量用户反复、不间断操作被测软件,完成相应的测试任务。

**5. 项目开发过程比较规范,能够保证系统的可测试性**

从技术角度上讲,只有被测试软件的开发过程较为规范时才能实现稳定的自动化测试。例如,图形用户界面(graphical user interface,GUI)的控件命名需要遵循一定的命名规范,如果命名没有任何规则,在 GUI 自动化测试时控件的识别与定位就可能不准确,从而影响自动化测试的效率。另外,有一些功能想要实施自动化测试,需要开发人员在开发阶段预留可测试性的接口。例如,软件产品的登录认证环节,有些需要图片验证码,如果开发人员在开发阶段没有提供绕开图片验证码的途径,那么,自动化测试时就需要借助光学字符识别(optical character recognition,OCR)技术识别图片验证码,而图片验证码的设计初衷就是为了防止机器人操作,所以 OCR 的识别正确率通常会很低,最终将直接影响自动化测试用例的稳定性。

**6. 测试人员已经具备一定的编程能力**

自动化测试工具的设计开发和脚本的编写本身就是一个测试软件的开发过程,需要相关测试人员具备一定的编程能力,否则,实施自动化测试将会比较困难,因为测试人员学习编程需要时间,很难在短期内对实际项目产生实质性的帮助。

## 1.3 自动化测试技术的发展趋势

随着科学技术的不断发展,各个领域都在不断寻求创新,如现在蓬勃发展的智能家居、智能驾驶等领域都将人工智能技术作为创新突破点。在软件自动化测试领域,让机器学习如何测试以及实现更加智能化的测试将成为未来自动化测试技术的发展方向。

**1. 机器学习**

对于需要频繁迭代更新的软件产品,实施自动化测试有助于确保软件产品的快速和持续交付。随着人工智能技术的快速发展,在自动化测试中加入人工智能技术已成为未来的发展趋势之一,其中机器学习和自然语言处理是提高自动化测试效率的两种重要技术。

自动化测试工具可以通过加入机器学习技术学习和模拟测试人员在测试过程中发现软件缺陷的思考方式与行为模式,从而可以代替测试人员完成某些测试工作,提高测试的效率。例如,某些软件产品需要日夜不间断地长时间运行,而测试人员由于精力的限制,通常难以实现这种工作模式,但机器却可以轻松实现 24h 不间断的工作模式,所以在自动化测试工具中加入机器学习技术,可以比人工测试更快速、更经济地针对某些特定测试场景进行测试并发现软件缺陷。

自然语言处理是计算机科学领域与人工智能领域中的一个重要分支,其目的是利用计算机对自然语言进行智能化处理。人们研究自然语言处理技术的目的是让机器能够理解人类语言,用自然语言的方式与人类交流,最终拥有"智能"。在自动化测试领域,自然语言处理技术可以帮助自动化测试工具学习和理解各种编程语言及其相关信息,如历史测试用例、需求文档、设计文档等,进而根据学习到的信息自动构建测试用例,同时,自然语言处理技术也可以通过学习编程语言的语法检测或预测代码开发阶段的错误,进一步提高工作效率。

融入人工智能技术的自动化测试工具可以更加智能、更加高效地检测软件产品的缺陷,但是人工对检测出的缺陷进行核查仍然必不可少。

### 2. 自愈技术

衡量是否适合实施自动化测试的一个重要因素就是自动化测试的维护成本,在自动化测试中加入自愈技术能够有效解决自动化测试脚本的维护问题。自愈技术在计算机术语中是指一种自我修复的管理机制,如芯片的信息通道自愈。在自动化测试中,自愈技术能够实现自动检测程序的更改,并在无人工干预的情况下自动修复当前的测试脚本以适应程序的变动。

自愈技术主要应用于自动化测试中的对象识别问题。传统的自动化测试工具是在测试前提前设置好的测试执行的过程,当被测试系统发生更新变动时,需要人工同步修改维护自动化测试工具,维护成本较高。自愈自动化测试工具借助自然语言处理和机器学习等智能技术,采用动态定位策略,自动检测被测试程序的变化并完成测试脚本的更新和调整。

目前,自愈技术已经在自动化测试领域有了一些比较好的实践,如 Healenium。在自动化测试过程中,由于被测试程序的变动,Healenium 会捕获到 NoSuchElement 异常,这种异常会触发机器学习算法,算法根据当前页面的状态获取之前执行成功的定位路径并进行比较,然后生成几种修复方案并分别打分,选择其中得分最高的方案继续执行。如果能够执行成功,就可以根据该方案修复和更新测试工具。

综上所述,自愈技术能够有效地减少测试的失败率,节约测试开发工程师的脚本维护时间,提高工作效率,实现软件产品的快速交付。

### 3. 大数据预测

随着互联网的发展,现在各行各业的互联网业务中都拥有或产生大量的用户数据。为了更好地为用户提供服务,企业需要从海量的用户数据(如用户浏览记录、评论信息、搜索行为等)中洞察用户的整体需求,并针对性地改进软件产品,如淘宝等购物程序会根据用户的购买记录、搜索记录等数据预测用户的需求给用户推荐相关的商品,亚马逊根据用户的行为记录数据预测用户行为并提前备货。所以大数据测试和预测分析技术将成为自动化测试的热门趋势之一。

### 4. 增强的流量回放

在敏捷开发思潮变革的背景下,传统的自动化测试工具逐渐无法适应和满足产品的持续交付需求,流量录制回放技术近几年愈发火热。流量录制回放技术是一种新的接口自动化测试方法,其核心原理就是采集软件产品在线上真实运行环境下产生的数据作为测试数据，这样的数据更加真实，覆盖度也更全面，能够更加真实有效地对软件产品进行测试，同时也可以大大减小测试开发人员编写测试数据和测试用例的成本。

目前，在自动化测试领域已经有了一些基于流量回放技术的自动化测试框架，如阿里在2019年7月份开源的一款流量录制回放工具 jvm – sandbox – repeater。由于 Java Agent 和 attach 机制可以实现非侵入式的体验，所以 jvm – sandbox – repeater 实现了通过字节码增强、非源码注入的方式对应用程序进行流量录制，而字节码增强技术可以深入业务代码内部进行日志注入、业务跟踪、数据隔离等，但同时也会给当前应用程序带来一定的性能消耗。

综上所述，尽管流量录制回放技术给接口自动化测试提供了一种新的测试思路，但也存在一定的短板和弊端，如何在不侵入业务代码的情况下进行流量录制和回放、尽量不降低软件产品的性能将成为研究的热点。

# 第 2 章
# JUnit/UnitTest 单元测试

在软件开发领域,少数几行代码可以对项目中的大量代码,乃至整个项目起着非常重要的作用。这个"少数几行代码"就是单元测试代码。单元测试是软件工程中的重要环节,一个优秀的单元测试方案能够提高整个项目的开发效率和产品质量。本章介绍单元测试的相关知识,以及如何用 JUnit 和 UnitTest 单元测试框架进行单元测试。

## 2.1 单元测试基础

代码中缺陷被隐藏的时间越长,修复这个缺陷的代价就越大。在《快速软件开发》一书中,大量的研究数据指出,最后才修改一个缺陷的代价是在缺陷产生时修改它的代价的 10 倍。单元测试能够使我们尽早发现程序的缺陷和不足[12]。

单元测试是在软件开发阶段进行的最低级别的测试活动。测试代码是由开发人员编写的,用来检验被测代码的一个很小的、明确的功能是否正确。单元测试也是最细粒度的测试[13]。

### 2.1.1 单元测试相关概念

**1. 什么是单元测试**

单元测试(unit testing,UT),是指对软件中的最小可测试单元的检测与校验。

单元的大小和范围是由人来界定的,但一般而言,需根据软件的实际情况去判定其具体内涵,如单元,在 C 语言一般指一个函数;在 Java 编程语言中指一个类;在图形化的软件中可以是一个窗口等。总体来说,单元就是人为界定的最小被测功能模块。

**2. 什么是测试驱动开发**

为了减少缺陷隐藏时间,尽早发现程序漏洞与设计的不足,单元测试越早进行越好。最早什么时候进行单元测试?单元测试最早可以在开发功能代码之前进行,接下来介绍测试驱动开发的方法。

测试驱动开发(test-driven development,TDD),是指在编写功能代码之前,先编写单元测试用例代码。也就是说,在确定要开发的功能后,首先考虑怎么对此功能进行测试,设计测试用例并完成测试代码的编写,然后实现功能代码以满足这些测试用例,循环添加其他功能,直到完成全部功能的开发。

TDD流程如图2-1所示,单元测试代码驱动着开发者编写能使测试用例通过的功能代码。但在实际的软件项目中,不会严格按照先编写测试代码后编写开发代码的顺序,重点是保证软件开发的高效率和高质量。

从众多软件项目的经验来看,按照以下步骤进行单元测试能有效保证软件开发的高效率和高质量。

(1)编写实现项目功能的函数框架。
(2)针对功能需求,设计、编写单元测试用例。
(3)编写项目的功能代码,每编写一个功能点的代码都运行测试用例。
(4)如果测试用例没有完全通过,重复步骤(3),随时补充测试用例。

其中步骤(1)中所谓先编写项目功能的函数框架,是指功能函数的实现,确定函数名、参数表、返回类型,编译通过后再编写单元测试用例代码。

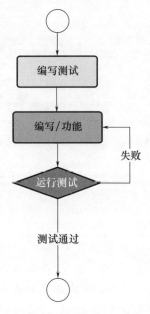

图2-1 测试驱动开发流程图

### 2.1.2 单元测试内容

单元测试是对程序模块进行正确性检验的测试。其目的在于发现各程序模块内部可能存在的缺陷。单元测试需要从程序的内部结构出发设计测试用例。多个模块可以平行地独立进行单元测试[14]。

单元测试的内容包括以下几个部分。

**1. 模块接口测试**

模块接口测试是对被测试模块的数据输入、输出进行的测试。模块接口测试是单元测试的基础,因为只有在数据能正常流入模块、流出模块的前提下,才能进行其他的测试。

模块接口测试主要应注意接口参数、文件处理、变量等因素,例如:
(1)接口调用时实参与形参的数量、次序、数据类型是否相同?
(2)参数传递是否冗余?是否修改了只读参数?
(3)文件输入、输出错误是否进行处理?
(4)文件在使用前是否被打开?属性是否正确?
(5)输出信息中是否有文字性错误?缓冲区大小等。

**2. 局部数据结构测试**

设计合适的测试用例,检查数据类型、数据初始化或默认值、变量名、数据溢出等方面的问题,保证数据在程序执行过程中的正确、完整。

**3. 路径测试**

根据功能需求,设计合适的测试用例,对功能模块中所有可能的执行路径进行覆盖测试,程序中所有可能的执行路径都被至少执行一次。

假设某个功能的程序控制流图如图 2-2 所示。

如图 2-2 所示,程序语句用编号表示,程序有如下 4 条可能的执行路径。

路径 1:①→④。
路径 2:①→②→③→④。
路径 3:①→⑤→⑥→③→④。
路径 4:①→⑤→⑥→④。

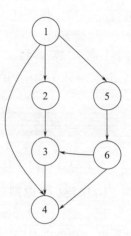

图 2-2 程序控制流图

路径测试是设计合适的测试用例,对此功能模块中路径 1、路径 2、路径 3、路径 4 进行至少一次的覆盖测试。

**4. 错误处理测试**

检查功能模块是否存在合理的错误处理机制,错误处理机制是否有缺陷。例如,是否拒绝不合理的输入;输入非法参数是否会抛出异常,并且给出易理解的描述和提示;是否包含正确、有效的错误定位方法等。

**5. 边界测试**

程序经常在边界上产生缺陷,所以我们要对边界条件进行重点测试,以保证程序的健壮性。边界测试是单元测试基础且重要的一环,应考虑下列因素。

(1) 循环。对循环条件的边界进行测试,如程序需要循环 $N$ 次,那么,就要测试循环条件的最后一个值是否达到 $N$ 次循环,并且程序运行结果正确。

例如,求 1~100 相加,实现代码如程序 2-1 所示。

程序 2-1  1~100 累加和代码实现

```
1   /*
2    * 求 1~100 的累加和
3    */
4   public int getAddResult() {
5       int sum = 0;
6       for (int i = 1; i < 101; i++) {
7           sum += i;
8       }
9       return sum;
10  }
```

对 for 循环的条件进行边界测试,当 i = 100 时,循环体是否执行了 100 次？运算结果是否是 5050？如果是,则说明循环条件正确;否则,就要定位缺陷了。

（2）运算符。例如,比较运算符"＜""＜＝""＞""＞＝"、自增运算符"＋＋"、自减运算符"－－"等,在输入的数据刚好等于、小于、大于比较值时,要特别注意设计对应的测试用例,测试功能代码的正确性。

### 2.1.3 单元测试设计原则

为了提高代码质量,设计高质量单元测试用例,要遵循 FIRST 原则。

**1. 快速（F）原则**

每个单元测试必须可以快速被执行完,这样开发人员可以对每次修改及时运行测试,减少开发和验证时间。单个测试用例的运行时间通常是毫秒级。对于比较大型的项目,它的所有单元测试用例通常应该在分钟级别的时间内运行完毕,否则会降低开发、部署的效率。

单元测试只验证组件内部的代码,与集成测试不同,不需连接其他组件。如果测试中包含诸如查询数据库、调用文件等外部依赖,为减少时间、提高效率,可以使用模拟测试,如 Mock。

**2. 独立（I）原则**

每个单元测试应该能够独立运行,每个单元测试用例不应依赖其他用例的执行结果。

比较优秀的单元测试,它的每个测试用例只应关注一个功能点或代码分支,保证单一职责,如此能更准确地定位问题。

共用的变量、资源等配置,应该在单元测试的初始化阶段完成,单测用例之间不能互相调用,也不依赖执行次序。

**3. 可重复（R）原则**

单元测试用例可以被重复执行,且每次执行的结果都应是稳定可靠的。也就是说,同一个单元测试用例,可以在不同的运行环境、设备中执行多次,每次执行都会产生相同的结果。

**4. 自我验证（S）原则**

单元测试用例应是自动进行验证的,而不是依赖人工输入测试数据来验证。在单元测试中,使用断言直接判定测试结果是否符合预期。

**5. 及时、全面（T）原则**

单元测试用例必须及时进行编写、更新,保证测试用例可以随功能代码的变化而变化,以保障产品质量。

如果采用的是测试驱动开发（TDD）模式,那么,及时、全面指的是单元测试用例应在功能代码完成前进行。如果不采用 TDD 模式,那么,及时、全面指的是单元测试用例要达到覆盖所有基本路径、边界条件测试、错误处理测试等,保证核心业务流程正确。

## 2.1.4 单元测试过程

单元测试一般可划分为以下 5 个阶段。

**1. 计划阶段**

根据软件需求和项目计划,制定单元测试计划和策略。

**2. 设计阶段**

根据单元测试计划和策略,设计单元测试用例。

**3. 实施阶段**

编写单元测试用例代码,设计测试数据和测试脚本,准备单元测试运行环境。

**4. 执行阶段**

执行单元测试用例,记录测试结果。分析测试记录,根据测试结果不断调整、完善单元测试用例和策略,直到所有功能的单元测试用例都执行通过。迭代开发过程中,每个迭代都可进行计划、设计、实施、执行。

**5. 评估阶段**

根据单元测试报告和缺陷计算相关指标,如代码覆盖率、执行通过率等。

## 2.1.5 单元测试的优点

软件开发过程中,使用单元测试有如下优点。

**1. 保证代码质量**

单元测试在隔离的情况下,分别对不同的功能、代码执行检测,能达到测试完整性,从而保证代码质量。不只是局部代码的质量,软件系统整体的代码质量也能得到保障。

**2. 改良代码结构**

对代码进行单元测试,前提条件是代码能够隔离,也就是说,代码功能明确,边界清晰,具有一定的可测性。所以,单元测试是一种有效的约束机制,这种机制能够有效地调整程序的总体架构。

例如,一个 Web 应用,如果把调用后台数据的业务逻辑直接写在前端界面展示的类中,就很难实现单元测试;高耦合的代码也很难进行单元测试。单元测试可以使这些不优的代码设计被及时发现,进而被修正。改善代码结构也会在一定程度上提高代码的可扩展性、可复用性。

**3. 降低维护成本**

研究和经验表明,缺陷越早被发现,修复的代价越小。单元测试是开发代码前或者开发代码过程中进行的测试,能尽早发现程序缺陷,降低维护成本。

### 4. 提高研发效率

使用单元测试使开发流程变得"敏捷"。这得益于总体架构良好的程序具有很好的可扩展性，自动回归测试也可以确保修改不会引入新缺陷，从而能够满足不断变化的需求，减少系统分析、架构设计、编码、测试的压力，提高项目效率[15]。

## 2.1.6 环境准备

### 1. JUnit 单元测试环境

Java 开发环境：JDK 1.8、Maven

编辑器：Eclipse

下载链接：

（1）JDK8：https://www.oracle.com/java/technologies/downloads/。JDK 下载界面如图 2-3 所示。

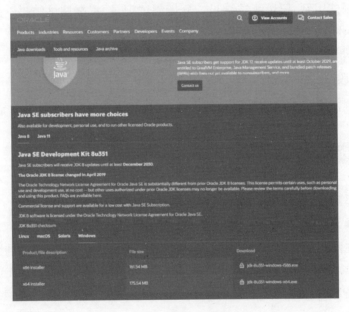

图 2-3　JDK 下载界面

JDK 安装完成，需要添加环境变量 JAVA_HOME，打开控制面板搜索环境变量，打开编辑系统环境变量，如图 2-4、图 2-5 所示。

新建一个变量 JAVA_HOME，变量值为安装 JDK 后所在计算机中的路径，如图 2-6 所示。

新建环境变量【CLASSPATH】，变量值中输入【.;%JAVA_HOME%\lib】，如图 2-7 所示。

在 Path 中新建一个变量，输入【%JAVA_HOME%\bin】，如图 2-8、图 2-9 所示。

检测 JDK 安装情况，如图 2-10 所示。

图 2-4 系统环境变量　　　　图 2-5 新建环境变量

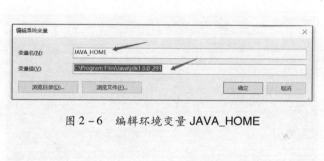

图 2-6 编辑环境变量 JAVA_HOME

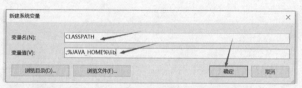

图 2-7 编辑环境变量 CLASSPATH

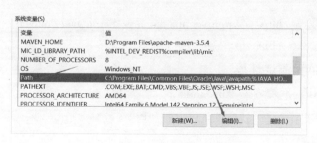

图 2-8 编辑 Path 变量

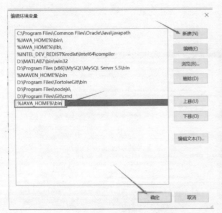 

图2-9　在 Path 中新增变量　　　　图2-10　检测 JDK 安装情况

（2）Eclipse 安装包：https://www.eclipse.org/downloads/。Eclipse 下载界面如图2-11所示。

图2-11　Eclipse 下载界面

（3）Maven 安装包：https://archive.apache.org/dist/maven/maven-3/3.8.6/binaries/apache-maven-3.8.6-bin.zip。

### 2. UnitTest 单元测试环境

Python 开发环境：推荐安装 Anaconda 3

编译器：Pycharm

下载链接：

（1）Anaconda 安装包：https://mirrors.tuna.tsinghua.edu.cn/anaconda/archive/。Anaconda 下载界面如图2-12所示。

图 2-12　Anaconda 下载界面

（2）Pycharm 安装包：https://www.jetbrains.com/pycharm/download/#section=windows。Pycharm 下载界面如图 2-13 所示。

图 2-13　Pycharm 下载界面

## 2.2　JUnit 单元测试

本部分介绍 JUnit 单元测试，包括下载、安装 JUnit 单元测试框架，结合实例编写测试用例并运行测试。

### 2.2.1　Java 单元测试介绍

首先，通过一个示例来了解如何进行 Java 单元测试。

问题：假定编写了一个计算加法的类，计算两个整数之和：sum = $a + b$，如何对此类中的加法功能进行单元测试？

计算加法的实现如程序 2-2 所示。

程序 2-2　计算两个整数之和代码实现 Demo.java

```
1   public class Demo {
2       /**
3        * 求两整数之和
4        *
5        * @param 整数 1
6        * @param 整数 2
7        * @return num1 和 num2 两整数之和
8        */
9       public int add(int num1, int num2) {
10          return num1 + num2;
11      }
12  }
```

Java 程序最小可运行单元是类，Java 程序必须在类中才能运行。在程序 Demo 类中，实现加法功能的是 public int add(int num1, int num2) 方法(下文用简称"add 方法"代替)。因此，对加法功能进行单元测试就是针对 Demo 类中的 add 方法的测试。

要测试这个 add 方法，有很多方式。

方式一：通常的测试方式是编写一个 main() 方法，然后运行测试代码，如程序 2-3 所示。

程序 2-3　编写 main 函数测试 add 方法

```
1   public class Demo {
2       // 在 main 函数内测试 add 方法
3       public static void main(String[] args) {
4           if (add(10,20) == 30) {
5               System.out.println("pass");
6           } else {
7               System.out.println("fail");
8           }
9       }
10
11      public int add(int num1, int num2) {
12          return num1 + num2;
13      }
14  }
```

程序解析:在 main 函数内调用 add 方法,测试数据 10 和 20 作为 add 函数的参数 num1 和 num2。测试思路是:若 add 函数实现了加法功能,那么,其返回值应该等于 10 与 20 的和。也就是说,如果函数返回值等于 10+20,那么该测试通过,否则测试不通过。测试结果使用输出语句打印出来。

但是,使用这种方式进行测试有如下缺点。

(1)代码结构混乱。一个类只有一个 main 函数,在 main 函数内部写测试用例,不能把测试代码与功能代码分离开来,这样会导致整个项目的代码结构混乱、冗余,添加或修改功能代码、维护测试用例的成本都很高。

(2)测试结果不直观。测试结果通过格式化输出语句打印出来,这种直接输出的方式并不方便,如果还想知道测试结果和期望结果并进行对比,就必须修改格式化输出语句,如 expected:30, but actual:10。

(3)测试代码不通用。很难编写一组通用的单元测试代码,不够灵活。

(4)测试评估不方便。在对测试结果进行评估时,通常需要统计代码覆盖率、运行通过率、测试用例总数等数据指标,而这些指标统计还需另编写代码来实现。在不断变化的需求和变动的测试用例情况下,还需维护更新统计代码,不然统计结果不能保证正确性,这样就会增加额外的工作量、降低开发和测试的效率。

因此,我们需要其他的测试方式,以解决上述不利问题。

方式二:借助测试框架进行单元测试。

Java 语言常用的测试框架就是 JUnit。JUnit(下载地址:http://www.junit.org)是一款开源软件,已成为 Java 项目中开发单元测试的标准。

使用 JUnit 进行单元测试的优点如下。

(1)代码结构清晰。测试代码与功能代码分离,测试代码组织简单并能够随时运行。

(2)测试结果直观。JUnit 使用断言判定测试用例通过与否,并且能对测试结果和期望结果进行对比,如 expected:30, but actual:10。

(3)测试代码冗余低。得益于测试代码与功能代码相分离的特点,对于功能和结构相似度高的类,可以实现部分测试代码和数据复用。

(4)方便测试评估。运行单元测用例后,JUnit 会展示出成功的用例、失败的用例、测试成功率、代码覆盖率等,还可以生成测试报告。

JUnit 也可称为回归测试框架,在软件工程中也称为白盒测试。除了 JUnit,xUnit 的其他测试框架,也正成为对应语言的标准框架。C++、C#、Python、PHP 等语言都有了对应的 xUnit 框架,如 2.3 节将介绍的 UnitTest 就是 Python 语言的单元测试框架。

### 2.2.2 JUnit 单元测试框架

编写 Java 语言的集成开发环境(integrated development environment,IDE)一般都集成了 JUnit 框架,通常情况下,不需要单独下载 JUnit,直接在 IDE 里配置和使用。

常用的 Java IDE 有如下几个。

(1)Eclipse/Myeclipse。

(2)IntelliJ IDEA。

(3) Visual Studio Code。
(4) NotePad++。
(5) Sublime Text 等。

在这些 IDE 中，JUnit 的安装和使用大同小异。在本章节，都基于 Eclipse 做演示，JUnit 目前最新版本是 JUnit5，后文的示例都是基于版本 JUnit5。

**1. Eclipse 中配置 JUnit**

(1) 打开 Eclipse 软件，新建 Java 项目。

步骤 1：点击"File"→"New"→"Java Project"，如图 2-14 所示。

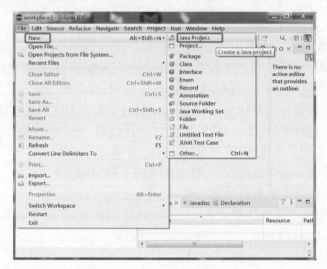

图 2-14 新建 Java 项目

步骤 2：在步骤 1 弹出的页面中输入项目名称，然后点击"Finish"，如图 2-15 所示。

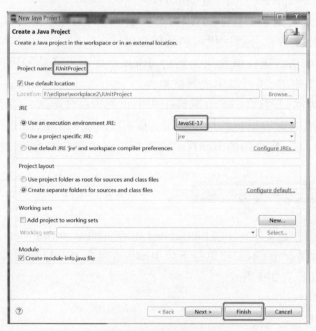

图 2-15 输入项目名称

按照步骤1、步骤2操作就可完成一个Java项目的创建。在创建Java项目过程中还可根据项目需求选择Java版本,否则,使用默认版本。

(2)将JUnit添加到项目中。

步骤1:Eclipse左侧选中当前项目,点击右键,依次选择"Build Path"→"Add Libraries",如图2-16所示。

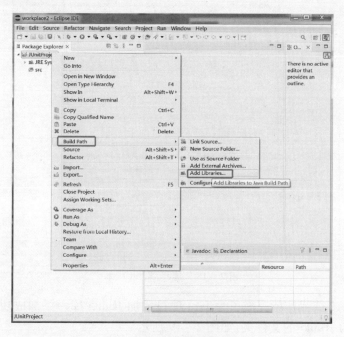

图2-16 Eclipse添加库

步骤2:在弹出的界面中选择"Junit",如图2-17所示。

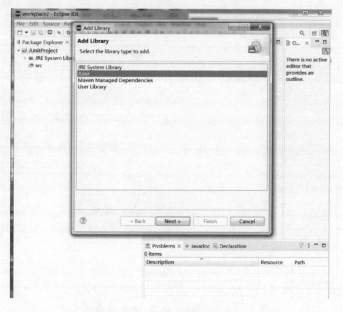

图2-17 Eclipse配置JUnit

步骤3:选择JUnit版本(样例中使用JUnit5),点击"Finish",如图2-18所示。

图2-18　选择JUnit版本

按照步骤1、2、3操作就完成了为Java项目添加JUnit5库。添加成功后,项目根目录下应当有个名为JUnit5的文件夹,如图2-19所示。

图2-19　Eclipse新建Java项目目录

## 2. Eclipse 中使用 JUnit 进行单元测试

(1)明确测试需求。对整数加法运算功能进行测试。

(2)新建被测试类。首先,新建一个 Java 类(Demo.java),功能是实现简单的整数加法运算。

步骤1:右键点击"src",依次点击"new"→"class",如图 2-20 所示。

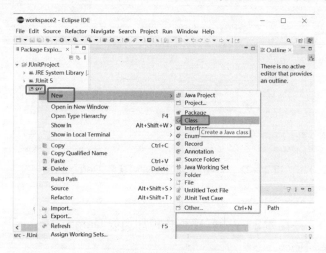

图 2-20　Java 项目新建类

步骤2:在弹出框内输入类的名称(样例使用 Demo),点击"Finish",如图 2-21 所示。

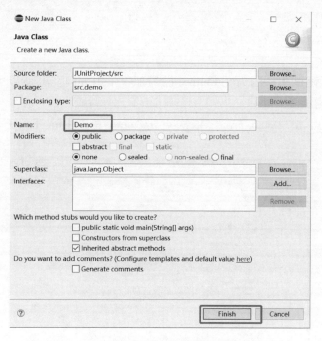

图 2-21　配置名称等信息

按照步骤 1、2 操作就完成了为 Java 项目添加类。添加成功后,类的初始状态如图 2-22所示。这时,就可在类中实现整数相加功能,功能实现如程序 2-4 所示。

图 2-22  Java 项目创建被测试类 Demo.java

程序 2-4  实现整数相加功能 Demo.java

1　public class Demo {
2　　public int add(int num1, int num2) {
3　　　　return num1 + num2;
4　　}
5　}

(3) 创建单元测试类。因为在 Eclipse 已经配置了 JUnit 框架,所以可以直接为被测试类生成一个单元测试类。

步骤 1：右键点击"Demo.java",依次点击"new"→"JUnit Test Case",如图 2-23 所示。

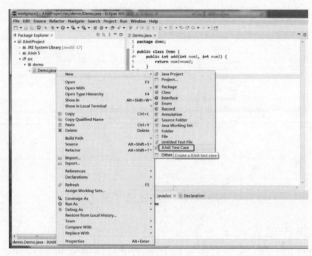

图 2-23  创建单元测试类

步骤2：编辑测试类名（默认为类名+Test，如 DemoTest），在创建测试类的过程中可根据需求选择方法和注释，点击"Finish"，如图2-24所示。当然，也可以新建一个类作为 Demo.java 的测试类。我们可以对测试类任意命名，但通常的命名方式是在类名称的末尾添加"Test"字样。

图2-24　配置单元测试类

按照步骤1、2操作就完成了为 Demo.java 创建单元测试类，如程序2-5所示。

程序2-5　自动生成的测试类 DemoTest.java

```
1   import static org.junit.jupiter.api.Assertions.*;
2   import org.junit.jupiter.api.AfterAll;
3   import org.junit.jupiter.api.AfterEach;
4   import org.junit.jupiter.api.BeforeAll;
5   import org.junit.jupiter.api.BeforeEach;
6   import org.junit.jupiter.api.Test;
7
8   class DemoTest {
9       /**
10       * 在所有测试方法之前运行
11       */
```

```
12      @BeforeAll
13      static void setUpBeforeClass() throws Exception {
14      }
15
16      /**
17       * 在所有测试方法之后运行
18       */
19      @AfterAll
20      static void tearDownAfterClass() throws Exception {
21      }
22
23      /**
24       * 在每个测试方法之前运行
25       */
26      @BeforeEach
27      void setUp() throws Exception {
28      }
29
30      /**
31       * 在每个测试方法之后运行
32       */
33      @AfterEach
34      void tearDown() throws Exception {
35      }
36
37      /**
38       * 测试方法
39       */
40      @Test
41      void test() {}
42  }
```

（4）使用 JUnit 进行单元测试。为被测试类生成一个测试类之后,运行单元测试的步骤如下。

步骤1:在测试类 DemoTest.java 中实现测试用例编写。

在编写测试用例之前,让我们仔细分析 JUnit 自动生成的测试类 DemoTest.java(程序2-5)。

1~6 行代码,导入测试所用的断言、注解的工具类。

8~42 行代码,每个方法前的@ 部分(如@ Test)是 JUnit 注解。JUnit 注解提供了资源初始化和回收方法:@ BeforeAll、@ AfterAll、@ BeforeEach、@ AfterEach。JUnit 5 常用的注解及描述如表 2-1 所列。

表 2-1 JUnit 5 常用的注解及描述

| 注解 | 描述 |
| --- | --- |
| @ Test | 表示方法是一种测试方法 |
| @ Test(expected = ArithmeticException. class) | 检查被测方法是否返回 ArithmeticException 异常 |
| @ Test(timeout = 100) | 限时测试,超过规定的执行时间(如 100ms)就会被强行结束 |
| @ BeforeAll | 表示方法在所有测试方法之前运行,只执行一次,用于初始化。必须声明为 static,且返回 void |
| @ AfterAll | 表示方法在所有测试方法之后运行,只执行一次,用于释放资源。必须声明为 static,且返回 void |
| @ BeforeEach | 表示方法在每个测试方法运行前都会运行 |
| @ AfterEach | 表示方法在每个测试方法运行之后都会运行 |
| @ RepeatedTest | 表示方法是重复测试模板 |
| @ DisplayName | 为测试类或者测试方法自定义一个名称 |
| @ Disabled | 用于禁用测试类或测试方法 |
| @ Ignore | 忽略的测试方法 |

在 40~42 行代码部分,通过添加@ Test 注解,把 test( )方法标记为一个单元测试的方法。单元测试方法的命名一般按照 testXXX 模式。例如,我们要测试基础的两整数相加功能,可命名为"testAdd( )",如程序 2-6 所示。

程序 2-6 add 方法测试用例示例

```
1    @ Test
2    void testAdd( ) {
3        Demo demo = new Demo( );
4        int a = 10;
5        int b = 20;
6        int result = demo. add( a, b);
7        int expectedResult = a + b;
8        assertEquals( expectedResult, result);
9    }
```

程序解析:上面这段测试代码,我们为方法 testAdd 加上了@ Test 注解,JUnit 会把带有@ Test 的方法识别为测试方法。在测试方法内部,创建了 Demo 类的一个实例,通过调用实例的 add(int，int)方法传入两个已知的数值执行测试。在上述代码第 8 行,使用 JUnit 的断言机制验证测试结果是否达到预期。JUnit 的 Assert 类提供断言(如 assertEqual)方法。assertEquals(expectedResult,result)的含义是,期望 result 与 expectedResultx 相等,也就是说,判断 add(a,b)的返回值是否等于 a + b,如果是,则验证通过,否则,测试用例执行不通过。assertEquals(expected,actual)是最常用的断言方法,常用的其他断言方法及描述如表 2 - 2 所列。

表 2 - 2  常用断言方法及描述

| 方法 | 描述 |
| --- | --- |
| void assertEquals(boolean expected, boolean actual) | 检查两个变量或者等式是否平衡 |
| void assertTrue(boolean condition) | 检查条件为真 |
| void assertFalse(boolean condition) | 检查条件为假 |
| void assertNotNull(Object object) | 检查对象不为空 |
| void assertNull(Object object) | 检查对象为空 |
| void assertSame(Object expected, Object actual) | assertSame()方法检查两个相关对象是否指向同一个对象 |
| void assertNotSame(Object expected, Object actual) | assertNotSame()方法检查两个相关对象是否不指向同一个对象 |
| void assertArrayEquals(expectedArray, resultArray) | assertArrayEquals()方法检查两个数组是否相等 |

步骤 2:运行测试用例。

完成步骤 1,编写测试代码之后,就可以运行测试用例了。运行单元测试非常简单,右键选中 DemoTest.java 文件,点击"Run As"→"JUnit Test",如图 2 - 25 所示。

图 2 - 25  运行单元测试

运行 DemoTest.java 后显示结果如图 2 - 26 所示,运行结果显示为:运行 1 条,通过 1 条,错误 0 条,失败 0 条,运行测试所花费的时间为 0.176s。如果测试结果与预期不符,assertEquals( )会返回异常,测试结果显示为失败。

图 2-26　单元测试运行结果

**3. 设计测试用例**

在 2.1.3 节介绍单元测试设计原则时,强调设计单元测试用例时应遵循独立原则,单元测试应该能够独立运行,每个单元测试用例不应依赖其他用例的执行结果,每个测试用例只应关注一个功能点或代码分支,保证单一职责,如此能更准确地定位问题。

因此,在单元测试中,通常设计多个@Test 方法,每个方法运行一条测试用例,分组、分类对目标功能进行测试,如测试函数的边界值、异常处理等。编写测试用例时,通常需要对被测试对象进行初始化,测试用例执行完毕,则需要清理资源。JUnit 提供了测试前初始化、测试后清理资源的固定代码,称为 Fixture。

下面分析一个具体的例子:实现简单的计算器,能进行加、减、乘、除运算,如程序 2-7 所示。

程序 2-7　计算器功能实现

```
1  public class Calculator {
2      public int add(int a, int b) {
3          return a + b;
4      }
5
```

```
6       public int subtract(int a, int b) {
7           return a - b;
8       }
9
10      public int multiply(int a, int b) {
11          return a * b;
12      }
13
14      public int divide(int a, int b) {
15          if (b == 0) {
16              throw new IllegalArgumentException();
17          }
18          return a / b;
19      }
20  }
```

Calculator 类实现了最基本的整数加、减、乘、除运算。对这些实现方法进行单元测试，需在每个测试用例执行前新建一个 Calculator 类的实例对象，并且初始化两个整数作为测试数据传参，可以通过 @BeforeEach 进行实例和变量的初始化、@AfterEach 清理资源。

在测试 divide 方法时，需要注意的一点是：除数不能为零。因此，在编设计测试用例时，除了测试非零除数外，还要特别针对可能导致异常的情况进行测试，于是，设计用例：Calculator 类的 divide 方法测试除数传参为 0 时，期待此方法返回参数异常。测试代码实现如程序 2-8 所示，第 40 行，assertThrows() 期望捕获一个指定类型的异常。第二个参数封装了会产生异常的执行代码，当我们执行 this.calculator.divide(10, 0) 时，返回异常 IllegalArgumentException。assertThrows() 捕获到 IllegalArgumentException 异常时测试通过，否则，测试失败。

程序 2-8　单元测试实例 CalculatorTest.java

```
1   class CalculatorTest {
2       Calculator calculator;
3
4       @BeforeEach
5       void setUp() throws Exception {
6           this.calculator = new Calculator();
7       }
```

```
 8
 9          @AfterEach
10          void tearDown() throws Exception {
11              this.calculator = null;
12          }
13
14          @Test
15          void testAdd() {
16              assertEquals(20, this.calculator.add(10,10));
17              assertEquals(15, this.calculator.add(10,5));
18          }
19
20          @Test
21          void testSubtract() {
22              assertEquals(0, this.calculator.subtract(10, 10));
23              assertEquals(5, this.calculator.subtract(10, 5));
24          }
25
26          @Test
27          void testMultiply() {
28              assertEquals(100, this.calculator.multiply(10, 10));
29              assertEquals(50, this.calculator.multiply(10, 5));
30          }
31
32          @Test
33          void testDivide() {
34              assertEquals(1, this.calculator.divide(10, 10));
35              assertEquals(2, this.calculator.divide(10, 5));
36          }
37
38          @Test
39          void testDivideException() {
40              assertThrows(IllegalArgumentException.class, () -> {this.calculator.divide(10, 0);
42              });
43          }
44      }
```

运行测试用例,结果如图 2-27 所示。

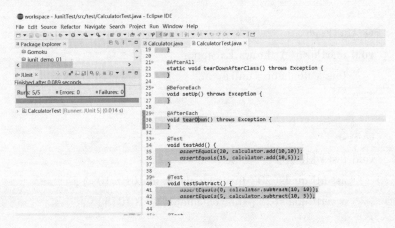

图 2-27　CalculatorTest 单元测试运行结果

我们通过编写、运行这么一个计算器的单元测试,初步认识了 JUnit。在下面一节中,我们会通过实例更深入地了解 JUnit 框架。

### 2.2.3　JUnit 应用实例

**实例 2-1**：用 Java 实现 $z=|x|+|y|$,并进行单元测试。

(1) 分析需求。$z$ 的求解方程可以分解为

$$z = \begin{cases} x+y, & x \geqslant 0 \text{ 且 } y \geqslant 0 \quad ① \\ x-y, & x \geqslant 0 \text{ 且 } y < 0 \quad ② \\ -x+y, & x < 0 \text{ 且 } y \geqslant 0 \quad ③ \\ -x-y, & x < 0 \text{ 且 } y < 0 \quad ④ \end{cases}$$

(2) 设计测试用例。在设计测试用例时,考虑使测试用例覆盖所有的分支,测试用例如表 2-3 所列。

表 2-3　实例 1 测试用例设计(覆盖分支)

| 用例编号 | $x$ | $y$ | 预期结果 $z$ | 覆盖路径 |
|---|---|---|---|---|
| Case1 | 1 | 1 | 2 | ① |
| Case2 | 1 | -1 | 2 | ② |
| Case3 | -1 | 1 | 2 | ③ |
| Case4 | -1 | -1 | 2 | ④ |

表 2-3 中的 4 个测试用例覆盖了路径①②③④,但其实没有考虑到 $x=0$ 或 $y=0$ 的情况,于是增加测试用例,如表 2-4 所列。

表 2-4  实例 1 测试用例设计(边界测试)

| 用例编号 | $x$ | $y$ | 预期结果 $z$ | 覆盖路径 |
|---|---|---|---|---|
| Case5 | 0 | 0 | 0 | ① |
| Case6 | 0 | 1 | 1 | ① |
| Case7 | 1 | 0 | 1 | ① |
| Case8 | 0 | -1 | 1 | ② |
| Case9 | -1 | 0 | 1 | ③ |

以上 case1~case9 共 9 个测试用例覆盖了路径①②③④,到此,有些人可能已经迫不及待地开始编写测试代码和实现函数的功能了,但是这些测试用例都执行通过之后真的能保证函数功能是完全正确的吗?

仔细分析上面的测试用例可以发现,这些测试用例同样适用于以下函数:

$$z_1 = x^2 + y^2$$
$$z_2 = x^2 + |y|$$

出现这样的问题的原因就在于,我们单元测试输入的数据只在 0、-1、1 之间取值,不具有代表性。随机的测试数据,能保证被测功能的唯一性。于是,修改测试数据,重新设计测试用例,如表 2-5 所列。

表 2-5  实例 2-1 测试用例设计

| 用例编号 | $x$ | $y$ | 预期结果 $z$ | 覆盖路径 |
|---|---|---|---|---|
| Case01 | 5 | 3 | 8 | ① |
| Case02 | 7 | -2 | 9 | ② |
| Case03 | -3 | 10 | 13 | ③ |
| Case04 | -8 | -9 | 17 | ④ |
| Case05 | 0 | 0 | 0 | ① |
| Case06 | 0 | 8 | 8 | ① |
| Case07 | 6 | 0 | 6 | ① |
| Case08 | 0 | -4 | 4 | ② |
| Case09 | -4 | 0 | 4 | ③ |

(3)编写测试用例。可以采用测试驱动开发模式(TDD):先编写测试代码,然后实现功能代码,使测试用例全部通过。

步骤 1:首先,新建一个类 SectionalFunc.java,这个类里面的方法 public int sectional (int x, int y);实现函数 $z = |x| + |y|$ 的求解,先进行空实现,具体功能代码在测试用例完成后进行完善。代码实现如程序 2-9 所示。

程序 2-9  SectionalFunc.java(分段函数空实现)

```
1   public class SectionalFunc {
2       /**
3        * 实现函数 z = |x| + |y|
4        *
5        * @param int x 整型变量 x
6        * @param int y 整型变量 y
7        * @return int |x| + |y|的值
8        */
9       public int sectional(int x, int y) {
10          // 在此实现函数的功能
11
12          return 0;
13      }
14  }
```

步骤 2：创建类 SectionalFunc.java 的测试类 SectionalFuncTest.java，根据表 2-5，编写测试用例如程序 2-10 所示。

程序 2-10  函数 $z = |x| + |y|$ 测试用例实现 SectionalFuncTest.java

```
1   class SectionalFuncTest {
2       SectionalFunc sectionalFunc = new SectionalFunc();
3
4       @Test
5       void testCase01() {
6           assertEquals(8, sectionalFunc.sectional(5, 3));
7       }
8
9       @Test
10      void testCase02() {
11          assertEquals(9, sectionalFunc.sectional(7, -2));
12      }
13
14      @Test
15      void testCase03() {
16          assertEquals(13, sectionalFunc.sectional(-3, 10));
```

```
17            }
18
19        @Test
20        void testCase04() {
21            assertEquals(17, sectionalFunc.sectional(-8,-9));
22        }
23
24        @Test
25        void testCase05() {
26            assertEquals(0, sectionalFunc.sectional(0,0));
27        }
28
29        @Test
30        void testCase06() {
31            assertEquals(8, sectionalFunc.sectional(0,8));
32        }
33
34        @Test
35        void testCase07() {
36            assertEquals(6, sectionalFunc.sectional(6,0));
37        }
38
39        @Test
40        void testCase08() {
41            assertEquals(4, sectionalFunc.sectional(0,-4));
42        }
43
44        @Test
45        void testCase09() {
46            assertEquals(4, sectionalFunc.sectional(-4,0));
47        }
48    }
```

(4) 运行测试用例。此时运行测试用例,预期结果应是部分用例运行失败,这是因为此时 SectionalFunc.java 这个类里面的方法 public int sectional(int x, int y) 具体功能还未实现,运行测试用例并不能得到预期结果。图 2-28 展示了运行结果。

运行失败的测试用例,可查看错误信息。

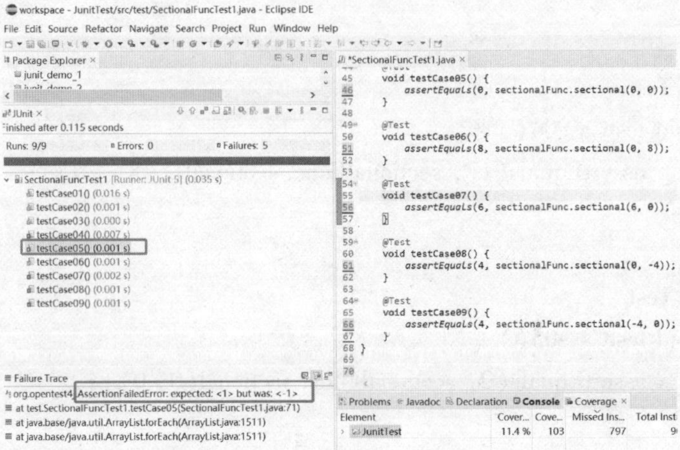

图 2-28　SectionalFuncTest.java 错误运行结果示例

（5）实现功能代码。根据 TDD 模式，完善功能代码使测试用例全部通过。
根据公式，实现 $z=|x|+|y|$ 功能，如程序 2-11 所示。

代码 2-11　函数 $z=|x|+|y|$ 实现

```
1   /**
2    * 实现函数 z = |x| + |y|
3    *
4    * @param int x 整型变量 x
5    * @param int y 整型变量 y
6    * @return int |x| + |y| 的值
7    */
8   public int sectional(int x, int y) {
9       if (x < 0) {
10          x = -x;
11      }
12      
13      if (y < 0) {
14          y = -y;
15      }
16      return x + y;
17  }
```

运行测试用例 SectionalFuncTest.java，图 2-29 展示了运行结果。

图 2-29　SectionalFuncTest.java 运行结果示例

从运行结果可知，public int sectional(int x, int y) 函数功能已经满足所有测试用例，并且覆盖率为 100%。功能代码已无需修改。如果用例运行没有完全通过，则需重复进行步骤 5，直到所有的测试用例都通过。

此时，我们已经用 TDD 的方式实现了函数 $z = |x| + |y|$ 的开发与测试。

回看 SectionalFuncTest.java 类中的测试用例，每个测试用例使用的测试数据都是具体的值。能不能使输入的数据更随机一点？答案是可以的，只需要把输入的数据改为随机值，每次测试用例运行时，输入的数据都不一样。按照这种思路，测试用例设计如表 2-6 所列，测试用例实现如程序 2-12 所示。

表 2-6　实例 1 测试用例设计（随机测试数据）

| 用例编号 | $x$ | $y$ | 预期结果 $z$ | 覆盖路径 |
| --- | --- | --- | --- | --- |
| Case01 | $a =$ 大于 0 的随机整数 | $b =$ 大于 0 的随机整数 | $a + b$ | ① |
| Case02 | $a =$ 大于 0 的随机整数 | $b =$ 小于 0 的随机整数 | $a - b$ | ② |
| Case03 | $a =$ 小于 0 的随机整数 | $b =$ 大于 0 的随机整数 | $-a + b$ | ③ |
| Case04 | $a =$ 小于 0 的随机整数 | $b =$ 小于 0 的随机整数 | $-a - b$ | ④ |
| Case05 | 0 | 0 | 0 | ① |
| Case06 | 0 | $b =$ 大于 0 的随机整数 | $b$ | ① |
| Case07 | $a =$ 大于 0 的随机整数 | 0 | $a$ | ① |
| Case08 | 0 | $b =$ 小于 0 的随机整数 | $-b$ | ② |
| Case09 | $a =$ 小于 0 的随机整数 | 0 | $-a$ | ③ |

程序 2-12　函数 $z = |x| + |y|$ 测试用例实现 SectionalFuncTest2.java

```
1    class SectionalFuncTest3 {
2        SectionalFunc sectionalFunc = new SectionalFunc();
3
4        @Test
5        void testCase01() {
```

```java
 6          Random rand = new Random();
 7          int x = rand.nextInt(1, Integer.MAX_VALUE);
 8          int y = rand.nextInt(1, Integer.MAX_VALUE);
 9          assertEquals(x + y, sectionalFunc.sectional(x, y));
10      }
11
12      @Test
13      void testCase02() {
14          Random rand = new Random();
15          int x = rand.nextInt(1, Integer.MAX_VALUE);
16          int y = - rand.nextInt(1, Integer.MAX_VALUE);
17          assertEquals(x - y, sectionalFunc.sectional(x, y));
18      }
19
20      @Test
21      void testCase03() {
22          Random rand = new Random();
23          int x = - rand.nextInt(1, Integer.MAX_VALUE);
24          int y = rand.nextInt(1, Integer.MAX_VALUE);
25          assertEquals(-x + y, sectionalFunc.sectional(x, y));
26      }
27
28      @Test
29      void testCase04() {
30          Random rand = new Random();
31          int x = - rand.nextInt(1, Integer.MAX_VALUE);
32          int y = - rand.nextInt(1, Integer.MAX_VALUE);
33          assertEquals(-x - y, sectionalFunc.sectional(x, y));
34      }
35
36      @Test
37      void testCase05() {
38          int x = 0;
39          int y = 0;
40          assertEquals(0, sectionalFunc.sectional(x, y));
41      }
42
```

```
43      @Test
44      void testCase06() {
45          Random rand = new Random();
46          int x = 0;
47          int y = rand.nextInt(1, Integer.MAX_VALUE);
48          assertEquals(y, sectionalFunc.sectional(x, y));
49      }
50
51      @Test
52      void testCase07() {
53          Random rand = new Random();
54          int x = rand.nextInt(1, Integer.MAX_VALUE);
55          int y = 0;
56          assertEquals(x, sectionalFunc.sectional(x, y));
57      }
58
59      @Test
60      void testCase08() {
61          Random rand = new Random();
62          int x = 0;
63          int y = -rand.nextInt(1, Integer.MAX_VALUE);
64          assertEquals(-y, sectionalFunc.sectional(x, y));
65      }
66
67      @Test
68      void testCase09() {
69          Random rand = new Random();
70          int x = -rand.nextInt(1, Integer.MAX_VALUE);
71          int y = 0;
72          assertEquals(-x, sectionalFunc.sectional(x, y));
73      }
74  }
```

运行测试用例,运行结果如图 2-30 所示。由运行结果可知,该功能代码已经满足所有测试用例。

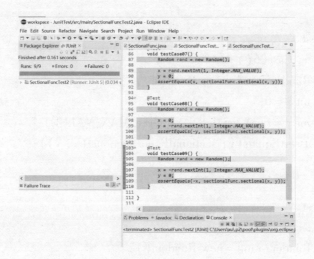

图 2-30 SectionalFuncTest2.java 运行结果示例

**实例 2-2**：字符串替换空格。

（1）分析需求。这是一份来自《剑指 Offer》的题目：请实现一个函数，把字符串 s 中的每个空格替换成"%20"。

限制：0 <= s 的长度 <= 10000

输入：s = " We are happy. "

输出：" We%20are%20happy. "

（2）设计测试用例。在设计测试用例时，考虑字符串中包含空格的类型，设计思维导图如图 2-31 所示。

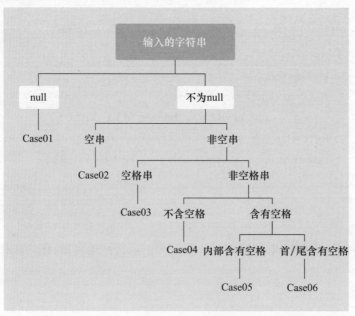

图 2-31 "字符串替换空格"测试用例设计思维导图

由图 2-31 可知,根据输入的字符串形态,共有 6 种可能,相应测试用例的设计如表 2-7 所列。

表 2-7 "字符串替换空格"测试用例设计

| 用例编号 | 输入 | 预期输出 |
| --- | --- | --- |
| Case01 | null | null |
| Case02 | "" | "" |
| Case03 | "    " | "%20%20%20%20" |
| Case04 | "wearehappy." | "wearehappy." |
| Case05 | "we are happy." | "we%20are%20happy." |
| Case06 | " wearehappy. " | "%20wearehappy.%20" |

(3)编写测试用例。可以采用测试驱动开发模式(TDD)。先编写测试代码,然后实现功能代码,使测试用例全部通过。

步骤 1:首先,新建一个类 ReplaceSpace.java,这个类里面的方法 public String replaceSpace(String s)完成字符串替换空格,先进行空实现,具体功能代码在测试用例完成后进行完善。

字符串的空格替换的功能实现类和方法定义如程序 2-13 所示。

程序 2-13 字符串的空格替换的功能空实现

```
1   public class ReplaceSpace {
2
3       /**
4        * 把字符串 s 中的每个空格替换成"%20"
5        *
6        * @param s 输入的字符串
7        * @return 替换空格后的字符串
8        */
9       public String replaceSpace(String s) {
10          // 这里实现字符串 s 中的空格替换
11
12          return null;
13      }
14  }
```

步骤 2:创建测试类 ReplaceSpaceTest.java,根据表 2-7 编写测试用例如程序 2-14 所示。

程序2-14 ReplaceSpaceTest.java 实现

```java
1   class ReplaceSpaceTest {
2       private ReplaceSpace replaceSpace = new ReplaceSpace();
3   
4       @Test
5       void test01() {
6           String string = null;
7           assertNull(replaceSpace.replaceSpace(string));
8       }
9   
10      @Test
11      void test02() {
12          String string = "";
13          String expeced = "";
14          assertEquals(expeced, replaceSpace.replaceSpace(string));
15      }
16  
17      @Test
18      void test03() {
19          String string = "    ";
20          String expeced = "%20%20%20%20";
21          assertEquals(expeced, replaceSpace.replaceSpace(string));
22      }
23  
24      @Test
25      void test04() {
26          String string = "Wearehappy.";
27          String expeced = "Wearehappy.";
28          assertEquals(expeced, replaceSpace.replaceSpace(string));
29      }
30  
31      @Test
32      void test05() {
33          String string = "We are happy.";
34          String expeced = "We%20are%20happy.";
35          assertEquals(expeced, replaceSpace.replaceSpace(string));
36      }
```

```
37
38          @Test
39          void test06() {
40              String string = " Wearehappy. ";
41              String expeced = "%20Wearehappy.%20";
42              assertEquals(expeced, replaceSpace.replaceSpace(string));
43          }
44     }
```

（4）运行测试用例。此时，运行测试用例，预期结果应是部分用例运行失败，这是因为此时 ReplaceSpace.java 中的方法 public String replaceSpace(String s)具体功能还未实现，运行测试用例并不能得到预期结果。图 2-32 展示了运行结果。

运行失败的测试用例，可查看错误信息。

图 2-32　ReplaceSpaceTest.java 运行结果

（5）实现功能代码。根据 TDD 模式，完善功能代码使测试用例全部通过。实现功能如程序 2-15 所示。

程序 2-15　ReplaceSpace 函数实现

```
1    public String replaceSpace(String s) {
2        if (s == null || s == "") {
3            return s;
4        }
5        StringBuilder reBuilder = new StringBuilder();
6        for(Character c : s.toCharArray()) {
```

```
 7            if ( c = = ' ' ) {
 8                reBuilder. append( "%20" );
 9            } else {
10                reBuilder. append( c );
11            }
12        }
13        return reBuilder. toString( );
14    }
```

运行测试用例 ReplaceSpaceTest. java,图 2-33 展示了运行结果。

图 2-33  ReplaceSpaceTest. java 运行结果(全部通过)

从运行结果可知,功能代码 replaceSpace 函数已经满足所有测试用例,并且覆盖率为 100%。功能代码已无需修改。如果用例运行没有完全通过,则需继续完善功能代码,直到所有的测试用例都通过。

此时,我们已经实现了字符串替换空格的开发与测试。

**实例 2-3**:Nextday. java 实现一个简单的日期计算器:计算给定日期的下一天的具体日期。设计单元测试用例,验证日期计算器的功能。

(1)分析需求。Nextday. java 实现一个简单的日期计算器功能,计算给定日期的下一天的具体日期,如:

给定 2022 年 1 月 1 日,返回 2022 年 1 月 2 日;

给定 2022 年 1 月 31 日,返回 2022 年 2 月 1 日。

源程序实现如程序 2-16 所示。

**程序2-16 Nextday 功能实现源代码**

```java
1    //Nextday.java
2    public class Nextday {
3        public static Date nextDay(Date d) {
4            Date dd = new Date(d.getMonth().getCurrentPos(), d.getDay().getCurrentPos(), d.getYear().getCurrentPos());
5            dd.increment();
6            return dd;
7        }
8    }
9
10   // Date.java
11   public class Date {
12       private Day d;
13       private Month m;
14       private Year y;
15
16       public Date(int pMonth, int pDay, int pYear) {
17           y = new Year(pYear);
18           m = new Month(pMonth, y);
19           d = new Day(pDay, m);
20       }
21
22       public void increment() {
23           if(! d.increment()) {
24               if(! m.increment()) {
25                   y.increment();
26                   m.setMonth(1, y);
27               }
28               d.setDay(1, m);
29           }
30       }
31
32       public void printDate() {
33           System.out.println(m.getMonth() + "/" + d.getDay() + "/" + y.getYear());
34       }
```

```java
35
36        public Day getDay( ) {
37            return d;
38        }
39
40        public Month getMonth( ) {
41            return m;
42        }
43
44        public Year getYear( ) {
45            return y;
46        }
47
48        public boolean equals(Object o) {
49            if (o instanceof Date) {
50                if (this.y.equals(((Date) o).y) && this.m.equals(((Date) o).m) && this.d.equals(((Date) o).d))
51                    return true;
52            }
53            return false;
54        }
55
56        public String toString( ) {
57            return (m.getMonth( ) + "/" + d.getDay( ) + "/" + y.getYear( ));
58        }
59    }
60
61
62    // Year.java
63    public class Year extends CalendarUnit {
64        public Year(int pYear) {
65            setYear(pYear);
66        }
67
68        public void setYear(int pYear) {
69            setCurrentPos(pYear);
70            if(! this.isValid( )) {
```

```
71                    throw new IllegalArgumentException("Not a valid month");
72                }
73           }
74
75           public int getYear() {
76                return currentPos;
77           }
78
79           public boolean increment() {
80                currentPos = currentPos + 1;
81                if (currentPos == 0)
82                    currentPos = 1;
83                return true;
84           }
85
86           public boolean isLeap() {
87                if (currentPos >= 0 && (((currentPos % 4 == 0) && (currentPos % 100 != 0)) || (currentPos % 400 == 0)))
88                    return true;
89                else if (currentPos < 0 && ((((currentPos * -1) % 4 == 1) && ((currentPos * -1) % 100 != 1)) || ((currentPos * -1) % 400 == 1)))
90                    return true;
91                return false;
92           }
93
94           protected boolean isValid() {
95                if (this.currentPos != 0)
96                    return true;
97                return false;
98           }
99
100          public boolean equals(Object o) {
101               if (o instanceof Year) {
102                   if (this.currentPos == ((Year) o).currentPos)
103                       return true;
104               }
105               return false;
```

```
106        }
107    }
108
109    // Month.java
110    public class Month extendsCalendarUnit {
111        private Year y;
112        private int[] sizeIndex = { 31, 28, 31, 30, 31, 30, 31, 31, 30, 31, 30, 31 };
113
114        public Month(int pMonth, Year y) {
115            setMonth(pMonth, y);
116        }
117
118        public void setMonth(int pMonth, Year y) {
119            setCurrentPos(pMonth);
120            this.y = y;
121            if(! this.isValid()) {
122                throw new IllegalArgumentException("Not a valid month");
123            }
124        }
125
126        public int getMonth() {
127            return currentPos;
128        }
129
130        public int getMonthSize() {
131            if (y.isLeap())
132                sizeIndex[1] = 29;
133            else
134                sizeIndex[1] = 28;
135            return sizeIndex[currentPos - 1];
136        }
137
138        public boolean increment() {
139            currentPos += 1;
140            if (currentPos > 12)
141                return false;
```

```
142            else
143                return true;
144        }
145
146        public boolean isValid() {
147            if (y != null && y.isValid())
148                if (this.currentPos >= 1 && this.currentPos <= 12)
149                    return true;
150            return false;
151
152        }
153
154        public boolean equals(Object o) {
155            if (o instanceof Month) {
156                if (this.currentPos == ((Month) o).currentPos && this.y.equals(((Month) o).y))
157                    return true;
158            }
159            return false;
160        }
161    }
162
163    // Day.java
164    public class Day extends CalendarUnit {
165        private Month m;
166
167        public Day(int pDay, Month m) {
168            setDay(pDay, m);
169        }
170
171        public boolean increment() {
172            currentPos += 1;
173            if (currentPos <= m.getMonthSize())
174                return true;
175            else
176                return false;
```

```java
177     }
178
179     public void setDay(int pDay, Month m) {
180         setCurrentPos(pDay);
181         this.m = m;
182         if(! this.isValid()) {
183             throw new IllegalArgumentException("Not a valid day");
184         }
185     }
186
187     public int getDay() {
188         return currentPos;
189     }
190
191     public boolean isValid() {
192         if (m != null && m.isValid())
193             if (this.currentPos >= 1 && this.currentPos <= m.getMonthSize())
194                 return true;
195         return false;
196
197     }
198
199     public boolean equals(Object o) {
200         if (o instanceof Day) {
201             if (this.currentPos == ((Day) o).currentPos && this.m.equals(((Day) o).m))
202                 return true;
203         }
204         return false;
205     }
206 }
207
208 // CalendarUnit.java
209 public abstract class CalendarUnit {
210     protected int currentPos;
211
```

```
212    protected void setCurrentPos(int pCurrentPos){
213        currentPos = pCurrentPos;
214    }
215
216    protected int getCurrentPos(){
217        return currentPos;
218    }
219
220    protected abstract boolean increment();
221    protected abstract boolean isValid();
222 }
```

(2)设计测试用例。根据题目需求,程序的输入是日期,日期的范围分析如表2-8所列。

表2-8 "Nextday"测试用例分析

| 输入条件 | 有效值 | 无效值 |
| --- | --- | --- |
| 年份范围 | 整数 | |
| 月份范围 | 1~12 | 月份>12;<br>月份<1 |
| 日期范围 | 1、3、5、7、8、10、12月份的日期范围1~31;<br>4、6、9、10、11月日期范围1~30;<br>闰年2月份29天;<br>平年2月份28天 | 日期<1;<br>1、3、5、7、8、10、12月份的日期>31;<br>4、6、9、10、11月份的日期>30;<br>闰年2月份的日期>29;<br>平年2月份的日期>28 |

根据日期特点,在设计测试用例时,考虑日期边界、异常日期值,测试用例设计如表2-9、表2-10所列。

表2-9 "Nextday"测试用例设计(边界值)

| 序号 | 测试数据(年-月-日) | 期望结果(年-月-日) |
| --- | --- | --- |
| Case01 | 1990-1-31 | 1990-2-1 |
| Case02 | 2000-2-29 | 2000-3-1 |
| Case03 | 2000-2-28 | 2000-2-29 |
| Case04 | 1999-2-28 | 1999-3-1 |
| Case05 | 1991-3-31 | 1991-4-1 |
| Case06 | 1992-4-30 | 1992-5-1 |
| Case07 | 1993-5-31 | 1993-6-1 |
| Case08 | 1994-6-30 | 1994-7-1 |
| Case09 | 1995-7-31 | 1995-8-1 |

(续)

| 序号 | 测试数据(年-月-日) | 期望结果(年-月-日) |
|---|---|---|
| Case10 | 1996-8-31 | 1996-9-1 |
| Case11 | 1997-9-30 | 1997-10-1 |
| Case12 | 1998-10-31 | 1998-11-1 |
| Case13 | 1999-11-30 | 1999-12-1 |
| Case14 | 2000-12-31 | 2001-1-1 |

表2-10 "Nextday"测试用例设计(异常值)

| 序号 | 测试数据(年-月-日) | 期望结果(年-月-日) |
|---|---|---|
| Case15 | 1990-1-0 | 无效输入 |
| Case16 | 2000-2-30 | 无效输入 |
| Case17 | 1999-2-29 | 无效输入 |
| Case18 | 1991-3-32 | 无效输入 |
| Case19 | 1992-4-31 | 无效输入 |
| Case20 | 2000-0-10 | 无效输入 |
| Case21 | 2000-13-10 | 无效输入 |

(3)编写测试用例。创建测试类NextdayTest.java,根据表2-9、表2-10编写测试用例,如程序2-17所示。

程序2-17 NextdayTest.java实现

```
1   class NextdayTest {
2       @Test
3       public void testDate01() {
4           Date date = new Date(1,31,1990);
5           Date d = Nextday.nextDay(date);
6           Assert.assertEquals("2/1/1990",d.toString());
7       }
8       @Test
9       public void testDate02() {
10          Date date = new Date(2,29,2000);
11          Date d = Nextday.nextDay(date);
12          Assert.assertEquals("3/1/2000",d.toString());
13      }
14      @Test
15      public void testDate03() {
16          Date date = new Date(2,28,2000);
17          Date d = Nextday.nextDay(date);
```

```
18         Assert.assertEquals("2/29/2000",d.toString());
19     }
20     @Test
21     public void testDate04() {
22         Date date = new Date(2,28,1999);
23         Date d = Nextday.nextDay(date);
24         Assert.assertEquals("3/1/1999",d.toString());
25     }
26     @Test
27     public void testDate05() {
28         Date date = new Date(3,31,1991);
29         Date d = Nextday.nextDay(date);
30     Assert.assertEquals("4/1/1991",d.toString());
31     }
32     @Test
33     public void testDate06() {
34         Date date = new Date(4,30,1992);
35         Date d = Nextday.nextDay(date);
36         Assert.assertEquals("5/1/1992",d.toString());
37     }
38     @Test
39     public void testDate07() {
40         Date date = new Date(5,31,1993);
41         Date d = Nextday.nextDay(date);
42         Assert.assertEquals("6/1/1993",d.toString());
43     }
44     @Test
45     public void testDate08() {
46         Date date = new Date(6,30,1994);
47         Date d = Nextday.nextDay(date);
48         Assert.assertEquals("7/1/1994",d.toString());
49     }
50     @Test
51     public void testDate09() {
52         Date date = new Date(7,31,1995);
53         Date d = Nextday.nextDay(date);
54         Assert.assertEquals("8/1/1995",d.toString());
```

```java
55      }
56      @Test
57      public void testDate010() {
58          Date date = new Date(8,31,1996);
59          Date d = Nextday.nextDay(date);
60          Assert.assertEquals("9/1/1996",d.toString());
61      }
62      @Test
63      public void testDate011() {
64          Date date = new Date(9,30,1997);
65          Date d = Nextday.nextDay(date);
66          Assert.assertEquals("10/1/1997",d.toString());
67      }
68      @Test
69      public void testDate012() {
70          Date date = new Date(10,31,1998);
71          Date d = Nextday.nextDay(date);
72          Assert.assertEquals("11/1/1998",d.toString());
73      }
74      @Test
75      public void testDate013() {
76          Date date = new Date(11,30,1999);
77          Date d = Nextday.nextDay(date);
78          Assert.assertEquals("12/1/1999",d.toString());
79      }
80      @Test
81      public void testDate014() {
82          Date date = new Date(12,31,2000);
83          Date d = Nextday.nextDay(date);
84          Assert.assertEquals("1/1/2001",d.toString());
85      }
86      @Test
87      public void testDate015() {
88          assertThrows(IllegalArgumentException.class, ()→{
89              Date date = new Date(1,0,1990);
90          });
91      }
```

```java
92      @Test
93      public void testDate016() {
94          assertThrows(IllegalArgumentException.class, ()->{
95              Date date = new Date(2,30,2000);
96          });
97      }
98      @Test
99      public void testDate017() {
100         assertThrows(IllegalArgumentException.class, ()->{
101             Date date = new Date(2,29,1999);
102         });
103     }
104     @Test
105     public void testDate018() {
106         assertThrows(IllegalArgumentException.class, ()->{
107             Date date = new Date(3,32,1991);
108         });
109     }
110     @Test
111     public void testDate019() {
112         assertThrows(IllegalArgumentException.class, ()->{
113             Date date = new Date(4,31,1992);
114         });
115     }
116     @Test
117     public void testDate020() {
118         assertThrows(IllegalArgumentException.class, ()->{
119             Date date = new Date(0,10,2000);
120         });
121     }
122     @Test
123     public void testDate021() {
124         assertThrows(IllegalArgumentException.class, ()->{
125             Date date = new Date(13,10,2000);
126         });
127     }
128 }
```

（4）运行测试用例。此时运行测试用例，预期结果应是用例运行全部通过，图 2 - 34 展示了运行结果：从运行结果可知，原功能程序已经满足所有测试用例。原功能代码未被测出缺陷。如果用例运行没有完全通过，则说明原功能代码或许存在缺陷，需检查测试用例或完善功能代码，直到所有的测试用例都通过。

图 2 - 34　NextdayTest. java 运行结果

## 2.3　UnitTest 单元测试

### 2.3.1　UnitTest 介绍

跟 JUnit 结构和功能类似，UnitTest 是 Python 自带的单元测试框架，安装 Python 后就可以使用了。UnitTest 具有完整的测试结构，提供了一种规范的方法构造单元测试用例，支持自动化处理单元测试、封装测试用例，提供丰富的断言方法及测试的多元化显示等功能，功能丰富且强大，包括但不限于应用于单元测试。

### 2.3.2　UnitTest 单元测试框架

UnitTest 是 Python 中的一个模块，包含很多组件，主要有以下 6 个。
（1）TestCase。
（2）TestSuite。
（3）TestLoader。
（4）TextTestRunner。
（5）TestResult。
（6）Fixture。
接下来详细介绍 UniTest 中的组件。

**1. TestCase**

TestCase 是指测试用例，它是测试用例的父类，测试类必须继承 unittest. TestCase 进行测试用例的具体实现。一个 TestCase 是一个完整的测试流程，对具体的问题进行测试。

使用步骤：
步骤1：导入 unittest 模块。
步骤2：创建测试类，继承 unittest.TestCase 类。
步骤3：在测试类中创建方法（方法名以"test"开头），每个方法代表一个测试用例。
使用示例如程序2-18所示。

程序2-18　TestCase 示例

```
1    # 1. 导入 unittest
2    import unittest
3    # 2. 创建类继承 unittest.TestCase
4    class Test(unittest.TestCase):
5        # 3. 创建测试用例方法，方法要以 test 开头
6        # 执行顺序是根据 Case 序号来的，并非代码的顺序
7        def test_print_02(self):
8            print('02')
9        def test_print_01(self):
10            print('01')
11        def test_print_03(self):
12            print('03')
```

程序解析：该程序创建了3个测试用例。需要注意的是：测试方法名称命名必须以 test 开头；测试方法的执行顺序由 Case 序号决定，并非由代码顺序决定。测试用例执行顺序为 test_print_01、test_print_02、test_print_03，跟实际代码的顺序无关。

**2. TestSuite**

TestSuite 是指测试套件，测试套件是指多个测试用例的集合。自动化测试场景通常需要一起运行多个测试用例，这些场景可以通过 TestSuite 来处理。TestSuite 可以看成一个测试用例容器，容器中可以添加测试用例，容器中所有的测试用例形成一个 TestSuite，从而实现多用例一起运行。

使用步骤：
步骤1：创建 unittest.TestSuite 实例化对象。
步骤2：向实例化对象中添加测试用例。

向 TestSuite 实例对象中添加测试用例的方法有 addTest() 和 addTests()。添加单个测试用例使用 addTest() 方法，语法为 suite.addTest(类名("测试用例名"))，使用示例如程序2-19所示。

程序解析：第2行代码创建了 TestSuite 实例 testSuite，向 testSuite 添加单个测试用例则调用 addTest() 方法，第4、5、6行代码分别将 test_print_03、test_print_01、test_print_02 这3个测试用例添加到 testSuite。

#### 程序 2-19　TestSuite 调用 addTest( ) 示例

```
1    # 创建 TestSuite 实例
2    testSuite = unittest.TestSuite( )
3    # 添加测试用例
4    testSuite.addTest(Test("test_print_03"))
5    testSuite.addTest(Test("test_print_01"))
6    testSuite.addTest(Test("test_print_02"))
```

添加多个测试用例使用 addTests( ) 方法，addTests( ) 方法接收一个列表，该列表存放了测试用例信息：类名("测试用例名")，使用示例如程序 2-20 所示。

#### 程序 2-20　TestSuite 调用 addTests( ) 示例

```
1    # 创建 TestSuite 实例
2    testSuite = unittest.TestSuite( )
3    # 添加测试用例
4    case_list = [Test("test_print_03"),Test("test_print_01"),Test("test_print_03")]
5    testSuite.addTests(case_list)
```

程序解析：第 2 行创建 TestSuite 实例 testSuite，向 testSuite 一次添加多个测试用例则调用 addTests( ) 方法，addTests( ) 方法接收一个列表，该列表存放了测试用例信息。如第 4、5 行代码分别将 test_print_03、test_print_01、test_print_02 这 3 个测试用例一次性添加到 testSuite。

### 3. TestLoader

加载 TestCase 到 TestSuite，可从指定目录查找指定 .py 文件中的所有测试用例，自动加载到 TestSuite 中，适用于要执行文件中所有用例的情况。

使用步骤：

步骤 1：创建 unittest.TestLoader 实例化对象。

步骤 2：加载用例到 TestSuite。

常用方法：

(1) loadTestsFromTestCase：通过类名加载此类中所有测试用例到测试套件。

(2) loadTestsFromModule：通过模块名加载此模块中所有测试用例到测试套件。

(3) loadTestsFromName：通过方法名加载测试用例到测试套件。

(4) loadTestsFromNames：通过方法名加载测试用例到测试套件。

(5) discover：搜索符合条件的测试用例到测试套件。

使用示例如程序 2-21 所示。

程序2-21　TestLoader使用示例

```
1  #调用TestLoader对象的discover方法来查找文件,自动加载文件中的测试用例
2  # discover方法的第一个参数表示查询文件的路径,"."从当前目录开始查找文件
3  # discover方法的第二个参数表示查找匹配文件名的文件
4  #
5  # 自动加载当前目录下命名以test开头的py文件内的所有用例
6  testSuite = unittest.TestLoader().discover(".","test*.py")
```

**4. TestTextRunner**

执行测试用例。

使用步骤:

步骤1:创建unittest.TextTestRunner实例化对象。
步骤2:调用run方法执行用例套件。

使用示例如程序2-22所示。

程序2-22　TextTestRunner使用示例

```
1  # 创建TextTestRunner实例
2  testRunner = unittest.TextTestRunner()
3  # 传入suite并执行测试用例
4  testRunner.run(testSuite)
```

执行结果如图2-35所示。

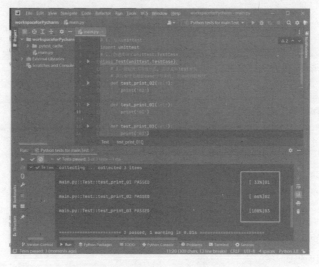

图2-35　UnitTest测试用例执行结果

### 5. TestResult

用来输出测试用例执行结果。

使用示例如程序 2-23 所示。

程序 2-23　测试报告生成示例

```
1  with open('./report.txt', 'a') as f:
2      # 创建 TextTestRunner 实例,verbosity =2 表示输出详细信息
3      testRunner = unittest.TextTestRunner(stream = f, verbosity = 2)
4      # 传入 suite 并执行测试用例
5      testRunner.run(testSuite)
```

### 6. Fixture

测试固件,对单个或多个测试用例环境进行初始化设置和清理操作,常用方法如表 2-11 所列。

表 2-11　Fixture 常用方法及说明

| 方法 | 描述 |
| --- | --- |
| setUp | 测试用例开始前执行 |
| tearDown | 测试用例结束时执行 |
| setUpClass | 测试类开始前执行 |
| tearDownClass | 测试用例类结束时执行 |

使用示例如程序 2-24 所示。

程序 2-24　Fixture 使用示例

```
1   class Test(unittest.TestCase):
2       # 测试用例开始前执行
3       def setUp(self) -> None:
4           print("用例开始\n")
5   
6       # 测试用例结束时执行
7       def tearDown(self) -> None:
8           print("用例结束\n")
9   
10      def test_print_02(self):
11          print('02')
12  
```

```
13      def test_print_01(self):
14          print('01')
15
16      def test_print_03(self):
17          print('03')
```

总结以上内容,不难得出 UnitTest 单元测试流程如下。
(1)创建 TestCase、TestSuit。
(2)由 TestLoader 加载 TestCase 到 TestSuite。
(3)由 TextTestRunner 运行 TestSuite。
(4)运行的结果保存在 TestReusult 中。
UnitTest 组件关系如图 2-36 所示。

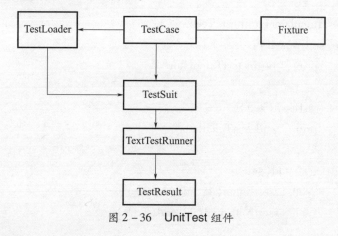

图 2-36  UnitTest 组件

### 2.3.3 UnitTest 应用实例

**实例 2-4**:使用 Python 实现简单计算器功能,并进行单元测试。

(1)创建一个待测试的 calculator.py 的 Python 文件。此 Python 文件实现计算器基本的加、减、乘、除功能,如程序 2-25 所示。

程序 2-25  calculator.py 主要实现代码

```
1   def add(a,b):
2       return a + b;
3   def minus(a,b):
4       return a - b;
```

```
5   def multy(a,b):
6       return a*b;
7   def divide(a,b):
8       return a/b
```

(2)创建一个测试用例的 testCalculator.py 文件。

测试用例设计参考 JUnit 章节,如程序 2-26 所示。

程序 2-26　testCalculator.py 主要实现代码

```
1   import unittest
2   from calculator import *
3
4   class testTalculator(unittest.TestCase):
5       def setUp(self):
6           print("begin testTalculator")
7
8       def tearDown(self):
9           print("end testTalculator")
10
11      def test_add(self):
12          self.assertEqual(4, add(1, 3));
13          self.assertNotEqual(2, add(2, 9))
14
15      def test_minus(self):
16          self.assertEqual(0, minus(2, 2))
17          self.assertNotEqual(0, minus(2, 1))
18
19      def test_multy(self):
20          self.assertEqual(6, multy(2, 3))
21
22      def test_divide(self):
23          self.assertEqual(3, divide(9, 3))
24
25   if __name__ == '__main__':
26       unittest.main()
```

程序解析:程序 2-26 中的 setUp、tearDown 方法分别运行在每个测试用例之前、之后运行,这些跟 JUnit 中的注解用法异曲同工。test_add、test_minus、test_multy、test_divide 这 4 个方法实现对 calculator.python 中加、减、乘、除功能的测试。

(3)运行单元测试文件。如图 2-37 所示,从控制台的输出结果可以查看测试用例的执行情况:4 个单元测试用例皆执行通过。

图 2-37　UnitTest 测试用例控制台输出

**实例 2-5**:使用 TestSuite。

使用 TestSuite、TestRunner 可以组织运行多个测试用例。如程序 2-27 所示,hello.py 定义了以下两个方法。

(1)say_hello():调用此函数返回字符串"Hello World."。

(2)add(nA, nB):此函数实现两数相加功能。

程序 2-27　TestSuite 示例 – hello.py

```
1   #类 hello.py
2   def say_hello():
3       return "Hello World."
4   #计算两个整数的和
5   def add(nA, nB):
6       return nA + nB
```

现在对 hello.py 进行单元测试。程序 2-28 中,测试类 TestHello 定义了两个测试用例。

(1)test_say_hello:测试 say_hello 函数,是否返回字符串"Hello World."。

(2) test_add：用三组测试数据测试 add 函数是否实现两数相加功能。

程序 2-28　TestSuite 示例 – test_hello.py

```
1    # 测试类 test_hello.py
2    import unittest
3    from hello import *
4    class TestHello(unittest.TestCase):
5        # 测试 say_hello 函数
6        def test_say_hello(self):
7            self.assertEqual(say_hello(),"Hello World.")
8        # 测试 add 函数
9        def test_add(self):
10           self.assertEqual(add(3,4),7)
11           self.assertEqual(add(0,4),4)
12           self.assertEqual(add(-3,0),-3)
```

如程序 2-29 所示，第 9 行创建了一个 TestLoader 实例 loader，第 11 行创建了一个 TestSuite 实例 suite，第 15 行实现了从测试类中加载所有的测试用例，第 17 行代码调用 TestSuite 的 addTests() 方法来添加测试用例，这样就实现了使用 TestSuite 组织多个测试用例，然后使用 TestRunner 运行该测试套件，并生成相应的测试报告。

程序 2-29　TestSuite 示例——测试套件

```
1    # 测试套件类
2    import unittest
3    from test_fk_math import TestFkMath
4    from test_hello import TestHello
5    
6    test_cases = (TestHello, TestFkMath)
7    def whole_suite():
8        # 创建测试加载器
9        loader = unittest.TestLoader()
10       # 创建测试套件
11       suite = unittest.TestSuite()
12       # 遍历所有测试类
13       for test_class in test_cases:
14           # 从测试类中加载测试用例
15           tests = loader.loadTestsFromTestCase(test_class)
```

```
16          # 将测试用例添加到测试包中
17          suite.addTests(tests)
18          return suite
19    if __name__ == '__main__':
20          # 创建测试运行器(TestRunner)
21          runner = unittest.TextTestRunner(verbosity = 2)
22          runner.run(whole_suite())
```

# 第 3 章
# Selenium Web 功能测试

随着 Web 应用的普及,Web 应用对测试的要求也越来越高。手工测试存在效率低、覆盖率低的问题,因此,不少企业运用自动化测试工具进行回归测试。为了保证 Web 应用程序使用过程中的正确性、安全性、稳定性以及良好的用户体验,软件测试在软件开发过程中的地位显得越来越重要。目前,对 Web 应用程序的测试仍然以手工测试为主,但是满足不了软件系统快速迭代的需求,这时,自动化测试就体现出了它的优越性。

## 3.1 Web 功能测试概述

### 3.1.1 功能测试定义

功能测试主要是根据被测产品的特征、使用操作步骤的描述以及客户方案[16],检测产品是否满足设计需求的一种测试类型。这种测试的目的是保证程序按照预期的方式进行启动并能够对被测软件进行功能方面的测试。

功能测试隶属于黑盒测试一类,这就表明测试过程的重点是功能方面,对于软件内部的代码编写及结构并不关注。功能测试主要针对软件的界面及架构进行测试,基于被测软件的需求说明书对测试用例进行编写。通过对被测软件数据的输入,经过测试得到结果的导出,并对预期与实际结果进行对比分析,反馈给开发人员,促进更优良的产品的开发。

### 3.1.2 功能测试工具

在测试过程中往往要借助于许多工具,合理地分析项目需求,选择恰当的测试工具可以在减少工作量的同时提高测试效率。不同测试应用领域内存在不同的测试工具,主要的测试工具分为 3 类:黑盒、白盒测试工具以及测试管理工具[17]。其中,黑盒测试工具在系统及验收测试领域内使用较多,测试工具主要针对系统的性能和功能进行测试;白盒测试多用于测试系统的源代码,一般用于单元测试;测试管理工具是在整个测试过程中需要使用的一种工具,对整个测试项目进行全程监管,并记录测试结果等输出文件。

Selenium、Katalon Studio、UTP/QTP、TestComplete、Watir 是现阶段进行建设自动化测试框架的 5 种测试工具,本节将对各个测试工具进行阐述,并对比分析其优缺点。

### 1. Selenium

Selenium 是一种面向 Web 应用的、开源的自动化测试工具。Selenium 最大的特点在于它可以运行在 Windows、Mac、Linux 等多系统环境,并且支持 Chrome、FireFox、IE 等多种浏览器下的测试开发。它的脚本可以由各种各样的编程语言编写,如 Java、Groovy、Python、C#、PHP、Ruby 以及 Perl 等。因为 Selenium 的灵活性,测试人员可以写各种复杂的、高级的测试脚本来应对各种复杂的问题,但这就意味着它需要更高级的编程技能满足自己需求的自动化测试框架和库。

### 2. Katalon Studio

Katalon Studio 是一个在网页应用、移动和网页服务方面功能强大的自动化测试解决方案,它集成了 Selenium 和 Appium 等这些框架在软件自动化方面的优点。Katalon Studio 可以集成到 CI/CD 过程中,并且可以兼容主流的质量处理工具,如 QTest、JIRA、Jenkins 和 Git 等,因此,只需要使用 Katalon Studio 一个测试工具,就可以完成整个自动化测试流程。

### 3. UTP/QTP

UTP 以 VB Script 为内嵌语言,主要用于自动化功能测试和回归测试以及软件应用程序和环境的测试。它可以为 Windows 系统下的应用提供测试服务。UTP 具有先进的图像识别功能,可以帮助自动检测和更新 UI 对象。同时,使用关键字驱动框架简化了测试的创建和维护过程。

### 4. TestComplete

TestComplete 是 SmartBear 开发的一个功能测试自动化平台。TestComplete 仅支持 Windows Vista 和 Windows2008 以后平台上的测试。同时,支持 JavaScript、VB、Python 和 C++4 种语言编写脚本。像 UTP 一样,TestComplete 同样提供了容易使用的录制、回放功能和 GUI 对象识别能力,可以自动检测和更新 UI 对象,以便当 AUT 改变时减少维护测试脚本的工作。

TestComplete 的最大特点是:它可以使用自动化构建执行并行回归测试,并创建稳定的回归测试;它可以在没有人工干预的情况下自动安排和运行回归测试,从而大大减少了测试时间和成本。

### 5. Watir

Watir 相比于其他商业工具,小巧、灵活的 Watir - WebDriver 也能够完成一些难度不高的测试任务。最初的 Watir 仅支持 Internet Explorer 浏览器,并且使用基于 ruby 语言的 ruby 库。从传统角度来说,Watir 比 Selenium 具有更多的功能,因为它直接与 IE 交互而不使用 JavaScript,但也因为对 JavaScript 的使用存在局限性,所以无法编写脚本来上传文件。Watir 的局限还在于很难将其移植到新浏览器的任务,并且使用相同 API 使 Watir 的每个端口保持同步的任务也很困难。

UTP/QTP 和 TestComplete 仅支持 Windows 系统下的系统测试,跨平台性差,并且开发语言的选择有限,且属于商业软件,需要高额的许可和维护费用,不适合新手或中小型测试开发。Katalon、Watir 和 Selenium 是开源工具并且可以跨平台工作,无需许可维护费用,但 Watir 和 Katalon 脚本开发语言选择有限,相反地,Selenium 可以支持绝大多数开发语言,并且灵活性和扩展性更强,因此,将 Selenium 作为本次开发工具是最好的选择。

### 3.1.3 功能测试应用

本章重点介绍基于 Selenium 的 Web 功能自动化测试框架的设计与实现[18]。针对 Web 应用的特点,对其进行的功能测试包含以下几个方面。

**1. 链接测试**

Web 应用与桌面应用最大的不同在于 Web 应用由多个页面组成,页面间跳转是链接式,通过确定页面中链接的真实性以及点击链接后跳转的正常性来确定链接测试的结果。

**2. 表单测试**

当用户向服务器提交表单时,需要提交一套完整的操作过程,以及提交给服务器的正确信息。例如,通过输入错误的信息格式,检测系统是否能够发出错误提示。

**3. Cookie 测试**

测试 Cookie 是否正常工作,是否成功地存储信息,是否按照设定的时间进行过期、刷新、登录、离线等操作。

**4. 数据库测试**

数据库是 Web 应用的核心部分,它直接为应用管理、运行、查询和显示用户对数据库的访问请求提供服务。这部分测试在工作过程中容易出现数据一致性错误和数据输出错误。由于 Web 应用产品更新迭代速度快,针对这类应用功能的测试需求变化也很频繁,测试和开发往往同时进行,为此,设计自动化测试框架的功能需要包括以下几方面。

(1)支持测试中场景恢复,一些测试用例在执行过程中需要输入测试数据,这可能会对测试环境产生改变,而且这种改变很可能会影响后续测试用例的执行。因此,每个测试用例执行后都需要进行场景恢复。

(2)为了保证良好的用户体验,Web 应用需要在不同浏览器、不同操作系统、不同服务器下都能够正确运行。

(3)由于大多数 Web 应用系统的界面甚至需求经常发生变化,所以设计易于维护的自动化测试框架需求分析测试脚本非常重要,这样的测试脚本有助于减少测试开发人员工作量,提高测试效率。

(4)当被测试对象功能复杂,开发过程中大量的功能测试用例需要被反复执行,会消耗大量的人力和物力,因此,框架需要支持分布式和并发式测试。

(5)测试报告中需要包括测试用例详细的执行结果。不论执行成功或失败,都需要有详细记录的测试日志文件,以便在发生错误时追踪错误。

## 3.2 Selenium 测试流程

### 3.2.1 需求分析

Web 应用现在处于高速发展阶段,目前国内外有很多应用软件被开发成基于浏览器的 Web 应用软件。基于 Web 服务器的应用系统由于只需提供浏览器界面而无须安装,大大降低了系统部署和升级成本,得以普遍应用。目前,很多企业的核心业务系统均是 Web 应用,许多公司和组织都在使用某种形式的敏捷方法开发软件,自动化测试是进行敏捷开发的必要条件。但当 Web 应用的数据量和访问用户量日益增加时,系统不得不面临性能和可靠性方面的挑战。同时,软件用户对软件产品的质量要求也越来越严格,特别是软件性能方面的需求越来越高,如响应时间快、并发访问人数多等需求。

在现实中,很多 Web 应用的性能测试项目由于性能测试需求定义不合理或不明确,不能建立和真实环境相符的负载模型。因此,不能科学分析性能测试结果,导致性能测试项目持续时间很长或不能真正评价系统的性能,并提出性能改进措施。最终,导致性能测试项目不能达到预期目标或进度超期。因此,无论是 Web 应用系统的开发商还是最终用户,都要求在 Web 应用系统上线前科学评价系统的性能,降低系统性能带给用户的风险[19]。

为了更好地完成测试任务,测试框架还有一些需求需要满足。

(1)自动化测试框架与应用程序应该相互独立。Web 应用的更新迭代速度很快,因此,为了保证框架能适用于大多数同类型的应用,并且每次这些应用更新或发生改动后测试框架都能够继续正常工作,需要搭建与应用程序相对独立的测试框架。例如,当应用的界面或功能模块发生变化,框架仍能调用正确界面,对需要的数据元素进行验证、记录测试结果。这些行为往往具有很多共通性,只是调用数据不同。所以搭建独立于应用程序的测试框架需要利用封装的思想提取这些组件的通用性,保证框架相对独立。

(2)测试数据、页面元素以及测试用例执行步骤相互独立。测试数据、页面元素以及测试用例执行步骤脚本相分离,当需求发生变化时,只需要修改相应部分,使维护测试脚本工作量最小化。

(3)测试框架要保证后期易于维护和拓展。高度模块化要求各个模块之间相互独立,测试框架中不同模块的耦合性降低。这样才能保证后期当某一模块发生变化需要修改时不影响整个框架的正常工作。

(4)自动化测试框架应满足容易被传统人工测试工作者接受及学习难度较低的要求。

### 3.2.2 测试设计

Selenium 发展到目前经历了 3 个版本。早期的 Selenium1.0 通过设置 JS 类库驱动浏览器的方式模拟人工操作实现自动化测试,从而解决手工测试工作中出现重复单一测试任务的问题。这也是 Selenium1.0 的核心组件。随着时间发展,Selenium 对浏览器的操作受限的问题越来越突出,为此,Simon Stewart 提出了一种新的方式操作浏览器,规避在 JS 环境中的限制,WebDriver 由此诞生。之后,Selenium 和 WebDriver 合并,Selenium 发展到 2.0 时期。目前,Selenium 已经发展到了 3.0 版本[20]。

Selenium 工作原理如图 3-1 所示。实施自动化测试时,由自动化测试脚本向 WebDriver 发送请求,WebDriver 收到请求并解析,然后将结果发送给对应的浏览器,最后由浏览器执行测试脚本,实现脚本的自动执行。每个浏览器相当于一个服务端,测试脚本相当于客户端,通过脚本操作浏览器,脚本向浏览器发送执行请求,浏览器执行后将结果返回给测试脚本。

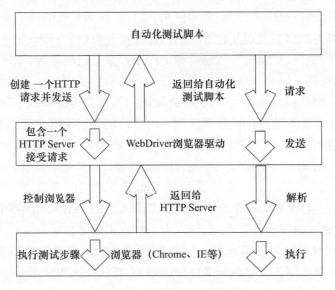

图 3-1　Selenium 工作原理

Selenium 提供了一种开源的自动化测试框架,支持多种浏览器下的自动化测试,包括 IE、Chrome、Firefox、Safari 等。同时,它还可以在 Windows、Linux、Mac、Solaris 等不同操作系统下运行,并且支持多种编程语言开发测试脚本,因此,它可以很好地帮助开发者在不同环境下测试系统的兼容性。Selenium 是目前测试行业中使用最广泛的一种自动化测试工具,在使用时通常与其他测试工具相结合,对测试对象进行相应的测试。Selenium 框架由多个工具组成,包括 Selenium IDE、Selenium RC、Selenium WebDriver 和 Selenium Grid。它们之间的关系如图 3-2 所示。

**1. Selenium IDE**

Selenium IDE 是 Firefox 的一个组件,是一个用于构建测试脚本的初级工具,拥有 20 个易于使用的界面。该组件具有录制、回放功能,将用户在 Web 页面上的操作记录并转码为执行重复性强的测试脚本。它的录制功能,能够记录用户执行的操作,并可以导出为可重复使用的脚本。没有编程经验的测试人员可以通过 Selenium IDE 快速熟悉 Selenium 的命令。

**2. Selenium RC**

Selenium RC 是 Selenium 测试工具组的核心部分。Selenium RC 由 Client Libraries 和

Selenium Server 两部分组成。其中 Client Libraries 库主要用于编写测试脚本,用来控制 Selenium Server 库,Selenium Server 则用于控制浏览器行为。Selenium Server 又由三部分组成,即 Launcher、Http Proxy 和 Core。其中,Selenium Core 其实就是 JavaScript 函数的集合,可以被嵌入到浏览器中。Launcher 负责把 Selenium Core 加载到浏览器页面中,从而启动浏览器,同时把浏览器的代理设置为 Http Proxy。Selenium 引入 Remote Control Server 作为代理服务器,主要负责 JavaScript 脚本注入和与 Server 通信。由于受"同源策略"的限制,需要通过这个代理服务器"欺骗"远程 Server,达到使其以为是从同一个地方加载测试代码以正确返回请求数据的效果。具体工作流程如图 3-3 所示。

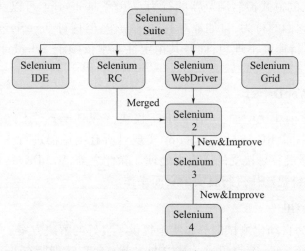

图 3-2 测试框架

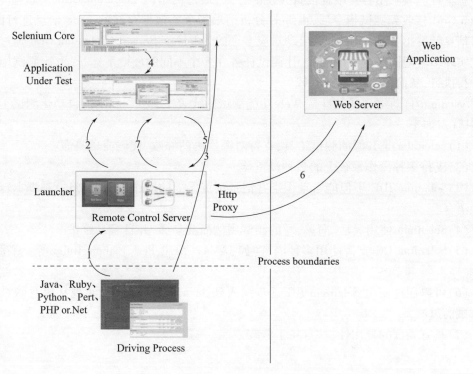

图 3-3 Selenium RC 工作流程示意图

测试用例通过 Http 请求建立与 Selenium RC Server 的连接。Selenium RC Server 驱动一个浏览器,把 Selenium Core 加载到浏览器页面当中,并把浏览器的代理设置为 Selenium Server 的 Http Proxy。执行用例向 Selenium Server 发送 Http 请求,Selenium Server 对发送来的请求进行解析,然后基于 Http Proxy 发送 JS 命令通知 Selenium Core 执行操作浏览器的动作并写入 JS 代码。

Selenium Core 执行接收到的指令并操作。当浏览器收到新的请求时,发送 Http 请求。Selenium Server 接收到浏览器发送的 Http 请求后,自己重组 Http 请求,获取对应的 Web 页面。Selenium Server 中的 Http Proxy 把接收到的页面返回给浏览器。Selenium RC 采用 JavaScript 注入的方式控制浏览器的行为。虽然 JavaScript 可以获取 Web 页面中的任何元素并且控制它们的行为,自如地对其进行操作,但这种 JavaScript 注入技术有一个致命的缺点,就是运行速度不理想,而且其稳定性非常依赖于 Selenium 内核对 API 翻译的 JavaScript 质量。

### 3. Selenium WebDriver

Selenium 2 与之前相比增加了 WebDriver 模块,WebDriver 对不同浏览器的处理方式和 RC 有着明显的不同,RC 通过 JavaScript 实现对所有浏览器进行操作和控制,而 WebDriver 是选择浏览器最容易接受的语言来处理。除此之外,WebDriver 还能够调用操作系统 API,模拟鼠标和键盘动作进行真实的页面操作。

### 4. Selenium Grid

Selenium Grid 为自动化测试的分布实施提供了良好的解决方案。这种分布式结构由一个 hub 节点和多个 node 节点组成。其中 hub 节点负责管理所有 node 节点的注册和状态信息。客户端利用各种编程语言并发的方式,通过网络向 Selenium Grid 发送指令,Selenium Grid 接收到测试指令后,由 hub 分析请求指令并根据存储的 node 信息进行匹配,再将信息转发给各个代理节点,启动对应多个的 Selenium Server。Selenium Grid 通过这种方式实现多环境同时测试的需求,让测试任务在多个不同的环境下运行,也让测试用例能够并行执行,从而提高测试的效率。

Selenium 自动化测试工具是 Web 功能测试的代表工具[21],和其他自动化测试工具相比,其优点如下。

(1)Selenium 是开源的测试工具,支持对源代码的修改,代码简单易懂。

(2)支持多种操作系统上的多种浏览器。

(3)Selenium IDE 不但能自动识别并记录浏览器上的操作,而且能将录制脚本转化为多种语言。

(4)Selenium 使用灵活、简单,写的测试用例简洁易懂,并且容易维护。

(5)Selenium RC 支持使用多种语言(如 JAVA、.NET、Perl、Python、Ruby 等)编写测试用例。

(6)可以通过使用 Selenium RC 逐步深入到 Java 开发项目中,实现从黑盒测试到白盒测试的过渡。

(7)具有高度的复用性,并且易于修改。

### 3.2.3 测试执行

Selenium 测试与软件开发过程从本质上来讲是一样的,无非是利用 Selenium 测试工具(相当于软件开发工具),经过对测试需求的分析(软件开发过程中的需求分析),设计出 Selenium 测试用例(软件开发过程中的需求规格),从而搭建 Selenium 测试的框架(软件开发过程中的概要设计),设计与编辑自动化脚本(详细设计与编码),测试脚本的正确性,从而完成该套测试脚本(即主要功能为测试的应用软件),然后投入使用以执行测试(用户使用,这里的用户一般是指测试人员)。

Selenium 测试一般按以下流程执行。

**1. 分析 Selenium 测试需求**

当测试项目满足了自动化的前提条件,并确定在该项目中需要使用 Selenium 测试时,便可以开始进行测试需求分析。此过程需要确定测试的范围,以便建立 Selenium 测试的框架。

**2. 制定 Selenium 测试计划**

在展开 Selenium 测试之前,最好做个测试计划,明确测试对象、测试目的、测试的项目内容、测试的方法、测试的进度要求,并确保测试所需的人力、硬件、数据等资源都准备充分。

**3. 设计 Selenium 测试用例**

通过测试需求,设计出能够覆盖所有需求点的测试用例,形成专门的测试用例文档。由于不是所有的测试用例都能用自动化方式执行,所以需要将能够执行 Selenium 测试用例汇总成 Selenium 测试用例。用例的设计分为两个方面:一方面是测试所要执行的操作和验证;另一方面是测试所需的数据。

**4. 搭建 Selenium 测试框架**

Selenium 测试的框架类似于软件开发过程中的基本框架,主要用于定义在开发中将使用的公共内容。根据 Selenium 测试用例,很容易定位出以下自动化测试框架的典型要素。

(1)公用的对象。不同的测试用例会重复使用一些相同的对象,如窗口、按钮、页面等。这些公用的对象可被抽取出来,在编写脚本时随时调用。当这些对象的属性因为需求的变化而变化时,只需修改对象的属性即可,而无需修改所有的相关测试脚本。

(2)公用的环境。各测试用例会用到相同的测试环境,将该测试环境独立封装,在各个测试用例中灵活使用,也能增强脚本的可维护性。

(3)公用的方法。当测试工具没有需要的方法,而该方法又会被经常使用时,便需要自己编写该方法,以便脚本的调用,如 Excel 读写、数据库读写、注册表读写等公共方法。

(4)公共测试数据。多个测试用例需要多次使用某个测试数据,可将这类测试数据放在一个独立的文件中作为公共测试数据,由测试脚本执行到该用例时读取数据文件。

在该框架中需要将这些数据字典要素考虑进去,在测试用例中抽取公用的元素放入已定义的文件,设定好调用的过程。

**5. 编写 Selenium 测试脚本**

在公共框架开发完毕后,可以进入脚本编写的阶段,根据 Selenium 测试计划,将之前所写的测试用例转换为 Selenium 测试脚本。Selenium 测试用例就像软件开发中的详细设计文档,用于指导 Selenium 测试脚本的开发。

**6. 分析 Selenium 测试结果**

一般来说,Selenium 测试多用于冒烟测试或回归测试。在每次新功能上线后,都需要执行 Selenium 测试,及时分析测试结果并发现缺陷。如果发现了缺陷,应及时记录到相应的管理工具中,并继续跟踪修改缺陷,直到它变为关闭的状态。

**7. 维护 Selenium 测试脚本**

一个软件可能会多次上线新功能,或者对旧的业务进行更改。那么,这将涉及新脚本的添加或旧脚本的修改,以适应变更后的系统。如果出现变更,就需要花时间成本进行维护,新需求永远是 Selenium 测试的最大麻烦,所以一定要在早期选好 Selenium 测试的范围。Selenium 测试执行过程如图 3-4 所示。

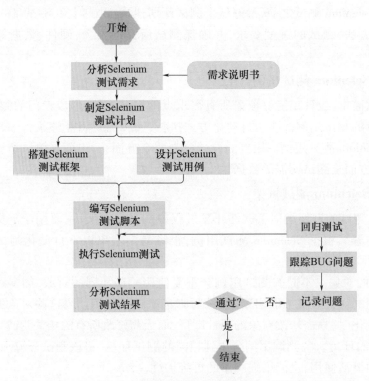

图 3-4 Selenium 测试执行过程

## 3.3 Selenium 测试工具

### 3.3.1 Selenium 介绍

Selenium 诞生于 2004 年,当时 Jason Huggins 在测试 ThoughtWorks 的一个内部项目时发现,重复执行的手工测试让人厌烦且耗费时间,于是,他就开发了一个能够驱动页面交互的 JavaScript 库,从而实现在不同的浏览器上反复执行测试,这个库最后演变为 Selenium Core,即 Selenium Remote Control 和 Selenium IDE 的底层。Selenium 具有开创性,在当时,还没有出现使用编程语言来直接控制浏览器的操作。Selenium RC 的诞生为测试领域带来了新的曙光,但同时它的不足也逐渐暴露。一方面,由于采用基于 JavaScript 的自动化引擎,而浏览器会对 JavaScript 施加安全限制,就存在部分问题无法解决;另一方面,随着 Web 应用功能的不断强大,浏览器提供的各种各样的新特性使得问题越来越严重。

2006 年,Google 的一名工程师 Simon Stewart 开发了 Web Driver。使用浏览器和操作系统的方法直接与浏览器对话,解决了 Selenium 的一些弊端,如浏览器对 JavaScript 所施加的安全限制等问题。2008 年,Web Driver 与 Selenium 合并,合并后,两者相互弥补了各自的不足,为用户带来了统一的特征集,还为自动化测试领域带来了明智的思路,合并后统称为 Selenium 2.0。

### 3.3.2 Selenium 工作原理

Selenium 是一个 Web 应用的自动化框架。通过它,可以写出自动化程序,像人一样在浏览器里操作 Web 界面,如点击界面按钮,在文本框中输入文字等操作,还能从 Web 界面获取信息,如获取 12306 票务信息、招聘网站职位信息、财经网站股票价格信息等,然后用程序进行分析处理。Selenium 的自动化原理如图 3-5 所示。

从图 3-5 中可知,写自动化程序时需要使用客户端库。程序的自动化请求均是通过这个库里的编程接口发送给浏览器。例如,要模拟用户点击界面按钮,自动化程序调用客户端库相应的函数,就会发送点击元素的请求给下方的浏览器驱动。然后,浏览器驱动再转发这个请求给浏览器。自动化程序发送给浏览器驱动的请求是 Http 请求。

客户端库是 Selenium 组织提供的。Selenium 组织提供了多种编程语言的 Selenium 客户端库,包括 JAVA、Python、JS、Ruby 等,方便不同编程语言的开发

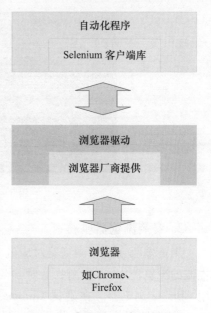

图 3-5 Selenium 自动化原理

者使用。用户只需要安装客户端库,调用这些库,就可以发出自动化请求给浏览器。

浏览器驱动是一个独立的程序,由浏览器厂商提供,不同的浏览器需要不同的浏览器驱动,如 Chrome 浏览器和 Firefox 浏览器各自有不同的驱动程序。浏览器驱动接收到自动化程序发送的界面操作请求后,会转发请求给浏览器,让浏览器去执行对应的自动化操作。

浏览器执行完操作后,会将自动化获取的结果返回给浏览器驱动,浏览器驱动再通过 Http 响应的消息返回给自动化程序的客户端库。

自动化程序的客户端库接收到响应后,将结果转化为数据对象返回给代码。

Selenium 自动化流程如下。

(1)自动化程序调用 Selenium 客户端库函数(如点击按钮元素)。
(2)客户端库会发送 Selenium 命令给浏览器的驱动程序。
(3)浏览器驱动程序接收到命令后,驱动浏览器去执行命令。
(4)浏览器驱动程序获取命令执行的结果,返回给自动化程序,自动化程序对返回结果进行处理。

### 3.3.3 Selenium 环境安装

Selenium 环境的安装主要包括两部分:客户端库和浏览器驱动。在安装 Selenium 前,要提前安装好 Python 和 PyCharm,Python 安装教程详见第 2 章。

**1. 安装客户端库**

不同的编程语言选择不同的 Selenium 客户端库。对应 Python 语言来说,Selenium 客户端库的安装非常简单,用 pip 命令即可。打开命令行程序,运行命令:pip install selenium,如图 3-6 所示。

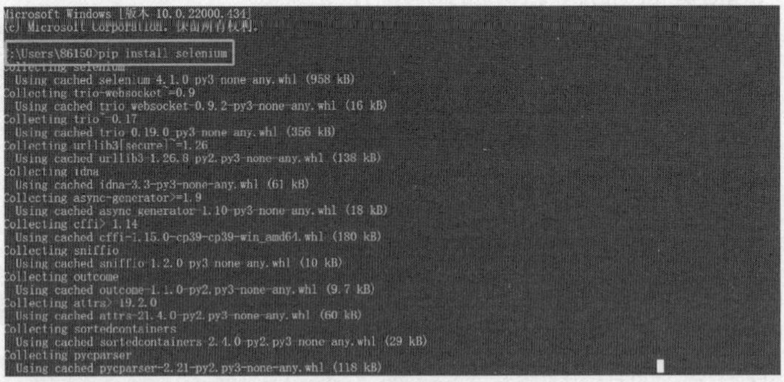

图 3-6　Selenium 命令行安装

**2. 安装浏览器驱动**

浏览器驱动是和浏览器对应的。不同的浏览器需要选择不同的浏览器驱动。目前,主流的浏览器中,谷歌浏览器对 Selenium 自动化的支持更加成熟一些。强烈推荐大家使用 Chrome 浏览器。在确保 Chrome 浏览器安装好以后,请大家打开下面的链接,访问 Chrome 浏览器的驱动下载页面,网址如下:

https://chromedriver.storage.googleapis.com/index.html

注意:浏览器驱动必须要和浏览器版本匹配,下图方框中的版本号就是和浏览器版本对应的版本号,如图 3-7 所示。

图 3-7　浏览器驱动

例如,当前 Chrome 浏览器版本是 97,通常就需要下载 97 开头的目录里面的驱动程序。注意:驱动和浏览器的版本号越接近越好,但是略有差别,如 97 和 96,通常也没有什么问题。打开目录,里面有 3 个压缩包,分别对应 Linux、Mac、Windows 平台,如图 3-8 所示。

图 3-8　选择浏览器驱动

如果是 Windows 操作系统,就下载 chromedriver_win32.zip。下载后,解压里面的程序文件 chromedriver.exe 到某个目录下面,注意这个目录的路径最好是没有中文名和空格的。例如,解压到 D:\webdrivers 目录下面,也就是保证 Chrome 浏览器驱动路径为 D:\webdrivers\chromedriver.exe。浏览器驱动目录加入环境变量 Path,如图 3-9 所示。

图 3-9　浏览器驱动加入环境变量

基于 Selenium 的 Web 自动化环境搭建比较简单。举一个简单示例，采用下面的代码，可以自动打开 Chrome 浏览器，并且自动打开百度网站。打开之后，可以看到 Chrome 正受到自动化测试软件的控制，如图 3-10 所示。代码如下：

```
from selenium import webdriver
# 创建 WebDriver 对象,指明使用 chrome 浏览器驱动
wd = webdriver.Chrome(r'd:\webdrivers\chromedriver.exe')
# 调用 WebDriver 对象的 get 方法 可以让浏览器打开指定网址
wd.get('https://www.baidu.com')
```

图 3-10　浏览器被控制

其中，执行下面这行代码，就会运行浏览器驱动，并且启动 Chrome 浏览器：

```
wd = webdriver.Chrome(r'd:\webdrivers\chromedriver.exe')
```

注意：赋值运算符(=)右边返回的是 WebDriver 类型的对象，可以通过这个对象来操控浏览器，如打开网址、选择界面元素等。

下面这行代码，就是使用 WebDriver 的 get 方法打开百度网址：

wd.get('https://www.baidu.com')

执行上面这行代码时，自动化程序就发起了打开百度网址的请求消息，通过浏览器驱动，发送给 Chrome 浏览器。Chrome 浏览器接收到该请求后，就会打开百度网址，通过浏览器驱动，告诉自动化程序打开成功。

执行完自动化代码，如果想关闭浏览器窗口，可以调用 WebDriver 对象的 quit 方法，如 wd.quit()。

前面创建 WebDriver 对象时，需要指定浏览器驱动路径，如：

wd = webdriver.Chrome(r'd:\webdrivers\chromedriver.exe')

上面这种写法有以下几个问题。

(1) 比较麻烦，每次写自动化代码都要指定路径。

(2) 如果你的代码给别人运行，他的计算机上存放浏览器驱动的路径不一定和你的一样(如他是苹果 Mac 计算机)，需要修改脚本。

(3) Selenium 升级到版本 4 以后，即将废弃上面这种指定驱动路径的写法，运行会有如下告警：

DeprecationWarning:executable_path has been deprecated, please pass in a Service object

此时，若指定驱动路径，需要改成这样：

from selenium.webdriver.chrome.service import Service
wd = webdriver.Chrome(service = Service(r'd:\webdrivers\chromedriver.exe'))

这样写起来就更麻烦了。因此，可以把浏览器驱动所在目录加入环境变量 Path，写代码时，就可以无需指定浏览器驱动路径了，像下面这样：

wd = webdriver.Chrome()

因为 Selenium 会自动在环境变量 Path 指定的那些目录里查找名为 chromedriver.exe 的文件。一定要注意的是，加入环境变量 Path 的路径，不是浏览器驱动全路径，如 d:\webdrivers\chromedriver.exe，而是浏览器驱动所在目录，如 d:\webdrivers。

其次，可以将浏览器驱动放在 Python 安装路径下，在 3.4 节应用实例中会有涉及。

那么，Selenium 又是如何自动化地在网页上点击、输入、获取信息，将在接下来的章节进行学习。

### 3.3.4 Selenium 元素定位

Selenium 可以驱动浏览器完成各种操作,如模拟点击等。要想操作一个元素,首先应该识别这个元素。人有各种特征(属性),可以通过其特征找到人,如通过身份证号、姓名、家庭住址。同理,一个元素也会有各种特征(属性),也可以通过某个属性找到这个元素。

元素的信息是指元素的标签名及元素的属性,元素的层级结构是指元素之间相互嵌套的层级结构,可以通过元素的信息或者元素的层级结构对元素进行定位。

以百度首页搜索框为例,查看元素信息如图 3-11 所示。本章以 Chrome 浏览器为例,选中元素,右键点击"检查"或者按"F12",即可在"Elements"中查看元素信息。

图 3-11　浏览器页面对应 HTML 元素

左键点击左侧箭头图标,如图 3-12 所示。然后,鼠标在界面上移动到哪个元素,就可以查看该元素对应的 HTML 标签。例如,鼠标移动到百度首页搜索框,即可查看百度搜索输入框对应的 input 元素,如图 3-13 所示。

图 3-12　元素对应的 HTML 标签

图 3-13 input 元素对应的 HTML 标签

元素信息找到后,就需要定位元素。WebDriver 提供了一系列的元素定位方法,常用的元素定位方法有以下 8 种,如表 3-1 所列。

表 3-1 元素定位方法

| 定位一个元素 | 定位多个元素 | 含义 |
| --- | --- | --- |
| find_element(By. ID,"") | find_elements(By. ID,"") | 通过元素 ID 定位 |
| find_element(By. NAME,"") | find_elements(By. NAME,"") | 通过元素 NAME 定位 |
| find_element(By. XPATH,"") | find_elements(By. XPATH,"") | 通过 XPATH 表达式定位 |
| find_element(By. LINK_TEXT,"") | find_elements(By. LINK_TEXT,"") | 通过完整超链接定位 |
| find_element(By. PARTIAL_LINK_TEXT,"") | find_elements(By. PARTIAL_LINK_TEXT,"") | 通过部分链接定位 |
| find_element(By. TAG_NAME,"") | find_elements(By. TAG_NAME,"") | 通过标签定位 |
| find_element(By. CLASS_NAME,"") | find_elements(By. CLASS_NAME,"") | 通过类名进行定位 |
| find_element(By. CSS_SELECTOR,"") | find_elements(By. CSS_SELECTOR,"") | 通过 CSS 选择器进行定位 |

常用的元素定位方法为两种,一种是根据元素的 id 属性选择元素,因为 id 是唯一的,所以若元素有 id,那么,根据 id 选择元素是最简单高效的方式,如图 3-14 所示。但是实际网页中大量的元素是没有 id 属性的,如图 3-15 所示。这种情况下,一般采用另一种方式,根据元素的 xpath 属性来选择元素,如图 3-16 所示。

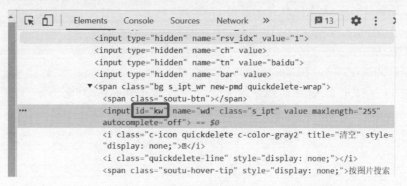

图 3-14 元素的 id 属性

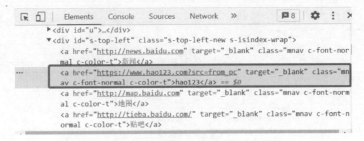

图 3-15 元素的内容

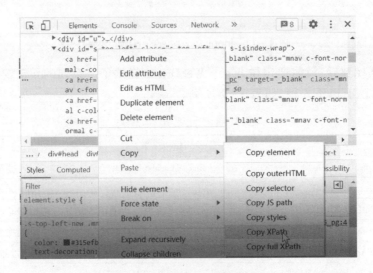

图 3-16 元素的 xpath 属性

举个简单的示例:自动访问 Chrome 浏览器,并打开百度网址,搜索国防科技大学,由于元素有 id,故采用 id 元素定位方法。代码如下:

```
from selenium import webdriver
from selenium.webdriver.common.by import By
#创建 WebDriver 对象,指明使用 chrome 浏览器驱动
#浏览器驱动的路径根据自身安装路径进行修改
wd = webdriver.Chrome(r'd:\webdrivers\chromedriver.exe')
#调用 WebDriver 对象的 get 方法 可以让浏览器打开指定网址
wd.get('https://www.baidu.com')
# 根据 id 选择元素,返回的就是该元素对应的 WebElement 对象
element = wd.find_element(By.ID, 'kw')
# 通过该 WebElement 对象,就可以对页面元素进行操作了
# 比如输入字符串到这个输入框里,如图 3-17 所示
element.send_keys('国防科技大学\n')
```

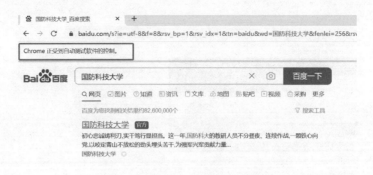

图 3-17 对页面元素进行操作

其中：

wd = webdriver. Chrome( r′d:\webdrivers\chromedriver. exe′)

wd 赋值的是 WebDriver 类型的对象,可以通过这个对象来操控浏览器,如打开网址、选择界面元素等。

element = wd. find_element( By. ID, ′kw′)

WebDriver 对象的方法 find_element( )是指 WebDriver 会发起一个请求通过浏览器驱动转发给浏览器,告诉它,需要选择一个 id 为 kw 的元素。

浏览器找到 id 为 kw 的元素后,将结果通过浏览器驱动返回给自动化程序,所以 find_element( ) 方法会返回一个 WebElement 类型的对象。

这个 WebElement 对象可以看成是对应页面元素的遥控器。通过这个 WebElement 对象,就可以操控对应的界面元素。调用这个对象的 send_keys( ) 方法就可以在对应的元素中输入字符串,调用这个对象的 click( ) 方法就可以点击该元素。用以下示例即可实现,具体代码如下：

```
from selenium. webdriver. common. by import By
#初始化代码
wd. find_element( By. ID, ′username′). send_keys( ′byhy′)
wd. find_element( By. XPATH, ′// * [ @ id = "kw" ] ′). send_keys( ′byhy′)
wd. find_element( By. CLASS_NAME, ′password′). send_keys( ′sdfsdf′)
wd. find_element( By. TAG_NAME, ′input′). send_keys( ′sdfsdf′)
wd. find_element( By. CSS_SELECTOR, ′button[ type = submit ]′). click( )
```

Web 自动化的难点和重点之一,就是如何选择当前想要操作的 Web 页面元素。

除了根据元素的 id,还可以根据元素的 class 属性选择元素。就像一个学生张三可定义类型为中国人或者学生一样,中国人和学生都是张三的类型。元素也有类型,class 属性就用来标志着元素类型,请打开如下网址：https://www. nudt. edu. cn/szdw/index. htm,

如图 3-18 所示。

图 3-18 元素的网址代码

当选择元素"师资队伍"时,在 Elements 框可以看到元素特征如下:

< h3 class = "subBanner – title" >师资队伍 </h3 >

这里的标题有个 class 属性值为 subBanner – title,如果要选择这个标题,就采用以下方式进行表达:

wd. find_elements( By. CLASS_NAME, 'subBanner – title')

注意:element 后面多了个 s,find_elements( ) 返回的是找到的符合条件的所有元素放在一个列表中返回。如果使用 wd. find_element ( )方法,就只会返回第一个元素。大家可以运行如下代码看下效果:

```
from selenium import webdriver
from selenium. webdriver. common. by import By
#创建 WebDriver 实例对象,指明使用 chrome 浏览器驱动
wd = webdriver. Chrome( r'd:\webdrivers\chromedriver. exe')
# WebDriver 实例对象的 get 方法可以让浏览器打开指定网址
wd. get( 'https://www. nudt. edu. cn/szdw/bqwrcgcgjjrx/index. htm#')
#根据 class name 选择元素,返回的是一个列表,里面都是 class 属性值为 subBanner
的元素对应的 WebElement 对象
elements = wd. find_elements( By. CLASS_NAME, 'subBanner – title')
#取出列表中的每个 WebElement 对象,打印出其 text 属性的值
# text 属性就是该 WebElement 对象对应的元素在网页中的文本内容
for element in elements:
    print( element. text)
```

通过 WebElement 对象的 text 属性可以获取该元素在网页中的文本内容,打印出 element 对应网页元素的文本,如图 3 – 19 所示。

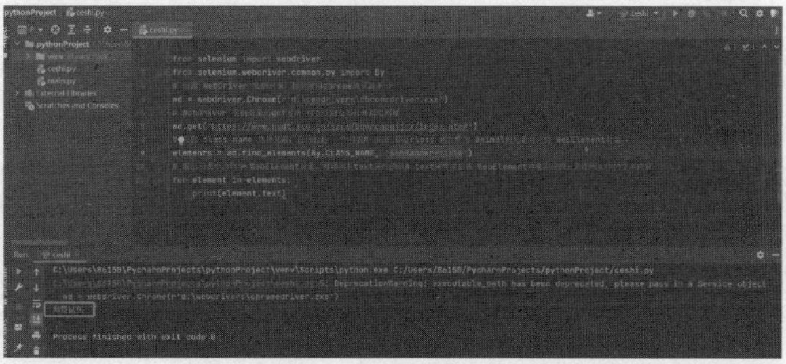

图 3 – 19  输出对应网页元素文本

以一个学生张三可以定义多个类型为例,张三可以定义为中国人和学生,中国人和学生都是张三的类型。元素也可以有多个 class 类型,多个 class 类型的值之间用空格隔开,如:

< span class = " chinese student" > 张三 < /span >

注意:这里 span 元素有两个 class 属性,分别是 chinese 和 student,而不是一个名为 chinese student 的属性。

若要用代码选择这个元素,可以指定任意一个 class 属性值,都可以选择到这个元素,如下所示:

element = wd. find_elements( By. CLASS_NAME, 'chinese')
或者
element = wd. find_elements( By. CLASS_NAME, 'student')

不能这样写:

element = wd. find_elements( By. CLASS_NAME, 'chinese student')

其次,根据 tag 名选择元素,类似地,可以通过指定参数为 By. TAG_NAME,选择所有的 tag 名为 div 的元素,如下所示:

from selenium import webdriver
from selenium. webdriver. common. by import By
wd = webdriver. Chrome( r'd:\webdrivers\chromedriver. exe')
wd. get( 'https://www. nudt. edu. cn/szdw/bqwrcgcgjjrx/index. htm#')
# 根据 tag name 选择元素,返回的是一个列表#里面都是 tag 名为 div 的元素对应的 WebElement 对象
elements = wd. find_elements( By. TAG_NAME, 'div')
# 取出列表中的每个 WebElement 对象,打印出其 text 属性的值

```
# text 属性就是该 WebElement 对象对应的元素在网页中的文本内容,如图 3-20 所示
for element in elements:
    print(element.text)
```

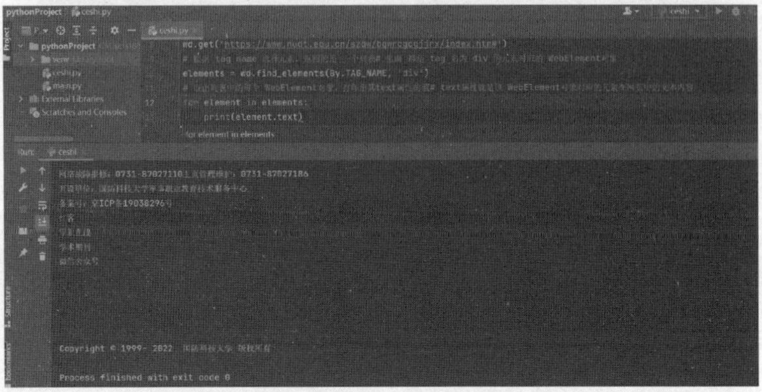

图 3-20　输出同一类型元素文本

find_element 和 find_elements 的区别:使用 find_elements 选择的是符合条件的所有元素,如果没有符合条件的元素,返回空列表;使用 find_element 选择的是符合条件的第一个元素,如果没有符合条件的元素,返回 NoSuchElementException 异常。

当然,也可以通过 WebElement 对象选择元素。不仅 WebDriver 对象有选择元素的方法,WebElement 对象也有选择元素的方法。WebElement 对象也可以调用 find_elements、find_element 之类的方法。WebDriver 对象选择元素的范围是整个 Web 页面,而 WebElement 对象选择元素的范围是该元素的内部。

当选择一个 id 为 footer 的元素,通过 element 可以调用返回 footer 下面的所有值,如果是 wd 进行调用,则返回的是整个页面,如图 3-21 所示。

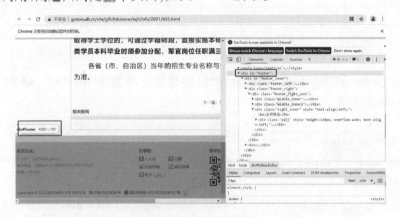

图 3-21　元素 footer 及其所属所有值

可以运行以下代码,进行尝试:

```
from selenium import webdriver
from selenium.webdriver.common.by import By
wd = webdriver.Chrome(r'd:\webdrivers\chromedriver.exe')
wd.get('http://www.gotonudt.cn/site/gfkdbkzsxxw/zsjh/info/2021/855.html')
element = wd.find_element(By.ID,'footer')
# 限制选择元素的范围是 id 为 footer 元素的内部。
spans = element.find_elements(By.TAG_NAME, 'span')
for span in spans:
    print(span.text)
```

输出结果如图 3-22 所示。

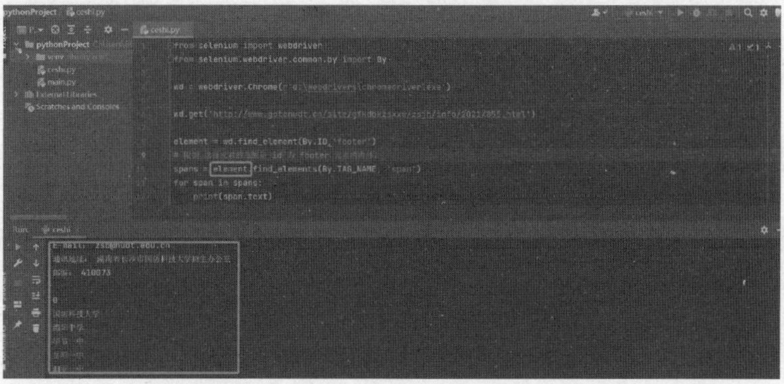

图 3-22 输出限制元素范围的文本

```
from selenium import webdriver
from selenium.webdriver.common.by import By
# 创建 WebDriver 实例对象,指明使用 chrome 浏览器驱动
wd = webdriver.Chrome(r'd:\webdrivers\chromedriver.exe')
# WebDriver 实例对象的 get 方法可以让浏览器打开指定网址
wd.get('http://yjszs.nudt.edu.cn/index/index.view')
# 根据 class name 选择元素,返回的是一个列表
# class 属性值为 head 的元素对应的 WebElement 对象
elements = wd.find_elements(By.CLASS_NAME, 'head')
```

# 取出列表中的每个 WebElement 对象,打印出其 text 属性的值,text 属性就是该 WebElement 对象对应的元素在网页中的文本内容,如图 3-23 所示。

```
for element in elements:
    print(element.text)
```

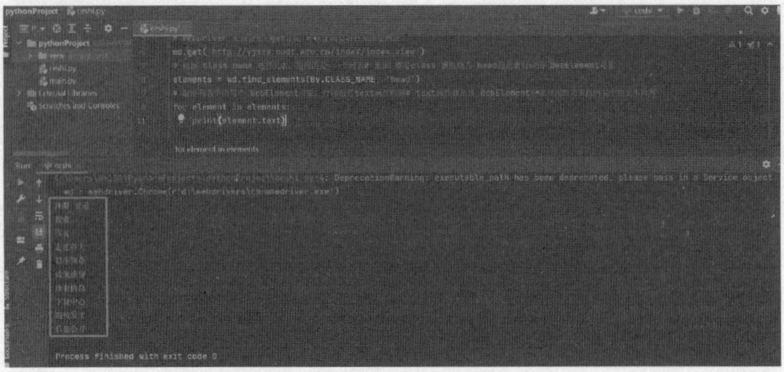

图 3-23　输出对应元素在网页中的文本内容

## 3.4　Selenium 应用实例

全国大学生软件测试大赛下设 Web 测试分项,其中包括 Selenium 功能测试和 JMeter 性能测试,JMeter 性能测试详见第 5 章。下面以全国大学生软件测试大赛赛题为实例,通过 Python 和 Java 两种语言实现 Selenium Web 功能测试(全国软件测试大赛目前只支持 Java 语言)。由于网站是动态的,XPATH 会随着控件发生变化而变化。因此,下面的代码仅供参考。

**例 3-1:**【2020 年省赛】网易云音乐 Web 功能测试

测试需求如下。
(1)打开"网易云音乐"首页,点击"歌手"。
(2)在左边华语框中选择"华语女歌手",在字母表中选择"A",并点击第一个歌手的照片进入详情页。
(3)选择第三首歌,点击"添加到播放列表"按钮(如若选手在比赛过程中无法通过 selenium 实现悬停操作,可以在这里用鼠标手动悬停在第三首歌上,此操作不计入最后得分)。
(4)更改播放模式(更改成什么模式都可以,只要点击到控件即可)。
(5)点击锁形按钮,将下方黑色播放栏固定到页面上。
(6)点击下方黑色播放栏的"播放列表"图标。
(7)点击"收藏全部"。
(8)此时会要求用户进行登录,登录的形式不在比赛评分的要求中,参赛者可以通过设定线程的睡眠时间,在线程睡眠期间手动进行登录操作,如手机扫码,QQ 或微信扫码,QQ、微信或网易云邮箱账户密码登录,请自行选择。
(9)在成功登录之后,选择第一首歌,点击"收藏"按钮。
(10)选择"新建歌单",新建歌名为"我喜欢的歌曲",并点击"新建"按钮。
(11)依次点击"所有专辑""相关 MV""艺人介绍"进行浏览查看。

（12）在搜索框输入"李荣浩"进行搜索查询。

（13）点击"专辑"，根据文字进入专辑"模特"。

（14）滚动下方评论框，并在评论框内输入"非常好听，但我不提交"，然后点击"评论"按钮。

（15）滚动到页面最上方，点击"商城"。

（16）在搜索框中输入"耳机"进行搜索，选择"价格从低到高"，点击第一个产品的照片进入详情页。

（17）点击"＋"按钮，将数量变成2，在数量输入框内直接输入"5"，使数量最终变为25，然后点击"加入购物车"。

（18）点击购物车的按钮进入购物车详情页，并点击"结算"。

实现上述功能，完整的自动化测试代码如程序3－1所示。

程序3－1　网易云音乐Web功能测试程序（Python）

```python
1  from selenium.webdriver.common.keys import Keys
2  from selenium.webdriver.common.by import By
3  from selenium import webdriver
4  import pickle
5  import time
6  #创建 WebDriver 对象，指明使用 Chrome 浏览器驱动
7  wd = webdriver.Chrome(r'F://Workspace//dou//test//chromedriver.exe')
8  wd.get('https://music.163.com/')
9  wd.fullscreen_window()
10
11 def get_cookie():
12     login_cookies = wd.get_cookies()
13     cookies = {}
14     for item in login_cookies:
15         cookies[item['name']] = item['value']
16     output_path = open('loginCookies.pickle', 'wb')
17     pickle.dump(cookies, output_path)
18     output_path.close()
19     wd.quit()
20
21 time.sleep(1)
22 #打开"网易云音乐"首页，点击"歌手"
23 singer_column = wd.find_element(By.XPATH, '//*[@id="g_nav2"]/div/ul/li[5]/a')
24 singer_column.click()
```

```
25    time.sleep(1)
26
27    # 注意，在此需要切换iframe，否则无法定位到元素
28    # 在左边华语框中选择"华语女歌手"，在字母表中选择"A"，并点击第一个歌手的照片进入详情页
29    wd.switch_to.frame('contentFrame')
30    lady_singer = wd.find_element(By.XPATH,'//*[@id="singer-cat-nav"]/div[1]/ul/li[2]/a')
31    lady_singer.click()
32    time.sleep(1)
33    time.sleep(1)
34    start_name_singer = wd.find_element(By.XPATH,'//*[@id="initial-selector"]/li[2]/a')
35    start_name_singer.click()
36    time.sleep(1)
37    choose_singer = wd.find_element(By.XPATH,'//*[@id="m-artist-box"]/li[1]/div/a')
38    choose_singer.click()
39
40    #选择第一首歌，点击"添加到播放列表"按钮
41    time.sleep(1)
42    collect = wd.find_element(By.XPATH,'//*[@id="content-operation"]/a[2]')
43    collect.click()
44
45    #更改播放模式
46    time.sleep(1)
47    wd.switch_to.default_content()
48    play_bar = wd.find_element(By.CLASS_NAME,'g-btmbar')
49    play_mode = play_bar.find_element(By.CSS_SELECTOR,'[data-action="mode"]')
50    action = webdriver.ActionChains(wd)
51    action.move_to_element(play_mode).perform()
52    time.sleep(1)
53    play_mode.click()
54
55    #点击锁形按钮，将下方黑色播放栏固定在页面上
56    time.sleep(1)
57    lock_button = play_bar.find_element(By.CSS_SELECTOR,'[data-action="lock"]')
```

```
58    action.move_to_element(lock_button).perform()
59    time.sleep(1)
60    lock_button.click()
61
62    #点击下方黑色播放栏的"播放列表"图标
63    time.sleep(1)
64    play_panel = play_bar.find_element(By.CSS_SELECTOR,'[data-action="panel"]')
65    play_panel.click()
66
67    #点击"收藏全部"
68    time.sleep(1)
69    like_all = play_bar.find_element(By.CSS_SELECTOR,'[data-action="likeall"]')
70    like_all.click()
71
72    #等待用户登录
73    time.sleep(20)
74
75    #在成功登录之后,选择第一首歌,点击"收藏"按钮
76    wd.switch_to.frame('contentFrame')
77    hot_song = wd.find_element(By.ID,'hotsong-list')
78    choose_music = hot_song.find_element(By.TAG_NAME,'tr')[0]
79    action = webdriver.ActionChains(wd)
80    action.move_to_element(choose_music).perform()
81    time.sleep(1)
82    collect = choose_music.find_element(By.CSS_SELECTOR,'[title="收藏"]')
83    collect.click()
84
85
86
87    #选择"新建歌单"
88    time.sleep(1)
89    add_sheet = wd.find_element(By.CLASS_NAME,'zcnt')
90    new_sheet = add_sheet.find_element(By.CLASS_NAME,'tit')
91    new_sheet.click()
92
93    #新建歌单的框加载特别慢,需要多等一会儿,新建歌单名为"我喜欢的歌曲",并
点击"新建"按钮
```

```
94  time.sleep(10)
95  add_album = wd.find_element(By.CLASS_NAME,'zcnt')
96  name_box = add_album.find_element(By.CLASS_NAME,'u-txt')
97  name_box.send_keys('我喜欢的歌曲')
98  time.sleep(2)
99  create_button = add_album.find_element(By.CLASS_NAME,'u-btn2')[0]
100 create_button.click()
101
102 #新建歌单的过程也多等一会儿
103 time.sleep(10)
104 all_album = wd.find_element(By.XPATH,'//*[@id="m_tabs"]/li[2]/a')
105 all_album.click()
106
107 #依次点击"所有专辑""相关MV""艺人介绍"进行浏览查看
108 time.sleep(2)
109 all_mv = wd.find_element(By.XPATH,'//*[@id="m_tabs"]/li[3]/a')
110 all_mv.click()
111 time.sleep(2)
112 all_desc = wd.find_element(By.XPATH,'//*[@id="m_tabs"]/li[4]/a')
113 all_desc.click()
114
115 #在搜索框输入"李荣浩"进行搜索查询
116 time.sleep(2)
117 wd.switch_to.default_content()
118 search_box = wd.find_element(By.ID,'srch')
119 search_box.send_keys('李荣浩')
120 time.sleep(2)
121 search_box.send_keys(Keys.ENTER)
122
123 #点击"专辑"
124 time.sleep(2)
125 wd.switch_to.frame('contentFrame')
126 button_list = wd.find_element(By.CLASS_NAME,'m-tabs')
127 all_album = button_list.find_element(By.TAG_NAME,'li[2]')
128 all_album.click()
129
130 #需要等待所有歌曲加载,需要多等待一段时间,根据文字进入专辑"模特"
```

```
131 time.sleep(5)
132 all_song = wd.find_element(By.CLASS_NAME,'m-cvrlst')
133 choose_song = all_song.find_element(By.TAG_NAME,'li[3]').find_element(By.CLASS_NAME,'tit')
134 choose_song.click()
135
136 #滚动下方评论框
137 time.sleep(3)
138 js = "var q=document.documentElement.scrollTop=2000"
139 wd.execute_script(js)
140
141 #在评论框内输入"非常好听,但我不提交",然后点击"评论"按钮
142 time.sleep(3)
143 wd.find_element(By.CSS_SELECTOR,'[placeholder="评论"]').send_keys('非常好听,但我不提交')
144
145 #滚动到页面最上方,点击"商城"
146 time.sleep(3)
147 js = "var q=document.documentElement.scrollTop=0"
148 wd.execute_script(js)
149
150 time.sleep(2)
151 wd.switch_to.default_content()
152 store = wd.find_element(By.XPATH,'//*[@id="g-topbar"]/div[1]/div/ul/li[4]/span/a')
153 store.click()
154
155 #在搜索框中输入"耳机"进行搜索
156 time.sleep(1)
157 #注意,在此需要切换标签
158 all_windows = wd.window_handles
159 wd.switch_to.window(all_windows[1])
160
161 search_box = wd.find_element(By.CLASS_NAME,'searchbox')
162 search_box.send_keys('耳机')
163 time.sleep(1)
164 search_box.send_keys(Keys.ENTER)
```

```
165
166 #选择"价格从低到高"
167 time.sleep(1)
168 get_order = wd.find_element(By.CSS_SELECTOR,'[data-action="pricesort"]')[0]
169 get_order.click()
170 time.sleep(1)
171 all_items = wd.find_element(By.CLASS_NAME,'list')
172 first_item = all_items.find_element(By.TAG_NAME,'li[0]').find_element(By.TAG_NAME,'a')
173 first_item.click()
174 time.sleep(1)
175 all_windows = wd.window_handles
176 wd.switch_to.window(all_windows[2])
177
178 #点击第一个产品的照片进入详情页
179 color_option = wd.find_element(By.CLASS_NAME,'j-newskuctn')
180 white_color = color_option.find_element(By.TAG_NAME,'li[1]')
181 white_color.click()
182
183 #点击"+"按钮,将数量变成2
184 time.sleep(1)
185 count_option = wd.find_element(By.CLASS_NAME,'j-count')
186 plus_button = count_option.find_element(By.CSS_SELECTOR,'[data-action="plus_newsku"]')
187 plus_button.click()
188
189 #在数量输入框内直接输入"5",使数量最终变为25,然后点击"加入购物车"
190 time.sleep(1)
191 count_box = count_option.find_element(By.CLASS_NAME,'text')
192 count_box.send_keys('5')
193
194 #点击购物车的按钮进入购物车详情页
195 time.sleep(1)
196 join_shopping = wd.find_element(By.CSS_SELECTOR,'[data-action="join"]')
197 join_shopping.click()
198
```

```
199 time.sleep(1)
200 top_bar = wd.find_element(By.CLASS_NAME,'m-nav')
201 shopping_car = top_bar.find_element(By.CSS_SELECTOR,'[data-action="cart"]')
202 shopping_car.click()
203
204 #点击"结算"
205 time.sleep(1)
206 all_windows = wd.window_handles
207 wd.switch_to.window(all_windows[3])
208
209 pay_button = wd.find_element(By.CLASS_NAME,'paybtn')
210 pay_button.click()
```

**例3-2:【2019年省赛】安居客网页版Web功能测试**

测试需求如下。

测试网址:https://ni.zu.anjuke.com/。

(1)打开安居客网页版,点击租房。

(2)地址选择"南京"。

(3)点击"地铁找房"。

(4)选择"2号线"。

(5)选择"马群"。

(6)设置租金为5000~8000元,并点击"确定"。

(7)选择"整租"。

(8)房屋类型选择"普通住宅"。

(9)在搜索框中搜索"经天路",并点击"搜索"。

(10)选择"视频看房"。

(11)依次点击"租金""最新"排序进行查看。

(12)点击第一个搜索出来的房源进行查看。

实现上述功能,完整的Java语言自动化测试代码如程序3-2所示。

程序3-2　安居客网页版Web功能测试程序(Java)

```
1 import org.openqa.selenium.chrome.ChromeDriver;
2 import org.openqa.selenium.WebDriver;
3 import org.openqa.selenium.By;
4
```

```
5  public class My{
6      public static void test(WebDriver driver) throws InterruptedException{
7          // TODO Test script
8          // eg:driver.get("https://www.baidu.com/")
9          // eg:driver.findElement(By.id("wd"));
10         driver.get("https://ni.zu.anjuke.com/");
11         driver.manage().window().maximize();
12         Thread.sleep(2000);
13         //点击租房
14         driver.findElement(By.xpath("//*[@id=\"switch_apf_id_5\"]")).click();
15         Thread.sleep(2000);
16         //选择南京
17         driver.findElement(By.xpath("//*[@id=\"city_list\"]/dl[2]/dd/a[4]")).click();
18         Thread.sleep(2000);
19         //点击地铁找房
20         driver.findElement(By.xpath("/html/body/div[4]/ul/li[2]/a")).click();
21         Thread.sleep(2000);
22         //选择2号线
23  driver.findElement(By.xpath("/html/body/div[5]/div[2]/div[1]/span[2]/div/a[3]")).click();
24         Thread.sleep(2000);
25         //选择马群
26  driver.findElement(By.xpath("/html/body/div[5]/div[2]/div[1]/span[2]/div/div/a[24]")).click();
27         Thread.sleep(2000);
28         //设置租金为5000~8000元,并点击"确定"
29         driver.findElement(By.id("from-price")).sendKeys("5000");
30         driver.findElement(By.id("to-price")).sendKeys("8000");
31         Thread.sleep(2000);
32         //点击"确定"
33         driver.findElement(By.xpath("//*[@id=\"pricerange_search\"]")).click();
```

```
34        Thread.sleep(2000);
35        //选择整租
36        driver.findElement(By.xpath("/html/body/div[5]/div[2]/div[4]/span[2]/a[2]")).click();
37        Thread.sleep(2000);
38        //房屋类型选择"普通住宅"
39        driver.findElement(By.xpath("//*[@id=\"condmenu\"]/ul/li[2]/a")).click();
40        Thread.sleep(2000);
41        driver.findElement(By.xpath("//*[@id=\"condmenu\"]/ul/li[2]/ul/li[2]/a")).click();
42        Thread.sleep(2000);
43        //在搜索框中搜索"经天路",并点击"搜索"
44        driver.findElement(By.xpath("//*[@id=\"search-rent\"]")).sendKeys("经天路");
45        Thread.sleep(2000);
46        driver.findElement(By.xpath("//*[@id=\"search-button\"]")).click();
47        Thread.sleep(2000);
48        //选择"视频看房"
49        driver.findElement(By.xpath("//*[@id=\"list-content\"]/div[1]/a[2]")).click();
50        driver.manage().window().fullscreen();
51        Thread.sleep(2000);
52        //依次点击"租金""最新"排序进行查看
53        driver.findElement(By.xpath("//*[@id=\"list-content\"]/div[2]/div/a[2]")).click();
54        driver.manage().window().fullscreen();
55        Thread.sleep(1000);
56        driver.findElement(By.xpath("//*[@id=\"list-content\"]/div[2]/div/a[3]")).click();
57        driver.manage().window().fullscreen();
58        Thread.sleep(2000);
59        //点击第一个搜索出来的房源进行查看
60        driver.findElement(By.xpath("//*[@id=\"list-content\"]/div[3]")).click();
```

```
61          driver.manage().window().maximize();
62          Thread.sleep(2000);
63
64      }
65      public static void main(String[] args) {
66          // Run main function to test your script.
67          System.setProperty("webdriver.chrome.driver","");
68          ChromeDriver driver = new ChromeDriver();
69          try {
70              test(driver);
71          }
72          catch(Exception e) {
73              e.printStackTrace();
74          }
75          finally {
76              driver.quit();
77          }
78      }
79
80  }
```

# 第4章 Appium 移动应用测试

针对目前大多数 Android 移动应用测试都采用较低效率的人工方式,为提高 Android 移动应用测试效率,本章介绍了一种基于 Python + Appium 的 Android 应用自动化测试方法,从环境搭建、测试用例设计,再到测试步骤、自动化脚本编写,实现了移动应用自动化测试的全过程,提高了移动应用的测试效率。

## 4.1 App 自动化测试概述

### 4.1.1 App 应用背景

App 即手机软件,是英文 Application 的缩写,主要是指安装在智能手机上的软件。其作用是完善原始系统的不足与个性化,使手机完善其功能,为用户提供更丰富的使用体验。手机软件的运行需要有相应的手机系统,目前主要的手机系统有苹果公司的 IOS 系统和谷歌公司的 Android(安卓)系统。早期的手机主流系统有以下几种:Symbian、BlackBerryOS、WindowsMobile。早在 2007 年,苹果推出了运行自己软件的 iPhone,Google 宣布推出 Android 手机操作系统平台。苹果和安卓两款系统凭着强大的优势,迅速占领手机市场大部分份额。华为公司于 2019 年正式发布了鸿蒙系统(HUAWEI HarmonyOS)。

### 4.1.2 Android 基础

Android 软件平台主要由 5 个部分构成,包括关键应用程序、应用程序框架和组件、C/C++ 函数库、Java 程序运行环境、优化了的 Linux 内核。

**1. 关键应用程序**

Android 平台内包含一些关键应用程序,如邮件收发客户端程序、短信收发程序、日历、网页浏览器等,而更多有特色的 Android 应用程序还有待于广大开发者共同参与开发。

### 2. 应用程序框架及组件

Android 应用程序开发基于框架和组件。Android 本身已在其框架中提供了许多组件供应用程序调用,开发者也可在开发应用程序时顺带开发新的组件,并将该组件放入应用程序框架中,以供自己和其他应用程序调用。

### 3. C/C++ 函数库

Android 应用程序框架之下是一套 C/C++ 函数库,它们服务于 Android 应用程序组件,其功能通过组件间接提供给开发者。这些函数库包括标准 C 函数库、媒体功能库、浏览器引擎、2D 和 3D 图形库及 SQLite 引擎等。

### 4. Java 程序运行环境

Android 的 Java 程序运行环境包含一组 Java 核心函数库及 Dalvik 虚拟机,它们有效地优化了 Java 程序的运行过程。

### 5. Linux 内核

Android 系统平台基于优化了的 Linux 内核,它提供诸如内存管理、进程管理、设备驱动等服务,同时也是手机软硬件的连接层。

## 4.1.3 App 类型

目前而言,一个完整的企业最基本的就是要有自己的网站、App 和小程序,在这个互联网时代,这些东西都是一个企业必不可少的,也只能说这些都是最基本的东西,很多时候都需要一点点地去摸索自己需要哪些东西,现在智能化的生活也顺应了这些东西的发展。

对于 App 而言,App 要怎么开发,开发 App 是为了什么,都需要哪些功能呢?开发用到的技术都有哪些?在看这些问题的时候,首先要取决于 App 的类型,因为 App 的类型决定了它的需求,不管是公司企业还是商户都要根据自己的需求来建设不同的 App。

App 主要有 3 种形式,分别是 Web App、Native App(原生 App)和 Hybrid App(混合 App)。

### 1. Web App

简单来说,Web App 就是针对 IOS/Android 优化后的 Web 站点,用户不需要下载安装即可访问。一般的 Web 站点侧重使用网页技术在移动端做展示,包括文字、视频、图片等,而 Web App 更侧重功能,是基于网页技术开发实现特定功能的应用,必须依赖手机浏览器运行。Web App 开发成本低,维护更新简单,支持云修复,用户不用下载更新,但是 App 的用户体验不足,页面跳转迟钝甚至卡壳,页面交互动态效果不灵活,而且可能上不了 App Store,如果企业的核心功能不多,App 需求侧重于信息查询、浏览等基础功能,可以选择 Web App。

### 2. Native App

Native App 是基于智能手机操作系统(现在主流的是 IOS 和 Android)用原生程序编写运营的 App。Native App 运行时是基于本地操作系统的,所以它的兼容能力和访问能力更好,拥有良好的用户体验、交互界面,但也是开发难度大、开发成本和维护成本较高的 App。

### 3. Hybrid App

Hybrid App 是指半原生半 Web 的混合类 App,同时采用网页语言和程序语言进行开发,通过不同的应用商店进行打包分发,用户需要下载安装使用。Hybrid App 兼具 Native App 良好的用户交互体验和 Web App 跨平台开发的优势,因为在开发过程中使用网页语言,所以开发成本和难度大大降低。

## 4.2　App 测试流程

App 测试流程与传统软件的测试流程大体相同,在测试之前分析软件需求并对需求进行测试。总地来说,测试流程分为测试计划阶段、测试设计阶段、测试开发阶段、测试执行阶段、测试评估阶段 5 部分,而其中较为重要的环节如下[22]。

(1) 接受测试版本:由开发人员提交给测试人员。
(2) App 版本测试:主要检查 App 开发阶段对应的版本是否一致。
(3) UI 测试:检查 App 界面是否与需求设计的效果一致。
(4) 功能测试:核对项目需求文档,测试 App 功能是否满足客户需求。
(5) 专项测试:对移动 App 进行专项测试。
(6) 正式环境测试:模拟实际使用环境进行测试。
(7) 上线准备:测试通过后,对测试结果进行总结分析,为 App 上线做准备。

其中,App 测试实施分为冒烟测试、专项测试、Bug 探索测试、回归测试和上线测试。

### 1. 冒烟测试

冒烟测试是版本构建完成后的第一步,冒烟测试也称基本功能测试,主要验证 App 基本流程是否完整,基本功能是否实现(如基本注册登录退出功能),是否存在严重程度为致命的 Bug。冒烟测试成功才能继续开展测试工作,如果冒烟测试失败,需要开发人员紧急修复重新构建版本。

### 2. 专项测试

专项测试建立在冒烟测试成功之后,依据测试计划和测试用例全面地进行功能及非功能测试。功能测试一般采用黑盒测试方法运行 App,检查实际运行结果和预期结果是否一致,可以采用手工测试和自动化测试,根据项目组的人力资源合理安排,目前主流的自动化测试工具也比较多,如 Robotium、MonkeyRunner、Appium 等。根据开发策略和结构,找出最适合它们环境的自动化工具。非功能测试包括传统的性能测试、兼容性测试、安全性测试、安装卸载测试,App 特有测试有交叉事件测试、前后台切换测试、PUSH 测试、硬件环境测试等。

### 3. Bug 探索测试

Bug 探索测试,目前最流行的是众测模式,跳开"用例测试"对测试路径的规划和结果的预期,寻找更多随机甚至是小概率的可能性。相对于标准测试,Bug 探索更需要的是

"打破常规",模拟真实用户角度,结合团队测试经验,最大限度地探索用户使用习惯和路径,探索复杂操作流程;真实模拟异常应用场景及系统特有功能,确保主要功能使用流畅,避免影响用户体验的问题,发现研发人员不易发觉的 Bug。采用等价类测试方法、边界值测试方法、错误推测方法、取消测试方法、逆向测试方法、错序测试方法等测试方法。一般探索测试开发是在专项测试之后,发布众测平台,或者直接在公司内测,收集更加全面的测试反馈,达到更好的易用性体验测试效果。

### 4. 回归测试

由于 Bug 的集群效应,一般情况下,开发人员每修复一个 Bug,就会产生 3~4 个新 Bug,发现 Bug 越多的模块,其隐藏的 Bug 也越多。所以在每次版本更新时,都要进行一轮回归测试,保障所有的 Bug 都已经修复,并且没有产生新的 Bug。在版本迭代周期中,回归测试至少执行 2 轮以上,一般采取自动化工具或者脚本进行回归。

### 5. 上线测试

App 在经过几轮回归测试之后,如果没有新的 Bug 产生,并且用户体验测试反馈较好,就可以考虑上线准备了,上线测试是指发布上线后,对整个项目再次进行一次完整的系统测试,需要检查产品框架,每个模块的功能是否有缺失或错误,用户核心场景是否有逻辑问题等,验收产品交互、验收视觉样式等。App 上线之后需要测试人员继续跟踪,及时收集用户使用反馈,不断定位 Bug,由开发人员进行优化升级。

测试流程如图 4-1 所示。

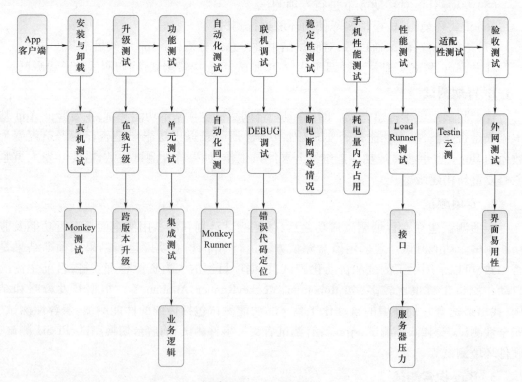

图 4-1 测试流程

## 4.3　Appium 测试工具

### 4.3.1　Appium 介绍

Appium 是一个开源、跨平台的测试框架,可以用来测试原生及混合的移动端应用。Appium 支持 IOS、Android 及 Firefox OS 平台。Appium 使用 WebDriver 的 jsonwire 协议来驱动 Apple 系统的 UIAutomation 库、Android 系统的 UIAutomator 框架。Appium 对 IOS 系统的支持得益于 Dan Cuellar 对于 IOS 自动化的研究。Appium 也集成了 Selendroid,用来支持老 Android 版本。Appium 是针对原生、混合移动 Web 应用的一款高效的测试工具。它使用 WebDriver 协议来驱动 IOS 和 Android 应用。Appium 的设计理念是测试原生应用,不要求用户引入额外的 SDK 或者重新编译应用,可直接使用打包好的 App 进行测试。另外,Appium 能与测试人员喜欢的测试实践、测试框架、测试工具一起使用。Appium 旨在使用户可以通过任何语言以及任何测试框架去自动化测试任何移动应用,并且可以通过测试代码访问后端的 API 和 DB[23]。

Appium 支持 Selenium WebDriver 支持的所有语言,如 Java、Object-C、JavaScript、Php、Python、Ruby、C#、Clojure 或者 Perl 语言,可以使用 Selenium WebDriver 的 API。Appium 支持任何一种测试框架。如果只使用 Apple 的 UIAutomation,只能用 javascript 来编写测试用例,而且只能用 Instruction 来运行测试用例。同样,如果只使用 Google 的 UIAutomation,就只能用 java 来编写测试用例。Appium 实现了真正的跨平台自动化测试。

Appium 选择了 client-server 的设计模式。只要 client 能够发送 Http 请求给 server,那么,client 用什么语言来实现都是可以的,这就是 Appium 及 WebDriver 如何做到支持多语言的。

Appium 自动化架构包含了 3 个主体部分:自动化程序、AppiumServer 和移动设备自动化程序。其中,自动化程序是由用户来开发的,实现具体的手机自动化功能。若要发出具体的指令控制手机,也需要使用客户端库。和 Selenium 一样,Appium 组织也提供了多种编程语言的客户端库,包括 Java、Python、JS、Ruby 等,方便不同编程语言的开发者使用。用户需要安装好客户端库,调用这些库,就可以发出自动化指令给手机。

### 4.3.2　Appium 工作原理

AppiumServer 是 Appium 组织开发的程序,它负责管理手机自动化环境,并且转发自动化程序的控制指令给手机且转发手机给自动化程序的响应消息。

本节指的手机设备,其实不仅仅是手机,还包括所有苹果、安卓的移动设备,如手机、平板、智能手表等。为了直观方便地理解,这里简称手机。当然,手机上也包含了要自动化控制的手机应用 App。手机设备为什么能接收并且处理自动化指令呢?因为 AppiumServer 会在手机上安装一个自动化代理程序,代理程序会等待自动化指令,并且执行自动化指令。工作原理如图 4-2 所示。

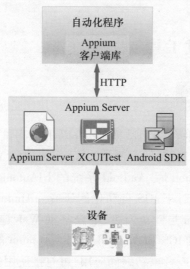

图4-2 工作原理

### 4.3.3 Appium 环境搭建

本章以 Python 语言为载体,Andriod 手机为例,搭建 Appium 环境,首先对测试过程中所需的工具进行安装。

**1. 安装 Appium**

官方下载网址:http://appium.io,如图4-3所示。

图4-3 Appium 官网地址

选择版本号,如图4-4所示。

图4-4 选择 Appium 版本

下载后进行安装,并查看编辑配置中环境配置是否正确,环境配置如图4-5、图4-6所示。

图4-5 检查Appium配置　　　　图4-6 检查Appium环境配置

**2. 安装 AppiumServer**

GitHub 下载：https://github.com/appium/appium-desktop/releases/tag/v1.22.0。

**3. 安装 JDK**

参照2.1.6节中JDK下载和环境变量配置部分。

**4. 安装 AndroidSDK**

对于安卓App的自动化,AppiumServer是需要AndroidSDK的。因为要用到里面的一些工具,如要执行命令设置手机、传送文件、安装应用、查看手机界面等。百度下载AndroidSDK文件包：androidsdk.zip,并且解压即可。

打开系统属性,添加环境变量ANDROID_HOME,设置值为sdk包解压目录,如C:\Users\浮动\Desktop\androidsdk。

在Path中新增环境变量,如C:\Users\浮动\Desktop\androidsdk\platform-tools,一定要填写自己安装的位置。

测试连接手机过程中,手机进入开发者模式,用USB连接手机,进入USB调试;打开命令行窗口输入adb devices -l,检测是否连接成功(注意命令最后面是字母l,不是数字1),具体如图4-7所示。

图4-7 检测设备是否连接成功

AppiumWindows版本只支持Android系统,AppiumMac版同时支持Android系统和IOS系统。这里只介绍Windows版本下的Android系统。

115

在进行实际案例应用的过程中,需要配置 DesiredCapabilities,如图 4-8 所示。

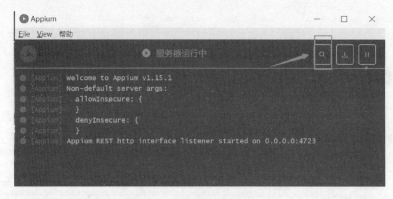

图 4-8　进入配置界面

platformName:声明是 IOS 还是 Android 系统。

platformVersion:Android 内核版本号,可通过命令 adb shell getprop ro. build. version. release 查看,如图 4-9 所示。

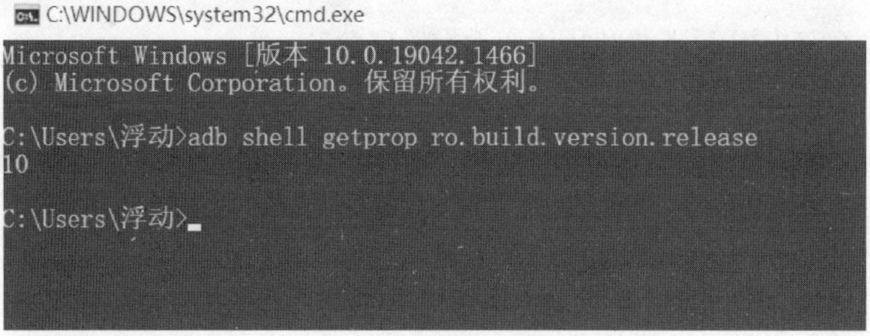

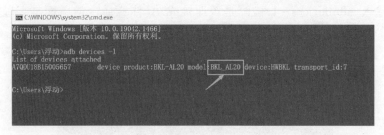

图 4-9　查看设备版本号

deviceName:连接的设备名称,通过命令 adb devices -I 中 model 查看,如图 4-10 所示。

图 4-10　查看设备名称

appPackage:apk 的包名。
appActivity:apk 的启动页。

输入 adb shell dumpsys activity recents,获取当前运行 App 的 appPackage、appActivity(注意是正在运行的 App),如图 4-11 所示。

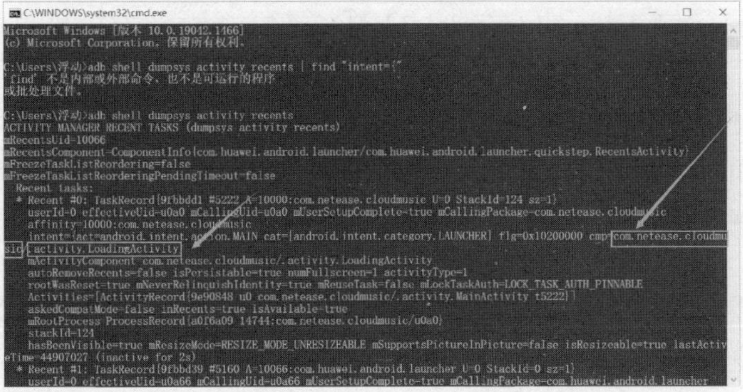

图 4-11　获取当前运行 App 包名和启动页

### 4.3.4　Appium 元素定位

目前，Appium 元素定位大致有如下几种方法。

**1. 根据 ID**

如果能根据 ID 选择定位元素，最好根据 ID，因为通常来说 ID 是唯一的，所以根据 ID 选择效率高。但是这个 ID，是安卓应用元素的 resource - id 属性。使用如下代码：

driver. find_element_by_id( 'expand_search')

**2. 根据 CLASSNAME**

安卓界面元素的 class 属性其实就是根据元素的类型，类似 Web 里面的 tagname，所以通常不是唯一的。根据 class 属性来选择元素，是要选择多个而不是一个。当然，如果你确定要查找的界面元素的类型在当前界面中只有一个，就可以根据 class 来唯一选择。使用如下代码：

driver. find_elements_by_class_name( 'android. widget. TextView')

**3. 根据 ACCESSIBILITYID**

元素的 content - desc 属性是用来描述该元素的作用的。如果要查询的界面元素有 content - desc 属性，可以通过它来定位选择元素。使用如下代码：

driver. find_element_by_accessibility_id( '找人')

**4. 根据 Xpath**

Appium 也支持通过 Xpath 选择元素。但是其可靠性和性能不如 SeleniumWeb 自动化。因为 Web 自动化对 Xpath 的支持是由浏览器实现的，而 AppiumXpath 的支持是 AppiumServer 实现的。毕竟，浏览器产品的成熟度比 Appium 要高很多。使用如下代码：

driver. find_element_by_xpath('//ele1/ele2[@attr="value"]')

**5. 根据 AndriodUIAutomator**

Android UIAutomator 原理是通过 android 自带的 android uiautomator 的类库去查找元素,其实和 appium 的定位一样,它也支持 id、className、text、模糊匹配等进行定位:

driver. find_element_by_android_uiautomator('//ele1/ele2[@attr="value"]')

### 4.3.5 Appium 常用操作

**1. 点击操作**

点击操作是一种最常见的元素操作或者说元素点击的方式,它可以模拟人的点击事件的行为。既然是说元素操作或是元素点击,则它操作或是点击的对象是一个具体的控件的元素,在点击操作前,需要先通过 find_element 获取想要进行操作的元素对象,再执行点击的操作。find_element 获取元素定位并点击的方法大致有如下 5 种[24]:

(1)id 点击。find_element_by_id("id 值"). click(),id 是唯一的。
(2)text 点击。这里需要先引用 uiautomator 的对象,再使用其获取 text 的内容,如:

driver;find_elements_by_android_uiautomator("newUiSelector(). text(" + 关注\")"). click()

(3)XPath 点击。find_element_by_xpath(".//*[/@id=Title']"). click(),将层级与属性结合获取元素位置,也可与上面方法混合使用,可以先找到某个元素,然后再进一步定位元素,如:

find_element_by_classxpath("xx"'). find_element_by_name("xx"). click()

(4)By 定位元素点击。与上面类似,即统一调用 find_element()方法,且有两个参数,第一个参数是定位的类型,第二个参数是定位的具体值,如:

find_element(ByID,"xxx"). click()
find_element(ByNAME,"xxx"). click()
find_element(By. XPATH,"//*[@id=xxx"). click()

(5)系统物理按键定位。手机的物理按键是有固定的 KeyCode,可以使用 presskeycode()触发点击物理按键,如:driverpresskeycode(3),常见的按键大致有 Home 键、返回键、菜单键,它们的 KeyCode 如表 4-1 所列。

表4-1　系统物理按键

| 键名 | 描述 | 键值 |
| --- | --- | --- |
| KEYCODE_HOME | Home 键 | 3 |
| KEYCODE_BACK | 返回键 | 4 |
| KEYCODE_MENU | 菜单键 | 82 |

**2. 手势操作**

为了实现一些针对手势的操作,如轻触、按下抬起、长按等,将这些基本手势组合成一个相对复杂的手势来实现复杂功能的操作,如轻触可用 tap( ) 实现,按下和抬起可以用 press( ) 及 release( ) 实现,长按可以用 move_to( ) 实现。手势操作需由 TouchAction 对象触发,使用这种机制触发时是针对元素的操作,需先定位到元素,而想要使用 TouchAction,需要先创建 TouchAction 对象,通过对象的调用执行想要的手势,通过 perform( ) 执行动作。

(1)Tap( )——轻触方法。tap( ) 是模拟手指对具体某个元素或者是坐标,按下后并快速抬起的方法,此方法示例如:TouchAction(driver). tap(" "). perform( ),参数可以是元素,也可以是具体的坐标,可根据情况选择使用。

当参数是元素时,可由如下实例实现:

```
el = driver. find_element_by_xpath("//*[contains(@text,文本)]")
TouchAction(driver). tap(el). perform( )
```

当参数是坐标时,此时是在一些特殊的情况下(无法定位,定位过于繁琐),确实无法找到一个元素,但是可以通过指定屏幕某个坐标进行触摸来触发点击,或者模拟手指同时点击多个元素的时候,例如:TouchAction(driver). tap(x = 10,y = 10). perform( )。

tap( ) 方法也可是模拟多点的触摸操作,此时甚至不需要先创建 TouchAction 对象,直接使用即可。当需要指定屏幕上的多个坐标点来触发,其方法定义为 tap(positions,duration = None),第一个参数 positions 是具体的坐标点,数据格式为一个 list,其包含多个坐标,每个坐标代表屏幕上一个具体的点,最多支持 5 个点;第二个参数 duration 表示点击的时长,可理解为手指点下去到松开手指的时间,其单位为 ms,例如:driver. tap([(200,20),(200,30),(200,40)],300),表示同时点击屏幕坐标为(200,20),(200,30),(200,40)的3个点,且点击的时长为 300ms。

(2)press( ) 及 release( )——按下和抬起操作。模拟手指一直按下及手指抬起,可与轻触方法或长按方法组合使用完成操作,按下的方法如:TouchAction(driver). press( ). perform( ),参数可以是元素,也可以是具体的坐标,而对应抬起的方法如:TouchAction(driver). release( ). perform( )。

(3)move_to( )——移动操作。模拟手指的移动操作,如按下一个元素或位置,由手指移动到另一个元素或位置,移动的方法示例如:TouchAction(driver). move_to( ). perform( ),参数可以是元素,也可以是具体的坐标。当参数为元素时,示例如下:

```
el1 = driverfind_element_by_xath("//*[contains(@text,|文本1)]")
el2 = driverfind_elementby_xPath("//*[contains(@text,文本2)]")
el3 = driverfind_element_by_xpath("/*[contains(@text,'文本3)]")
TouchAction(driver).press(el1).move_to(el2).move_to(el13).perform()
```

当参数是坐标时,示例如下:

```
TouchAction(driver).press(x=100,y=10).move_to(x=100,y=10).move_to(x=100,y=50).move_to(x=100,y=100).move_to(x=100,y=150).release().perform()
```

### 3. 滑动操作

在进行 App 自动化测试时,常需要进行滑动的操作,如左右滑动或是上下滑动。在基于 Appium 框架中滑动操作的方法主要有 swipe()、scroll()、drag_and_drop() 3 种,swipe() 是坐标滑动,而 scroll() 是元素滑动,drag_and_drop() 是拖拽滑动。

(1) swipe()。这个方法是从一个坐标位置滑动到另一个坐标位置,只能是两个点之间的滑动,如 swipe(start_x, start_y, end_x, end_y, duration = None),参数 start_x、start_y 是滑动开始的 x、y 轴坐标,end_x、end_y 是滑动结束的 x、y 轴坐标,duration 是滑动屏幕持续的时间,时间越短速度越快。默认为 None 可不填,一般设置 500~1000ms 比较合适,示例如下:driver.swipe(100,10,100,50,500),表示从坐标(100,10)滑动到坐标(100,50)的位置,持续 500ms。

(2) scroll()。此方式是从一个元素滑动到另一个元素,直到页面静止,此方法需先定位到元素,如 scroll(origin_el, destination_el),参数 origin_el 指的是滑动开始的元素,destination_el 是滑动结束的元素,具体例子如下:

```
el1 = driver.find_element_by_xpath("/[contains(@text,"文本1")]")
el2 = driver.find_element_by_xpath("/[contains(@text,"文本2")]")
driver.scroll(el1,el2)
```

表示从元素 el1 滑动到元素 el2 的位置。

### 4. 输入及获取文本操作

部分测试场景需要对输入框进行内容的输入,可用 send_keys() 方法输入,此时,可调用 text 获取文本的内容,如果输入完成后想要清除输入的内容,可以使用 clear() 方法清空输入的数据,这几个操作需要先获取到输入框的元素对象,再对元素调用方法,示例如下:

```
el = driverfind_element_by_id("com.android.settings:id/editbox")
tx = el.text
el.send_keys(value)
el.clear()
```

**5. 等待操作**

在进行自动化测试时,可能会由于网络异常、服务器处理不及时、计算机设备卡顿等原因,想要定位的元素暂时没有加载出来,此时,需要等待界面元素加载出来,再进行元素的检查或是点击等操作,所以说元素等待操作非常重要。元素等待是指 WebDriver 定位界面元素时,如果一开始没有找到,就会在指定的时间内一直等待的过程,一般可分为两种类型:隐式等待和显式等待。

(1)隐式等待。将所有定位元素的等待时长设置为同一个值,在获取 driver 对象后,使用 driver 调用 implicitly_wait()方法即可,示例如下:

```
driver.implicitly_wait(5)
driver:find_element_by_id('com.android.settings:id/search').click()
```

上面代码表示等待 5s 后执行点击事件的操作。

(2)显式等待。为需要等待的不同元素分别设置等待值,等待元素加载指定的时长,超出时长返回 TimeoutException 异常,此操作需要引入 WebDriverWait 对象,方法如下:

```
wait = WebDriverWait(driver,timeout,poll_frequency = 0.5)
wait.until(method)
```

参数 driver 表示驱动对象,timeout 是超时时长,poll_frequency 是检测间隔时间,检测间隔时间默认是 0.5s,参数 method 是 lambda 格式的查找元素表达式,示例如下:

```
wait = WebDriverWait(driver,25,5)
button = waituntil(lambdax:x.find_element_by_id('comandroid.settings:id/search'))
button.click()
```

上面代码表示获取到 button 元素后等待 25s,每 5s 检查此元素当前是否存在,如果存在执行点击操作,如果不存在继续等待。

## 4.4 Appium 应用实例

全国大学生软件测试大赛下设移动测试分项,下面以网易云音乐 App 为实例,构建自动化测试框架,测试其新建和删除歌单的功能,介绍手机应用软件自动化测试的具体过程和 Appium 工具的使用,并对可能出现的问题进行归纳总结。本节主要通过 Python 语言实现 Appium 移动应用测试(全国软件测试大赛目前只支持 Java 语言)。由于网站是动态的,XPATH 会随着控件发生变化而变化。因此,下面的代码仅供参考。

### 例4-1：网易云音乐App移动应用测试

本实例的测试内容是从网易云音乐App中搜索指定歌曲并添加到歌单中，并提取首页每日推荐页面的前几首歌曲的标题，测试需求及其测试实现如下[25]。

**1. 创建歌单**

点击进入"我的"，下滑页面找到选项，点击选择创建歌单，输入歌单名称（如"每日精选"），点击提交，回到上一页。

**2. 添加歌曲**

进入发现，点击搜索框，输入喜欢的音乐，加入新建的歌单；返回发现页面，进入每日推荐，获取前几首歌曲的歌曲名。

**3. 查看歌单**

回到上一页，进入"我的"，滑动屏幕至歌单处，点击新建歌单（"我的喜欢"），删除刚刚添加的歌曲，返回上一页，进入歌单管理，勾选歌单，选择删除，确认删除。

**4. 测试实现**

测试步骤中对具体元素的点选需要使用Appium的元素定位功能，选择下一步要点击的元素位置，就能在右边界面中显示出元素的信息，以"每日推荐"这一元素为例，点击此元素，如图4-12所示，就会出现元素的具体信息。Appium元素定位的方法一般有以下几种，如果目标元素有resource-id并且ID是唯一的，可以用driver.findelement_by_id来直接定位，当目标元素有content-desc属性时，用driver.find_element_by_accessibility_id来定位，若以上均无，则使用driver.Find_element_by_xpath来定位，"每日推荐"这一元素则使用xpath来进行定位，代码为driver.find_element_by_xpath('//*[@text="每日推荐"]')。此外，需要完成相关配置。配置阶段的部分代码如下：

```
"platformName":"Android",
"platformVersion":"10.0.0",
"appPackage":"com.netease.cloudmusic",
"appActivity":".activity.LoadingActivity",
"deviceName":"HWBKL",
"noReset":"True",
"resetKeyboard":"True",
"unicodeKeyboard":"True",
"newCommandTimeout":"6000"
```

其余指令可参考网址：

http://appium.io/docs/en/writing-running-appium/caps/

配置完成之后，就可以点击启动会话，进入元素定位界面，根据测试流程来进行自动化测试。如图4-12、图4-13所示。

图 4-12　Appium 启动会话配置界面

图 4-13　手机元素定位信息示意图

Appium 功能区中间有个小眼睛标识为录制功能,点击后可以选择自己需要的语言,如 Python,记录你的每一步操作,如图 4-14 所示。但后续生成代码后需要手动优化,否则可能会出现一些错误。故我们可以通过 Appium 获取所需元素的 ID,然后自己手动将所需要的命令写出来,这样出错的概率会非常小。

图 4-14　开始录制功能键

如图 4-15 所示,箭头从上到下分别表示为录制功能已开启,语言选择为 Python,如有 ID、XPATH 同时存在,则说明该元素有唯一 id,可用 driver. find_by_id。若只有 XPATH,则需要通过其他几种方式表示该元素,如:driver. find_ element_ by_ xpath。

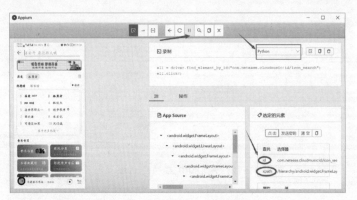

图 4-15　Appium 中部分元素

创建歌单时,有下滑页面的操作。在 Appium 工具中,通过点击坐标点功能获取起始和结束的坐标,分别用 start_x、start_y、end_x、end_y 表示滑动开始和停止的位置,再使用 driver. swipe 模拟滑动,如 driver . swipe(502,1643, 502, 1352),如图 4-16、图 4-17 所示。

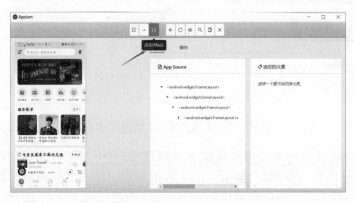

图 4-16　点击坐标点功能键

图 4-17　椭圆处鼠标对应的坐标位置

在创建歌单后需要返回主页面,此时,若通过元素抓取不方便时,可以使用driver.press_keycode(4)命令符,其中数字代表返回键。其他如数字66代表回车键,数字3代表Home键。

添加歌曲至歌单得到要点击的各个元素的表示信息,有唯一ID可使用ID号获取,其余需使用其他几种方法。使用id号获取每日推荐的歌曲名。

用XPATH方法进入歌单查看歌单中的歌曲,删除后返回。

删除创建的歌单,由于"选项"这一元素难以定位,则可通过其附近的元素进行辅助定位。通过XPATH方法进入歌单管理后勾选要删除的歌单,选择删除并确认删除即可。

自动化测试代码运行过程如图4-18所示。

图4-18  自动化测试代码运行结果

实现上述功能,完整的自动化测试代码如程序4-1所示。

程序4-1  网易云音乐移动测试程序(Python)

```
1    from datetime import time, datetime
2    from time import sleep
3    from appium import webdriver
4    from appium.webdriver.extensions.android.nativekey import AndroidKey
5
6    desired_caps = {
7        'platformName':'Android',    # 被测手机是安卓
8        'platformVersion':'10',    # 手机安卓版本
9        'deviceName':'浮动',    # 设备名,安卓手机可以随意填写
10       'appPackage':'com.netease.cloudmusic',    # 启动 App Package 名称
11       'appActivity':'.activity.LoadingActivity',    # 启动 Activity 名称
12       'unicodeKeyboard':True,    # 使用自带输入法,输入中文时填 True
13       'resetKeyboard':True,    # 执行完程序恢复原来输入法
14       'noReset':True,    # 不要重置 App
```

15        'newCommandTimeout':6000,#在假设客户端退出并结束会话之前,Appium将等待来自客户端的新命令多长时间(秒)
16        }
17        # 连接Appium Server,初始化自动化环境
18        driver = webdriver. Remote('http://localhost:4723/wd/hub', desired_caps)
19        # 设置缺省等待时间
20        driver. implicitly_wait(5)
21        #根据XPATH定位"我的",点击
22        driver. find_element_by_xpath( "/hierarchy/android. widget. FrameLayout/android. widget. LinearLayout/android. widget. FrameLayout/android. widget. FrameLayout/android. widget. FrameLayout/androidx. drawerlayout. widget. DrawerLayout/android. widget. FrameLayout/android. widget. RelativeLayout/android. widget. LinearLayout[2]/android. view. ViewGroup[3]/android. widget. ImageView" ). click()
23        # 从一指定坐标向另一指定坐标滑动屏幕
24        driver. swipe(502, 1643, 502, 1352)
25        # 延迟程序2s
26        sleep(2)
27        #根据ID定位"创建新歌单",点击
28        driver. find_element_by_id( "com. netease. cloudmusic:id/create" ). click()
29        #根据ID定位输入框,输入文本'我的喜欢'
30        driver. find_element_by_id( "com. netease. cloudmusic:id/etPlaylistName" ). send_keys('我的喜欢')
31        #根据ID定位"完成",点击
32        driver. find_element_by_id( "com. netease. cloudmusic:id/tvCreatePlayListComplete" ). click()
33        # 调用手机返回键
34        driver. press_keycode(4)
35        #根据XPATH定位"首页",点击
36        driver. find_element_by_xpath( "/hierarchy/android. widget. FrameLayout/android. widget. LinearLayout/android. widget. FrameLayout/android. widget. FrameLayout/android. widget. FrameLayout/androidx. drawerlayout. widget. DrawerLayout/android. widget. FrameLayout/android. widget. RelativeLayout/android. widget. LinearLayout[2]/android. view. ViewGroup[1]" ). click()
37        # 根据ID定位搜索框,点击
38        driver. find_element_by_id( "com. netease. cloudmusic:id/searchBar" ). click()

39    #根据ID定位搜索输入框,输入文本"孤勇者"
40    driver.find_element_by_id("com.netease.cloudmusic:id/search_src_text").send_keys('孤勇者')
41    #调用手机回车键
42    driver.press_keycode(66)
43    #根据XPATH定位搜索列表第一个"更多",点击
44    driver.find_element_by_xpath("/hierarchy/android.widget.FrameLayout/android.widget.LinearLayout/android.widget.FrameLayout/android.widget.FrameLayout/android.widget.FrameLayout/android.widget.FrameLayout/android.widget.FrameLayout/android.view.ViewGroup/android.widget.FrameLayout/android.view.ViewGroup/androidx.viewpager.widget.ViewPager/android.view.ViewGroup/androidx.recyclerview.widget.RecyclerView/android.view.ViewGroup/androidx.recyclerview.widget.RecyclerView/android.widget.LinearLayout[1]/android.widget.LinearLayout/android.widget.LinearLayout/android.widget.ImageView[2]").click()
45    #根据XPATH定位文本"收藏到歌单",点击
46    driver.find_element_by_xpath('//*[@text="收藏到歌单"]').click()
47    #根据XPATH定位文本"我的喜欢",点击
48    driver.find_element_by_xpath('//*[@text="我的喜欢"]').click()
49    #调用手机返回键
50    driver.press_keycode(4)
51    #根据XPATH定位"首页",点击
52    driver.find_element_by_xpath("/hierarchy/android.widget.FrameLayout/android.widget.LinearLayout/android.widget.FrameLayout/android.widget.FrameLayout/android.widget.FrameLayout/androidx.drawerlayout.widget.DrawerLayout/android.widget.FrameLayout/android.widget.RelativeLayout/android.widget.LinearLayout[2]/android.view.ViewGroup[1]").click()
53    #根据XPATH定位文本"每日推荐",点击
54    driver.find_element_by_xpath('//*[@text="每日推荐"]').click()
55    #选择(定位)所有歌曲名
56    eles=driver.find_elements_by_id("com.netease.cloudmusic:id/songName")
57    for ele in eles:
58        #打印歌曲名
59        print(ele.text)
60    #调用手机返回键
61    driver.press_keycode(4)
62    #根据XPATH定位"我的",点击

63	driver.find_element_by_xpath("/hierarchy/android.widget.FrameLayout/android.widget.LinearLayout/android.widget.FrameLayout/android.widget.FrameLayout/android.widget.FrameLayout/androidx.drawerlayout.widget.DrawerLayout/android.widget.FrameLayout/android.widget.RelativeLayout/android.widget.LinearLayout[2]/android.view.ViewGroup[3]/android.widget.ImageView").click()
64	#根据XPATH定位文本"我的喜欢",点击
65	driver.find_element_by_xpath('//*[@text="我的喜欢"]').click()
66	#根据ID定位"更多",点击
67	driver.find_element_by_id("com.netease.cloudmusic:id/actionBtn").click()
68	# 从一指定坐标向另一指定坐标滑动屏幕
69	driver.swipe(484,1653,484,878)
70	# 延迟程序2s
71	sleep(2)
72	#根据XPATH定位文本"删除",点击
73	driver.find_element_by_xpath('//*[@text="删除"]').click()
74	#根据ID定位"删除",点击
75	driver.find_element_by_id("com.netease.cloudmusic:id/buttonDefaultPositive").click()
76	# 调用手机返回键
77	driver.press_keycode(4)
78	#根据XPATH定位第一个歌单的"更多",点击
79	driver.find_element_by_xpath("/hierarchy/android.widget.FrameLayout/android.widget.LinearLayout/android.widget.FrameLayout/android.widget.FrameLayout/android.widget.FrameLayout/androidx.drawerlayout.widget.DrawerLayout/android.widget.FrameLayout/android.widget.RelativeLayout/android.view.ViewGroup/androidx.viewpager.widget.ViewPager/androidx.recyclerview.widget.RecyclerView/android.widget.FrameLayout/android.view.ViewGroup/androidx.recyclerview.widget.RecyclerView/android.widget.FrameLayout[1]/android.widget.LinearLayout/android.widget.FrameLayout/android.widget.ImageView").click()
80	#根据XPATH定位文本"删除",点击
81	driver.find_element_by_xpath('//*[@text="删除"]').click()
82	#根据ID定位"删除",点击
83	driver.find_element_by_id("com.netease.cloudmusic:id/buttonDefaultPositive").click()
84	# 调用手机Home键
85	driver.press_keycode(3)

# 第 5 章

# JMeter 性能测试

性能是指器物所具有的性质与效用。软件系统除了关注系统功能是否满足要求,还需要了解系统性能情况,因为性能的好坏直接影响系统的质量。性能可以通过性能指标衡量,如系统所能承受的并发用户数量,网络带宽是否够用,CPU 是否够用,内存是否够用等,这些指标都是软件系统的性能指标,是重要的非功能特性。软件性能测试就是通过自动化的测试工具模拟多种场景获取用户关心的性能指标值,并通过性能调优,满足用户性能需求。

## 5.1 性能测试概述

### 5.1.1 性能测试基础

**1. 性能测试定义**

性能测试(performance testing)是在指定的软件、硬件及网络环境下,通过自动化的测试工具模拟多种条件(正常、峰值、异常负载等)对系统的各项性能指标进行测试,从而发现系统的性能瓶颈[26-27]。

性能测试和功能测试不同,功能测试主要关注被测对象所有功能是否完整实现并满足用户的功能需求,性能测试主要关注被测试对象是否满足用户要求的性能指标,即软件在特定时间、空间条件下,软件是否能正常实现功能、满足用户预期要求。

软件的性能包括很多方面,主要包含时间和空间两个维度,时间是指用户操作的响应时间,空间是指系统运行时系统资源消耗情况。不同的角色对系统性能的关注点[28]不同。

用户更关注:

(1) 系统对用户的响应是否及时?(时间)

(2) 系统是否稳定?(稳定性)

管理人员除了会关注用户体验,更关注:

(1)服务器资源使用合理吗?(资源利用率)
(2)数据库使用合理吗?(资源利用率)
(3)系统能否实现扩展?(可扩展性)
(4)系统最多支持多少用户并发访问?(容量)
(5)系统最大业务处理量多少?(容量)
(6)系统有哪些潜在的性能瓶颈?(可扩展性)
(7)更换哪些设备可以提高系统性能?(可扩展性)
(8)系统能否支持7×24h不间断服务?(稳定性)
(9)系统如果失败多久可以恢复?(可恢复性)

设计开发人员更想知道系统中哪些地方会导致性能问题,如何通过调整设计、代码或系统设置来提高系统性能,因此设计开发人员更关注:

(1)架构是否合理?(架构设计)
(2)数据库设计是否合理?(数据库设计)
(3)代码是否存在性能问题?(代码)
(4)系统是否有不合理的内存使用、线程同步、资源竞争等?(设计、代码)

软件性能的好坏依赖于系统设计,良好的系统架构能够使系统性能更加出色,但系统设计阶段是无法设计出一个定量性能的系统,即虽然设计阶段考虑了性能指标,但仍然无法保证系统最终的性能,还需要靠性能测试来验证系统实际性能,因此,在系统投入到市场之前,必须对系统的性能进行测试,满足客户需求中定义的性能指标。

**2. 性能测试目标**

软件性能测试的目标[29]不是寻找软件系统功能上的缺陷,而是验证软件系统能否达到用户提出的性能指标,同时发现软件系统中存在的性能瓶颈,进而优化系统性能,提高系统的可扩展性、稳定性。性能测试目标主要包括以下几个方面。

(1)评估系统能力。验证系统是否满足预期性能需求。
(2)识别系统弱点。找出系统的瓶颈和产生瓶颈的原因。
(3)优化系统性能。寻找系统设计与资源之间的最佳平衡。
(4)验证系统稳定性。执行一定时间验证系统是否能持续稳定运行。

**3. 性能测试自动化**

性能测试需要模拟用户的大量并发操作,发现系统的承载能力,采用手工测试会面临很多困难,例如,如何保证并发?如何收集测试结果?如何重复执行测试?为了解决人工测试面临的困难,性能测试需要使用专门的性能测试工具,即性能测试自动化的过程,通过工具实现大量并发操作及收集分析性能指标等。一般性能测试工具都包含以下几种。

(1)自动化脚本。录制脚本捕获用户业务流程。
(2)负载生成。生成大量虚拟用户模拟负载生成。
(3)监视器。管理和监控系统运行情况。
(4)分析引擎。查看、剖析和比较结果。

**4. 性能测试原则**

(1)不同的系统对性能的关注点不同,应根据实际情况分析性能需求。

(2)查找性能瓶颈应由易到难逐步排查。例如,首先是查找服务器硬件及网络瓶颈;其次查找应用服务器及中间件瓶颈;如数据库、WEB 服务器等参数配置等;最后查找应用业务瓶颈,如 SQL 语句、业务逻辑、算法、数据等。

(3)明确调优工作的终止标准。

(4)性能调优过程中对参数进行调整时,应针对某个领域,每次只改动一个参数设置,防止多个设置之间存在互相干扰。

(5)了解"有限的资源,无限的需求",并不是资源配置越高越好,应根据实际需求合理配置资源,以免造成不必要的浪费。

(6)情况许可时,可使用多种测试工具或手段分别独立进行测试,避免单一工具或测试手段自身缺陷影响结果的准确性。

### 5.1.2 性能测试类型

考虑影响性能的要素和执行时机,性能测试分类[28]如表 5-1 所列。

表 5-1 性能测试类型

| 测试类型 | 测试描述 | 测试目的 | 说明 |
| --- | --- | --- | --- |
| 负载测试<br>(load testing) | 负载测试是在一定软硬件及网络环境下,通过逐步增加负载的方式来确定系统的处理能力和能够承受的各项阈值 | 找到系统处理能力的极限 | 逐步增压,找到性能拐点,例如,访问某网站,先 10 个用户访问,然后 100 个用户访问,再然后 1000 个用户访问,关注程序的响应时间、所耗资源,直到超时或关键资源耗尽。该测试方法主要用于了解系统的性能容量 |
| 压力测试<br>(stress testing) | 压力测试也称为强度测试,在一定软硬件及网络环境下,通过高负载的方法使系统资源处于极限状态,测试系统在极限状态下长时间运行是否稳定 | 检查系统在极限状态下长时间运行是否稳定 | 压力测试的前提是已经进行了负载测试,系统在最大的负载下进行长时间运行,如 1 天、7 天、1 个月、3 个月、1 年等,关注系统是否稳定,各项指标是否正常。该测试方法一般用于测试系统的稳定性 |
| 配置测试<br>(configuration testing) | 配置测试是通过不断调整被测系统的软硬件配置,了解系统在不同配置时其性能行为的可接受性,找到系统各项资源的最优分配原则 | 了解不同因素对系统性能的影响程度,判断出对性能影响最大的因素,为设备选择、参数配置、性能调优提供参考 | 该测试方法一般用于性能调优 |
| 并发测试<br>(concurrent testing) | 并发测试是测试在同一时间内,多个用户同时访问同一个应用、同一个模块或者数据记录时是否存在死锁或者其他性能问题 | 发现系统中可能存在的并发访问问题 | 例如,内存泄漏、线程死锁、资源竞争等问题。几乎所有的性能测试都会涉及一些并发测试 |
| 容量测试<br>(volume testing) | 容量测试是在一定的软硬件及网络环境下,在数据库中构造不同数量级的数据,获取不同数量级别的性能指标,得到数据库能够处理的最大会话能力、最大容量等 | 测量系统的最大容量,为系统扩容、性能优化提供参考 | 容量测试是面向数据的 |

(续)

| 测试类型 | 测试描述 | 测试目的 | 说明 |
|---|---|---|---|
| 基准测试<br>(benchmark testing) | 基准测试是一种衡量和评估软件性能指标的活动。在一定的软硬件及网络环境下,模拟一定数量的虚拟用户运行一种或多种业务,将测试结果作为基线数据,用于系统调优或系统评测过程中比较测试结果 | 建立一个可度量的参考标准,为其他测试场景或者调优过程提供对比参考 | 通过基准测试建立一个已知的性能水平,作为系统软硬件环境发生变化后测试的参考 |
| 可靠性测试<br>(reliability testing) | 可靠性测试又称为稳定性测试或疲劳测试,指系统在高压的情况下,长时间的运行系统是否稳定。一般持续的时间为 $N \times 24h$ | 验证系统是否能够长期稳定运行 | 类似于压力测试,一般非关键大型应用,需要让系统在可能峰值下运行2~3天 |
| 失效恢复测试<br>(recovery testing) | 失效恢复测试又称为异常测试,对于有冗余备份和负载均衡的系统,通过失效恢复测试检验如果系统局部发生故障,是否会对全局产生重大影响,产生的影响是否在可以接受的范围内,以及用户是否能继续使用系统 | 验证系统的容错能力和故障恢复能力 | 例如,A、B、C 3 台服务器做均衡负载,其中 A 服务器发生故障了,系统能否正常运行?剩余的B、C 服务器能够承受多大的压力?并不是所有系统都需要进行失效恢复测试,只有对持续运行指标有明确要求系统才需要进行失效恢复测试 |

性能测试应用场景[28,30]主要有能力验证、规划能力、性能调优、缺陷发现、性能基准比较,如表 5-2 所列。

表 5-2 性能测试应用场景[5]

| 作用 | 主要用途 | 典型场景 | 特点 | 常用性能测试类型 |
|---|---|---|---|---|
| 能力验证 | 关注在给定的条件下,系统能否具有预期的能力表现 | 在要求平均响应时间小于 2s 的前提下,如何判断系统是否能够支持 50 万用户/天的访问量 | 要求运行环境是确定的,需要根据典型场景设计测试方案和用例,包括操作序列和并发用户量,需要明确的性能目标 | (a) 压力测试;<br>(b) 可靠性测试;<br>(c) 失效恢复测试 |
| 规划能力 | 关注如何使系统具有我们要求的能力表现 | 某系统计划在一年内用户增到 300 万,系统到时候是否能支持这么多用户量?如果不能需要如何调整系统的配置 | 是一种探索性的测试,常用于了解系统性能和获得扩展性能的方法 | (a) 负载测试;<br>(b) 压力测试;<br>(c) 配置测试 |
| 性能调优 | 主要用于对系统性能进行调优 | 某系统上线运行一段时间后响应速度越来越慢,此时应该如何办 | 每次只改变一个配置,切忌无休止地调优 | (a) 负载测试;<br>(b) 压力测试;<br>(c) 配置测试;<br>(d) 失效恢复测试 |
| 缺陷发现 | 发现缺陷或问题重现、定位手段 | 系统在测试环境运行正常,但在用户现场经常出现线程锁、资源竞争或内存泄露等问题 | 作为系统测试的补充,用来发现并发问题,或是对系统已经出现的问题进行重现和定位 | (a) 并发测试;<br>(b) 压力测试;<br>(c) 失效恢复测试 |
| 性能基准比较 | 在不设定明确性能目标的情况下,通过建立性能基线,比较得到每次迭代中的性能变化,根据这些变化决定迭代是否达到预期目标 | 常用于敏捷开发过程中,敏捷开发流程的特点是小步快走,快速试错,迭代周期短,需求变化频繁 | 在每个迭代中对系统进行性能检查,以保证系统性能不会随着迭代而变坏 | (a) 并发测试;<br>(b) 压力测试 |

### 5.1.3 性能测试指标

性能测试是通过测试验证系统是否满足用户要求的性能指标。以下介绍几种常用的性能指标[28]。

**1. 响应时间**

响应时间(response time,RT)是指用户的请求多长时间可以得到响应,即从客户端向服务器发送请求到客户端接收到服务器响应过程的整个时间。通常不包括客户端收到数据后进行页面渲染展示给用户的时间。例如,登录功能,当用户点击页面登录按钮,请求会经过网络发送到 Web 服务器进行处理,再由网络转发到数据库服务器进行账户查询,查询结果返回给 Web 服务器,Web 服务器再把结果返回给客户端,如图 5-1 所示。在这个过程中涉及以下时间:

网络传输时间:$N_1 + N_2 + N_3 + N_4$。

应用服务器处理时间:$A_1 + A_3$。

数据库服务器处理时间:$A_2$。

响应时间包括网络传输时间和数据处理时间,因此,$RT = N_1 + N_2 + N_3 + N_4 + A_1 + A_3 + A_2$。

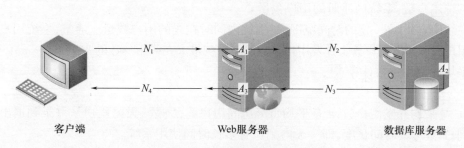

图 5-1 响应时间示意图

用户更关注响应时间,响应时间越快,用户的体验感越好。不同的系统要求的响应时间不同,如电商服务,通常 0.1s 是最理想的响应时间,用户无感知即时响应,1s 是较好的响应时间,用户能感觉到停顿,但也可以接受,4s 是可以接受的上限,10s 是完全不可接受的。

响应时间通常使用平均响应时间、最大响应时间和百分位响应时间。例如,有 100 个请求,其中 98 个耗时 1ms,其他 2 个耗时 100ms,那么,平均响应时间为 (98 × 1 + 2 × 100) / 100 = 2.98ms 。但是,2.98ms 并不能反映服务器的整体效率,因为大部分请求耗时才 1ms,即 98% 的响应时间是 1ms,这就是百分位响应时间,百分位响应时间比平均响应时间更能反映服务的整体效率,用得较多的是 98% 的百分位响应时间。

**2. 并发**

并发是指多个用户在同一时期内进行相同的事务处理或操作,狭义的并发是多个用户在同一时刻做同一件事情或者操作,这种操作一般指做同一类型的业务。广义的并发与狭义的并发区别是多个用户对系统的操作可以是相同的,也可以是不同的,即不限定同一业务类型。

并发用户数:在同一时间向服务器发送请求的用户数量,如图5-2所示。例如,服务器能够承担1000并发用户,即如果同时有1000个用户访问服务器,所有用户都可以正常获得服务,而不会有超时或连接拒绝情况发生。并发用户数在不同的性能测试工具中名称不尽相同,如在JMeter中称为线程组,在LoadRunner中称为虚拟用户数。

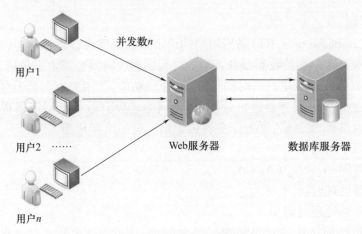

图5-2 并发示意图

系统用户数:系统内注册的用户数量。

在线用户数:在一定的时间范围内,系统内同时在线的用户数量。通常,系统用户数 > 在线用户数 > 并发用户数。并发用户数一般是系统最大在线用户数的8%~12%。

平均并发用户数计算[28]:

$$C = n \times L/T$$

式中:$C$是平均并发用户数;$n$是平均每天访问用户数;$L$是一天内用户从登录到退出的平均时间;$T$是考察时间长度,即一天内用户有多长时间使用系统。

并发用户数峰值计算[28]:

$$\hat{C} \approx C + 3\sqrt{C}$$

式中:$\hat{C}$是并发用户峰值;$C$是平均并发用户数,该公式遵循泊松分布理论。

例4-1 假设某系统,平均每天大概有200个用户要访问该系统(可以从系统日志从获得),对于一个典型用户来说,一天之内用户从登录到退出的平均时间为4h(login session 的平均时间),一天之内,用户只有在8h之内会使用该系统,则平均并发用户数为

$$C = 200 \times 4/8 = 100$$

并发用户数峰值为

$$\hat{C} \approx 100 + 3\sqrt{100} = 130$$

### 3. 吞吐量

吞吐量(throughput)是指单位时间内系统处理用户的请求数。吞吐量越大,表示系统处理请求的速度越快,吞吐量指标体现系统的业务处理能力。吞吐量相关的指标如下。

TPS(transactions per second,事务数/秒),是指系统每秒能够处理的事务的数量。事务是一个或多个业务操作的集合,如用户的一次登录过程(点击登录按钮→填写账号、密码→点击提交按钮→显示登录成功页面的整个动作集合)、用户请求一个页面过程、用户的一次支付过程等都可以称作一个事务。

QPS(query per second,查询数/秒),是指每秒查询或访问服务器的次数。TPS 和 QPS 的区别在于一个事务可以包含多次查询或访问服务器,也可以只查询或访问一次服务器。当多次查询或访问时,一个 TPS 相当于多个 QPS;当只查询或访问一次时,一个 TPS 等价于一个 QPS。

RPS(requests per second,请求数/秒),是指每秒能处理的请求数目,等效于 QPS,HTTP 服务的吞吐量通常以 RPS 为单位,吞吐量越高,代表服务处理效率就越高,即网站的性能越高。例如,1min 服务器可以处理 1000 个请求,则吞吐量为 $1000/60 = 16.7$ 请求数/s。

当没有遇到性能瓶颈的时候,吞吐量与并发用户数之间存在一定的联系,可以采用以下公式计算:

$$F = U \times R / T$$

式中:$F$ 为吞吐量;$U$ 表示并发用户个数;$R$ 表示每个用户发出的请求数;$T$ 表示性能测试所用的时间。

**4. 资源利用率**

资源利用率是指对不同系统资源的使用程度,通常以占用百分比(资源实际使用/总的资源可用量)来衡量。通常需要关注的资源如下。

1) CPU 利用率

CPU 状态主要包括用户态(user)、系统态(sys)、等待态(wait)、空闲态(idle)。一般 CPU 利用率不允许超过 70%~80%,CPU sys% 小于或者等于 30%,CPU wait% 小于或者等于 5%。

当 user% 高时,说明 CPU 时间主要消耗在用户代码上,可以从用户代码角度考虑优化性能;当 sys% 很高时,说明 CPU 时间主要消耗在内核上,可以从是否系统调用频繁、CPU 进程或线程切换频繁角度考虑性能的优化;当 wait% 很高时,说明有进程在进行频繁的 I/O 操作,可能是磁盘 I/O 或者网络 I/O。

CPU load 是一段时间内等待 CPU 处理的任务队列的平均长度。这个指标在高负载的情况下比 CPU 占用率具有更高的参考价值,因为在高负荷时段,CPU 的占用率基本都接近 100%,它无法反映机器负荷的程度,而通过统计任务队列的长度可以反映出系统目前负荷是否严重,即队列越长,CPU 资源利用率越大,负荷越严重。

在 Linux 系统下,可以通过 top 命令查看 CPU 利用率,如图 5-3 所示,top 命令间隔 3s 会动态滚动更新一次数据。

2) 内存利用率

现代的操作系统为了最大程度利用内存,在内存中存放了缓存,因此内存利用率 100% 并不代表内存有瓶颈。衡量系统内有无瓶颈主要靠 SWAP(与虚拟内存交换)交换空间利用率,一般情况下,SWAP 交换空间利用率要低于 70%,太多的交换将会引起系统性能低下。

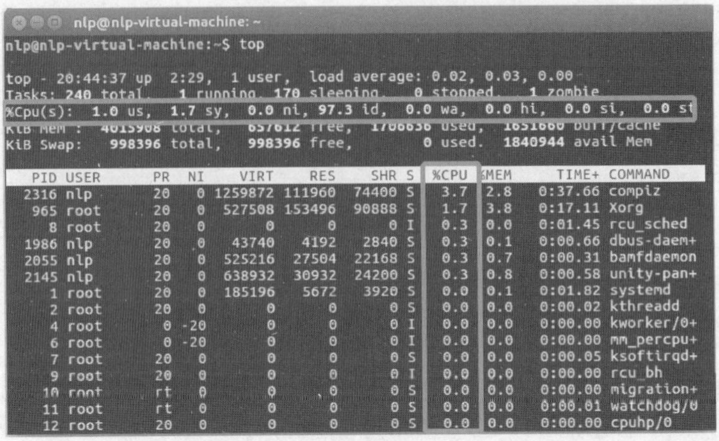

图 5-3　CPU 利用率

在 Linux 系统下，top 命令既可以查看系统 CPU 使用情况，也可以查看系统内存使用信息，如图 5-4 所示。

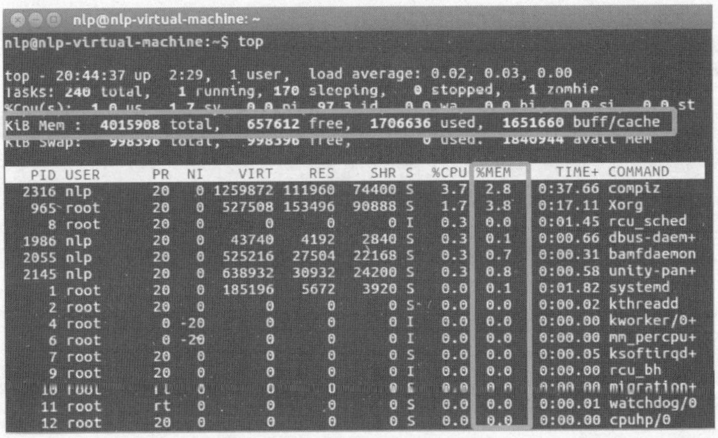

图 5-4　内存利用率

3）磁盘吞吐量

磁盘吞吐量是指在无磁盘故障的情况下单位时间内通过磁盘的数据量。磁盘指标主要有每秒读写多少兆、磁盘繁忙率、磁盘队列数、平均服务时间、平均等待时间、空间利用率等，其中磁盘繁忙率是直接反映磁盘是否有瓶颈的重要依据，一般情况下，磁盘繁忙率要低于 70%。

在 Linux 系统下，iostat 命令可以查看磁盘 I/O 的使用情况，如图 5-5 所示，iostat -x -k 2 3 是每隔 2s 输出磁盘 I/O 的使用情况，共采样 3 次。

4）网络吞吐量

网络吞吐量是指在无网络故障的情况下单位时间内通过的网络的数据数量，单位为 B/s。网络吞吐量指标用于衡量系统对于网络设备或链路传输能力的需求。当网络吞吐量指标接近网络设备或链路最大传输能力时，则需要考虑升级网络设备。一般情况下，不能超过设备或链路最大传输能力的 70%。

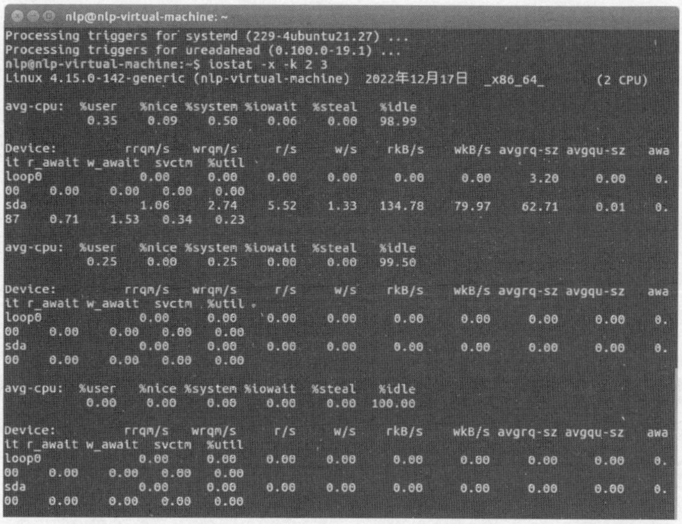

图 5 – 5　磁盘吞吐量

Windows 系统下可以使用性能监视器（控制面板→管理工具→性能监视器）查看性能数据（图 5 – 6）。

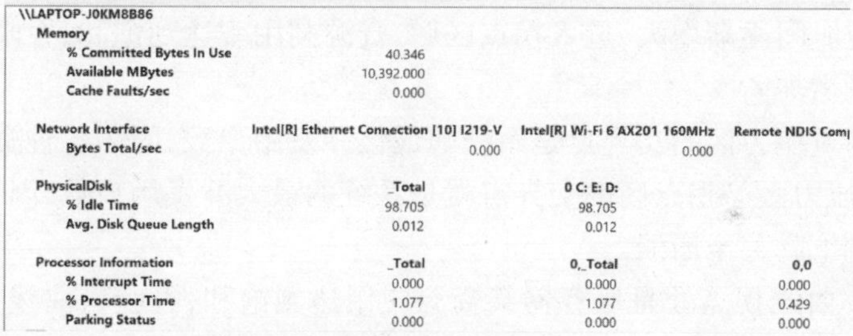

图 5 – 6　性能监视器

### 5. PV

PV（page view）是衡量 Web 网站性能容量的两个重要度量指标，PV 是页面的访问量，用户对同一页面的多次刷新，访问量累计。经常用在电子商务网站领域中用来衡量网站的活跃度。

PV 和 QPS 之间的关系：日 PV = QPS × 60 × 60 × 24，即 QPS 乘以一天的秒数。

峰值 QPS =（日 PV × 80%）/（60 × 60 × 24 × 20%），即每天 80% 的访问集中在 20% 的时间里，20% 时间叫作峰值时间。

UV（unique vistor）是独立访客，即一段时间内同一客户端访问同一页面只被记录一次，重复访问不累计。

PV 和 UV 按照周期（1 天、1h 等）统计，在一些数据或交易量非常庞大的场景中，如"双 11"或"618"等全民购物活动时，常常还会统计峰值 PV 和峰值 UV。

### 6. 常用性能指标之间的关系

图 5 – 7 描述了吞吐量、响应时间、系统资源和并发用户数之间的关系。

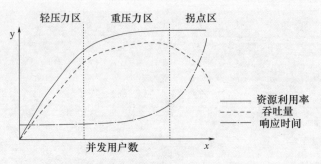

图 5-7　常用性能指标之间的关系

横轴代表并发用户数,纵轴代表资源利用率、吞吐量、响应时间。$X$ 轴区域从左往右分别是轻压力区、重压力区、拐点区。

(1)资源利用率。随着并发用户数的增加,资源利用率逐步上升,最后达到饱和状态。

(2)吞吐量。随着并发用户数的增加,多用户发挥出并行处理优势,吞吐量增加,进入重压力区后吞吐量逐步平稳,到达拐点区后资源利用率达到饱和,系统已经达到了处理极限,使得吞吐量急剧下降。

(3)响应时间。随着并发用户数的增加,在轻压力区响应时间很快,比较平缓,进入重压力区后响应时间逐渐增大,进入拐点区后,资源利用率达到饱和,吞吐量急剧下降,使得响应时间急剧增加。

轻压力区与重压力区的交界点是系统的最佳并发用户数,因为各种资源都利用充分,响应也很快;重压力区与拐点区的交界点就是系统的最大并发用户数,因为超过这个点系统性能将会急剧下降甚至崩溃。

资源利用率曲线拐点处是服务器某资源使用达到饱和,吞吐量曲线拐点处是吞吐量达到饱和,响应时间曲线拐点处是响应时间突然增加,均意味着系统的一种或多种资源利用达到极限,因此,可以利用拐点进行性能测试分析与定位。好的性能是负载、吞吐量、可接受的响应时间和资源利用率之间的一种平衡。

## 5.2　性能测试流程

性能测试流程主要包括分析性能需求、建立测试模型、创建测试场景、设计测试脚本、执行测试与监控、结构分析与调优,如图 5-8 所示。

图 5-8　性能测试流程

### 5.2.1 分析性能需求

分析性能需求是性能测试的第一步,也是至关重要的一步,是后续性能测试的基础。通常,在软件需求分析阶段,会考虑系统非功能需求,其中最重要的非功能需求就是性能需求。分析性能需求时,需要明确系统目标和了解系统构成,确定性能测试范围,给出可验证性的性能指标。

**1. 性能需求调研**

(1)系统物理架构与逻辑架构调研。了解系统的整体架构、服务器部署方式、中间件产品与配置、数据库配置、协议及通信方式等,了解系统体系结构、系统功能、提供的服务等。

(2)系统业务流程调研。了解系统的业务范围、基本业务类型与具体功能,分析业务流程,了解关键业务流程处理逻辑,选择关键业务纳入性能测试范围,了解业务分布、业务高峰时段、业务量、预期业务目标、业务发展趋势等。

(3)用户信息调研。了解系统的用户信息,了解系统的在线用户数、活动用户数等。

(4)性能指标调研。关注响应时间、吞吐量、事务成功率、各类资源利用率等指标。

**2. 性能测试必要性评估**

是否需要实施性能测试,需要进行性能测试必要性评估,通常在不同条件下,对各类评估项的权重进行分析。例如,将评估项分为关键评估项和一般评估项,关键项评估,只要有一项符合,就必须开展性能测试,而一般评估项,可通过加权计算,超过设定的阈值,则需要开展性能测试。性能测试必要性评估可以考虑以下几个方面。

(1)系统领域。涉及财产生命安全的系统,如电商系统、金融系统、医疗系统、航空航天系统等,需要进行性能测试。

(2)业务角度。如具有大量用户使用的核心业务,需要进行性能测试。

(3)系统架构。系统架构发生重大变化时,需要进行性能测试,因为不同架构性能差异较大。

(4)实时性。如果一个项目要求某个功能的响应时间,可以在大并发量的场景下,进行性能测试。

(5)数据库角度。当系统需要大数据量的并发访问、修改数据库时,性能瓶颈可能在于连接数据库的数量,而非数据库本身的负载、吞吐能力。这时,可以结合 DBA 的建议,决定是否进行性能测试。

(6)系统升级。当系统核心数据库、业务逻辑、软硬件升级时,需要进行性能测试。当业务量、用户量、应用节点、增长量在一定阈值(可根据实际情况调整)以上的,需要进行性能测试。

**3. 性能需求分析**

通过性能测试必要性评估,确定性能测试的必要性后,接下来就需要确定性能测试需求。

(1)确定性能测试范围。

（2）确定是否属于关键业务，如快捷签约、交易等接口。

（3）确定是否属于高频次业务，如在电商购物系统中查找商品、加入购物车、结算支付在每天的业务总量中占到 90% 以上。

（4）确定是否属于占用系统较多资源或性能影响大的业务。例如，某业务查询或提交操作时需要访问很多张数据表。

（5）确定各功能点的逻辑复杂度。如果一个主要业务的日请求量不高，但是逻辑很复杂，则也需要进行性能测试。因为在分布式方式的调用中，当某一个环节响应较慢，就会影响到其他环节，造成雪崩效应。

性能需求描述举例如下。

（1）打开页面速度 1s 以下，登录速度 5s 以下。

（2）系统支持 100 万个在线用户。

（3）支付订单成功率达到 99.999% 以上。

（4）在 100 个并发用户的高峰期，系统基本功能处理能力至少达到 10TPS。

（5）系统能在高于实际系统运行压力 1 倍的情况下，稳定运行 12h。

**4. 性能测试需求评审**

完成性能测试需求分析后，需进行性能测试需求评审。性能测试需求评审与功能测试需求评审类似，都需关注需求本身的可测性、一致性及正确性。通过评审后的性能需求作为后续性能测试实施活动的输入。

（1）可测性。无论是功能测试还是性能测试，都应该具备可测试性。当实施性能测试时，需要搭建相对真实的测试环境，否则，可认为被测对象不具备性能可测性。因为当测试环境与实际环境差异较大时，性能测试结果往往不被接受。

（2）一致性。测试需求应满足客户需求规格说明书中明确列出的性能需求项。

（3）正确性。保证性能测试指标的正确性，尽量减少返工、重新设计的风险。

### 5.2.2 建立测试模型

**1. 业务模型**

分析业务流程，建立业务模型，了解系统在某个时间段内运行的业务种类及其业务占比，即哪个业务在什么时段在运行，业务量是多少等。

**2. 测试模型**

对业务模型进行分析，找出需要进行测试的业务，建立测试模型。首先，对业务按功能进行拆分对象，如电商系统购买商品，具体流程环节包括"登录—查找商品—加入购物车—提交订单—支付—退出"。接着，明确业务占比、重要程度，确定重点测试对象，划分测试优先级。然后，建立测试模型，对虚拟用户进行资源分配，针对不同业务功能施加不同的负载。最后，分析相关业务功能所需基础数据及数据量问题，确定性能指标。

### 5.2.3 创建测试场景

创建测试场景是针对每种业务或综合业务设计测试场景。常用性能测试场景主要包括基准测试、压力测试、负载测试等，具体含义参照 5.1.2 节中的表 5-1。每类测试又可分为单业务测试和综合业务测试。单业务测试针对某个具体业务，通常包括一些核心业务模块对应的业务，模块功能比较复杂，使用比较频繁。综合业务测试需考虑业务与业务间的联系，模拟各个业务模块的组合并发情况，如果业务模块相互之间存在资源争用，则需单独组合测试。

### 5.2.4 设计测试脚本

根据场景设计，分析并开发所需的测试脚本，考虑被测业务可能存在的约束关系，确定脚本优化及增强方案。可以通过工具录制、代码实现等方式获得脚本，可以通过参数化用户输入、关联数据、增加事务、增加检查点等方式增强脚本。测试开始前，有时需要构造大量的数据，可以利用脚本或测试工具自动生成数据。例如，购物网站用户登录购买商品，为了更真实模拟不同用户登录、随机购买商品等行为，可构造大量的用户信息及商品信息数据，参数化登录用户名、随机购买的商品，保证每次登录的用户或购买的商品信息都不相同，尽可能模拟真实的业务行为。最后调试验证脚本。

### 5.2.5 执行测试与监控

利用性能测试工具执行测试用例，执行测试过程中，需要使用性能监控工具监控系统状态，收集性能测试过程中的各项数据，用于后续性能分析和调优。监控主要包括客户端和服务器系统资源（CPU、内存、磁盘等）监控、网络监控、JVM 监控、数据库监控、应用运行状况/日志监控等。系统资源监控在 Linux 下可以采用 vmstat、top、meminfo 工具等，在 Windows 下可以采用 Perform 工具等。JVM 监控可以采用 jprofiler 工具，Linux 下可以采用 jmap、jhat 工具等。每执行完一次测试，一般会增加很多数据，如果数据量的变化对后续测试会有影响，需要清理数据，以便有效执行后续测试。

### 5.2.6 结果分析与调优

运行测试用例后，收集相关信息，进行数据统计分析，找到系统性能瓶颈并进行性能调优。需要注意的是，调优只是一个辅助手段，良好的性能主要取决于良好的设计，因此在系统设计过程中一定要考虑性能因素。性能调优步骤如下。

（1）确定清晰的性能目标，并进行优先级排序。优化目标是基于当前的软硬件架构所期望系统达到的性能目标。

（2）定位性能瓶颈，列出可能造成该系统瓶颈的因素。例如，对于服务器端，需要重点关注的硬件指标包括 CPU、内存、硬盘、BIOS 配置,对于读写测试用例重点关注磁盘以及网络的 I/O 性能,对于计算密集型,需要关注 CPU 瓶颈。

(3)假设造成瓶颈的因素,测试假设是否成立。

(4)调优过程是迭代渐进的过程,首先找出主要的瓶颈,解决最容易的,再重复测试。一次修改一个瓶颈,不要对不需要的地方进行调优。

(5)调优完成之后,还要进行性能回归测试。

## 5.3 JMeter 性能测试工具

目前,市场上的性能测试工具较多,主流的性能测试工具[31]如表 5-3 所列。

表 5-3 主流的性能测试工具

| 性能测试工具 | 开发公司 | 介绍 | 商用/开源 |
| --- | --- | --- | --- |
| LoadRunner | HP 公司 | LoadRunner 是一款 C/S 架构的商业版性能测试工具,历史悠久,行业地位高,市场份额大,使用广泛,功能强大。LoadRunner 可适用于各种体系架构的自动负载测试,能预测系统行为并评估系统性能,能够对整个企业架构进行测试。该工具免费开放了 50 个虚拟用户,可供学习和使用。价格比较昂贵,一般小企业无力承担。<br>官网地址:https://saas.hpe.com/zh-cn/software/loadrunner | 商用 |
| JMeter | Apache 公司 | JMeter 最初只是测试 Web 应用,后来扩展到其他测试功能。最近几年发展异常迅速,是一款基于 Java 的压力测试工具,能够加载和测试许多不同的应用程序/服务器/协议类型。<br>官网地址:http://JMeter.apache.org/ | 开源免费 |
| kylinTOP | 深圳奇林软件有限公司 | kylinTOP 测试与监控平台是一款 B/S 架构的跨平台的集性能测试、自动化测试、业务监控于一体的测试平台。该工具开放 10 个免费虚拟用户可供学习和使用。易用性较好,录制过程高效便捷,录制脚本支持最新版本的常用浏览器,仿真能力是目前业界做得最好的性能工具,可以做到完全仿真浏览器行为。它是目前国内一款非常难得好用的性能测试工具,目前在军工领域、测评检测机构、国有企业、银行体系、大型企业有着广泛的应用。支持的协议较多,尤其在视频领域支持的协议非常多,具有独特的优势。<br>官网地址:http://www.70testing.com | 商用 |
| QALoad | Micro Focus | QALoad 是目前业内主流的大型性能测试工具之一,是客户/服务器系统、企业资源计划(ERP)和电子商务应用的自动化负载测试工具。QALoad 是 QACenter 的一部分,它通过可重复的、真实的测试,能够彻底地度量应用的可扩展性和性能 | 商用 |
| WebLOAD | Radview 公司 | WebLOAD 可用于测试系统性能和弹性,也可用于正确性验证。其测试脚本主要是用 Javascript 编写的,支持多种协议,因而可从所有层面对应用程序进行测试。WebLOAD 有免费和专业两个版本,免费版本支持 50 个虚拟用户,专业版还提供更多的报告和协议供用户选择。WebLOAD 通常用作 QA 团队的独立运行工具,在开发周期的验证阶段,被测系统投入使用之前,在模拟环境中对被测系统进行测试。<br>官网地址:http://www.radview.com/ | 商用 |

(续)

| 性能测试工具 | 开发公司 | 介绍 | 商用/开源 |
|---|---|---|---|
| RPT | IBM Rational 公司 | RPT（Rational Performance Tester）适用于基于 Web 的应用程序的性能和可靠性测试。RPT 将易用性与深入分析功能相结合,从而简化了测试创建、负载生成和数据收集,确保应用程序支持数以千计的并发用户并稳定运行 | 商用 |
| SilkPerformer | Micro Focus | SilkPerformer 是仅次于 LoadRunner 的大型性能测试工具,是业界领先的应用性能测试解决方案,支持目前业界主流应用平台,支持众多协议,突出增强了对 Web Service 性能测试的能力,在性能瓶颈诊断与分析功能的某些方面比 LoadRunner 还强大 | 商用 |
| OpenSTA | — | OpenSTA 是一个免费的、开放源代码的 Web 性能测试工具,能录制功能非常强大的脚本过程,执行性能测试。OpenSTA 基于 CORBA 的结构体系,它通过虚拟一个代理,使用其专用的脚本控制语言,记录通过代理的一切 HTTP/HTTPS traffic。通过分析 OpenSTA 的性能指标收集器收集的各项性能指标,以及 HTTP 数据,对系统的性能进行分析。其较为丰富的图形化测试结果大大提高了测试报告的可读性 | 开源 免费 |
| Locust | — | Locust 完全基于 Python 编程语言,采用 Pure Python 描述测试脚本,并且 HTTP 请求完全基于 Requests 库。除了 HTTP/HTTPS 协议,Locust 也可以测试其他协议的系统,只需要采用 Python 调用对应的库进行请求描述即可。但是需要手工编写脚本,有一定的难度 | 开源 免费 |

## 5.3.1 JMeter 介绍

JMeter 是 Apache 组织开发的基于 Java 的开源的性能测试工具,最初被设计用于 Web 应用测试但后来扩展到其他测试领域。

JMeter 可以对静态和动态资源(文件、Servlet、Perl 脚本、Java 对象、数据库和查询、FTP 服务器等)进行性能测试,测试大并发负载下服务器/脚本/对象的强度和性能,并通过图形可视化分析性能问题。JMeter 主要特性[32]包括:

(1)支持对多种服务类型测试;
(2)完全的可移植性,是纯 Java 程序;
(3)支持录制回放;
(4)完全多线程框架,允许通过多个线程并发取样和通过单独的线程组对不同的功能同时取样;
(5)GUI 设计允许快速操作和更精确的计时;
(6)缓存和离线分析/回放测试结果;
(7)具有高可扩展性。

JMeter 作为服务器与客户端之间的代理网关,通过代理方式截获客户端和服务器之间交互的数据,模拟服务器和客户端的真实运行环境(图 5-9)。

图 5-9 JMeter 工作过程

由于 JMeter 运行在 JVM 虚拟机上,每个进程开销比较大,如果以进程的方式来运行大量的并发,则需要更多的负载机,因此,JMeter 是通过线程组的方式驱动多个线程,模拟真实用户对服务器的访问压力。主要运行过程是首先建立一个线程池,通过多线程产生大量模拟用户负载,通过逻辑控制器控制执行过程,通过断言验证响应结果的正确性,通过监听器记录和展示测试结果。

### 5.3.2 JMeter 安装

由于 JMeter 是基于 Java 开发,首先需要安装 JDK,下载安装方法参见参照 2.1.6 节中 JDK 下载和环境变量配置部分。

**1. 下载 JMeter**

JMeter 官网下载地址:http://JMeter.apache.org/download_JMeter.cgi。下载 Binaries(已编译可运行)中最新版本 apache–JMeter–5.4.1.zip(图 5–10)。

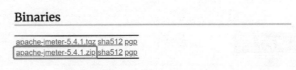

图 5–10 JMeter 官网下载

**2. 运行 JMeter**

解压后,双击 apache–JMeter–3.3\bin 路径下面的 jeter.bat,运行 JMeter。打开时会弹出 JMeter 的命令窗口和 JMeter 的图形操作界面,不能关掉 JMeter 的命令窗口(图 5–11 ~ 图 5–13)。

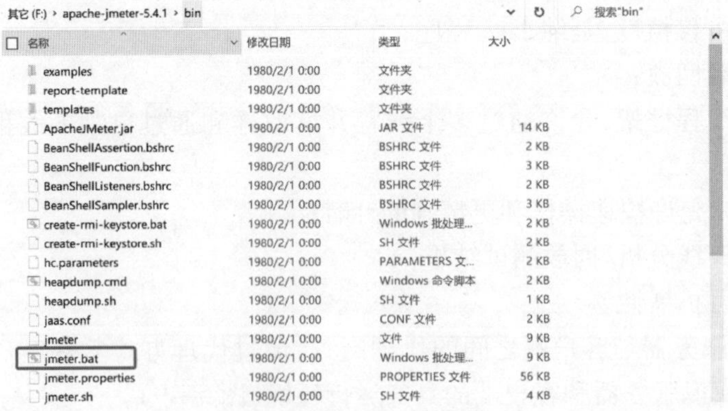

图 5–11 运行 JMeter

图 5-12　JMeter 命令窗口

图 5-13　JMeter 主界面

默认启动是英文,可以在选项中选择语言(图 5-14)。

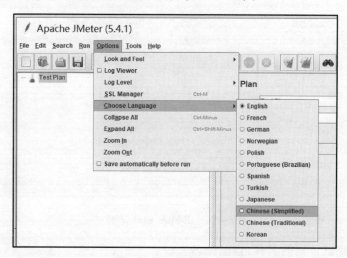

图 5-14　JMeter 语言选择

## 3. JMeter 界面

JMeter 界面主要包括菜单栏、工具栏、计划树和内容栏(图 5-15)。

菜单栏:全部的功能的都包含在菜单栏中。

计划树:采用树形结构显示测试用例(计划)中相关的元件(功能),计划执行过程默认是从根节点顺序遍历所有元件,当然,也可以使用控制器等控件去修改执行顺序。

内容栏:点击计划树中的某个元件,内容栏中可以显示或编辑相应的内容和操作。

工具栏:常用功能快捷按钮。

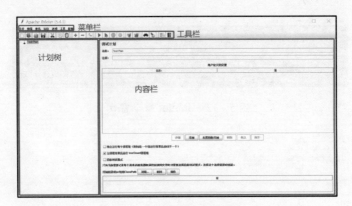

图 5-15　JMeter 界面

### 5.3.3　JMeter 基本概念和常用元件

**1. 测试计划**[33]

测试计划(test plan)用来描述一个性能测试,包含了该性能测试所有相关的功能。在一个脚本中测试计划是根节点,因此,测试计划只能有一个,测试计划相当于一个测试场景(图 5-16)。

图 5-16　JMeter 测试计划

(1) 名称。测试计划的名称,自己命名。
(2) 注释。对计划添加一些备注信息,便于理解计划。
(3) 用户定义的变量。一般设置一些全局变量,供计划中的所有线程使用。
(4) 独立运行每个线程组。勾选时,多个线程组随机启动执行;未勾选则等待前一个线程组运行结束后才启动下一个线程组。
(5) 主线程结束后运行 tearDown 线程组。在主线程因错误结束执行时,勾选会执行 tearDown 线程组;未勾选就不会执行 tearDown 线程组。
(6) 函数测试模式:勾选时,JMeter 会记录来自服务器返回的每个取样的数据,记录文件会快速的增大,很影响性能,建议仅在调试脚本的时候开启。

(7)添加目录 jar 包到 ClassPath(Add directory or jar to classpath)。需要调用的外部 jar 包可以在这里进行添加设置,如添加 json.jar。

**2. 线程组**

线程组(thread group)是测试计划的起点,一个测试计划中的所有元件都必须在某个线程组下,即所有的任务都是基于线程组的。线程组中的每一个线程都可以理解为一个虚拟用户。点击测试计划→添加→线程(用户)→线程组(图 5-17)。

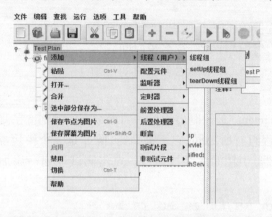

图 5-17　JMeter 添加线程组

虽然添加线程组有 3 个选项,名字不一样,创建之后,其界面是完全一样的(图 5-18)。除了普通线程组,还包括两个特殊类型的线程组,setUp 线程组和 tearDown 线程组。

(1)setUp 线程组(setUp thread group)。用于执行预测试操作。setUp 线程组会在普通线程组执行前触发。例如,测试商城订单功能时,必须要执行用户登录操作。

(2)tearDown 线程组(tearDown thread group)。用于执行测试后动作。tearDown 线程组会在普通线程组执行后触发。例如,测试商城用户订单完成后,需要执行用户退出操作。默认情况下,如果测试按预期完成,则 TearDown 线程组将不会运行。如果你想要运行它,则需要从 Test Plan 界面中选中复选框"主线程结束后运行 tearDown 线程组"。

图 5-18　JMeter 线程组

1)线程属性

(1)线程数(number of threads(users))。相当于模拟的用户数量,如 20,就代表 20 个虚拟用户。

(2)Ramp-up 时间(s)。启动所有线程需要的时间,单位是 s,默认是 1s。例如,线程数为30,时间设定为5s,就是5s启动30个线程,即每秒启动的线程数 = 30/5 = 6个。如果需要JMeter立即启动所有线程,将此设定为0即可。

(3)循环次数(loop count)。每个线程执行多少次。例如,循环次数为10,就是每个线程执行10次。如果勾选"永远",则一直执行下去,直到手动停止。

(4)延迟创建线程直到需要(delay thread creation until needed)。勾选,延迟线程创建,直到需要才创建。

2)调度器配置

(1)需要选中调度器(scheduler),调度器配置才生效。

(2)持续时间(s)。测试计划持续多长时间。

(3)启动延迟(s)。测试计划延迟多长时间启动。

### 3. 测试片段

测试片段(test fragment)是控制器上的一种特殊的线程组,在测试树上它与线程组处于一个层级。它与线程组有所不同,它不被执行,除非是一个模块控制器或者是被控制器(如取样器、逻辑控制器)引用时才会被执行。点击测试计划→添加→测试片段→测试片段(图5-19)。

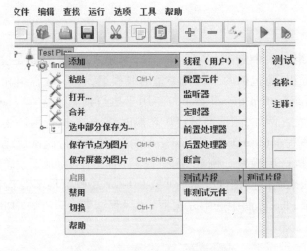

图5-19 JMeter添加测试片段

### 4. 取样器

取样器(sampler)是用于模拟用户操作,向服务器发送请求并记录响应信息。JMeter支持多种不同的取样器,如HTTP、FTP、TCP、JDBC等多种协议取样器,不同类型的取样器需要设置不同的参数,向服务器发出请求。例如,HTTP请求取样器就是模拟浏览器向服务器发送HTTP请求,并接收服务器的响应数据。点击线程组→添加→取样器(图5-20)。

### 5. 逻辑控制器

逻辑控制器(logic controller)是用于控制取样器的执行顺序,因此逻辑控制器需要和取样器一起使用。逻辑控制器包含两类:一类是用于控制测试计划中取样器节点发送请求的逻辑执行顺序,如如果(If)控制器、循环控制器等;另一类是用来组织可控制取样器节点,如事务控制器、吞吐量控制器等。点击线程组→添加→逻辑控制器(图5-21)。

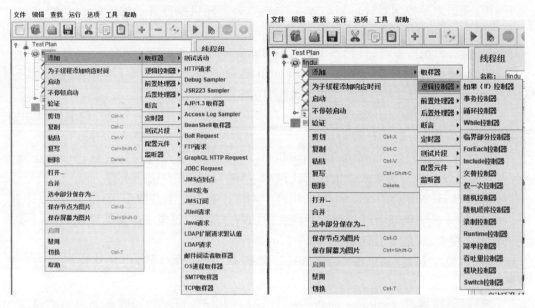

图5-20　JMeter添加取样器　　　　图5-21　JMeter添加逻辑控制器

JMeter 5.4 中逻辑控制器有17个,简单介绍如下。

(1)简单控制器(simple controller)。JMeter里最简单的一个控制器,它可以组织取样器和其他的逻辑控制器(分组功能),提供一个块的结构和控制,并不具有任何逻辑控制或运行时的功能。

(2)循环控制器(loop controller)。指定其子节点运行的次数。如果设置了线程组的循环次数为5,循环控制器的循环次数为2,则循环控制器子节点运行的次数为10次。

(3)交替控制器。循环时顺序迭代交替控制器下的取样器,例如,在线程组中添加子节点循环控制器,循环控制器添加子节点交替控制器,交替控制器下有3个取样器1、2、3,如果循环控制器设置循环次数2次,则取样器执行顺序为1—2—3—1—2—3。

(4)While 控制器。执行该控制器下所有节点,直到设置的条件为假时,才会跳出控制器,执行后续节点。

(5)仅一次控制器(once only controller)。该控制器下的子节点对每个线程只执行一次,如登录场景经常会使用到这个控制器。如果仅一次控制器是循环控制器的子节点,仅一次控制器在每次循环的第一次迭代时均会被执行。

(6)ForEach 控制器(forEach controller)。ForEach 控制器一般和用户自定义变量一起使用,该控制器下的取样器或控制器都会被执行一次或多次,每次读取不同的变量值。

(7)If 控制器(if controller)。如果条件表达式的值为真,执行该节点下的子节点,否则不执行子节点。

(8)Switch 控制器(switch controller)。Switch 控制器通过 Value 值,决定运行哪个取样器。当 Value 为空时,默认执行第1个子节点元素。Value 有两种赋值方式:一是数值,Switch 控制器下的子节点从0开始计数,通过指定子节点所在的数值确定执行哪个节点;二是非数值,如匹配取样器的名称,当指定的名称不存在时,不执行任何元素。

(9)随机控制器(random controller)。随机执行其下的某个子节点。

(10)随机顺序控制器(random order controller)。随机执行其下的所有子节点。

(11)Runtime 控制器(runtime controller)。如果其下所有节点总运行时间小于设置的 Runtime 时间,再执行一遍,直到等于设置的 Runtime 时间,跳出控制器。

(12)临界部分控制器(critical section controller)。确保其子节点(取样器/控制器等)每次只允许一个线程执行,不允许并行执行,功能类似于同步锁。

(13)事务控制器(transaction controller)。事务控制器会生产一个额外的取样器,用来统计该控制器子节点的所有时间。

(14)吞吐量控制器(throughput controller)。控制其子节点的执行次数与负载比例分配,可以通过设置运行次数或设置运行比例(1~100)控制节点执行次数。

(15)Include 控制器(include controller)。测试过程中如果需要引用外部的测试计划,可以用 Include 控制器获取外部测试片段文件执行。注意:如果 jmx 文件中有 cookie 或者用户自定义变量,可能无法起效。

(16)模块控制器(module controller)。跳转到选定的控制器位置并执行对应的控制器。

(17)录制控制器(recording controller)。录制脚本时,指示代理服务器应该将录制的脚本存放在何位置,测试执行期间记录测试样本。

**6. 配置元件**

配置元件(config element)对参数进行配置,设置默认值和变量。点击线程组→添加→配置元件(图 5 - 22)。

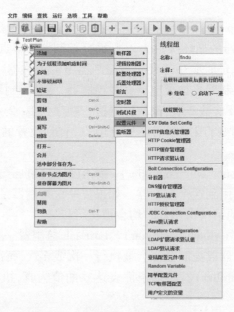

图 5 - 22　JMeter 添加配置元件

JMeter5.4 中配置元件共有 20 个,下面介绍几种常用的配置元件。

(1)参数化配置元件(CSV data set config)。配置获取 csv 文件中的数据(图 5 - 23)。

图 5-23　JMeter 参数化配置元件

文件名:csv 文件的名称。可以采用绝对路径和相对路径,如果采用相对路径,则直接填入文件名,并将该文件放在 JMeter 的 bin 目录下。

文件编码:文件读取时的编码格式,不填则使用操作系统的编码格式,如果文件有乱码,一般选择 utf-8、gbk 等。

变量名称:csv 文件中各列的名称,多个变量名之间必须用分隔符(英文逗号)分隔。如果该项为空,则参数文件首行会被读取并解析为列名列表。

忽略首行:只在设置变量名称后才生效,如果 csv 文件中没有表头,则选择 False。

分隔符:参数分隔符,将一行数据分隔成多个变量,默认为逗号,也可以使用"\t"。

是否允许带引号:默认是 False,如果是 True,变量可以括在双引号内,并且这些变量名可以包含分隔符。例如,"ab,c"变量名就是 ab,c。

遇到文件结束再次循环:是否循环读取 csv 文件内容,默认为 True,继续从文件第一行开始读取,False 是不再循环。

遇到文件结束停止线程:默认为 False 时,不停止线程,当"遇到文件结束再次循环"设置为 True 时,此项无意义。

线程共享模式:

①所有线程。默认为所有线程,针对所有线程组的所有线程,每个线程取值不一样,依次取 csv 文件中的下一行。

②线程组。以线程组为单位,每个线程组内的线程都会从第一行开始取值并依次往下进行取值。

③当前线程。每个线程都会从第一行开始取值并依次往下进行取值,在同一次循环中所有的线程取值一样。

前两种模式下,多个线程会互相影响,例如,线程 1 读取第一行数据后,线程 2 就会读取第二行,线程 1 再次读取时会读取第三行,以此类推。第三种模式下,各个线程互不影响,只按自身的顺序去读取文件,例如线程 1 读取第一行后,下次会读取第二行,线程 2 也是如此。

(2)HTTP 信息头管理器(HTTP header manager)。可以对取样器的 header 进行管理。HTTP 信息头管理器内容可以通过浏览器或者抓包工具查看实际请求的 Request Headers。

(3)HTTP Cookie 管理器(HTTP cookie manager)。可以对测试计划的所有 cookie 进行管理。HTTP Cookie 管理器会记录服务器返回的 cookie 信息,并在发送请求时自动添加上合适的 cookie。

(4)HTTP 缓存管理器(HTTP cache manager)。HTTP 缓存管理器用于模拟浏览器的

Cache 行为。测试计划添加该元件后,测试计划运行过程中会使用 Last – Modified、ETag 和 Expired 等决定是否从 Cache 中获取相应的元素。

(5)HTTP 请求默认值(HTTP request defaults)。如果多个请求都是发送给同一个服务器,就可以配置 HTTP 请求默认值。例如,多个请求的 IP、端口、请求方法、路径都相同,可以添加 HTTP 请求默认值,这样所有的请求只需要设置请求数据,不需要再设置 IP、端口、请求方法和路径。HTTP 请求默认值不会触发 JMeter 发送 HTTP 请求,只是定义 HTTP 请求的默认属性。

(6)HTTP 授权管理器(HTTP authorization manager)。用于设置自动对一些需要 HTML 验证的页面进行认证和登录。

(7)计数器(counter)。用于记录测试执行过程中迭代次数。可以在线程组任何位置创建,允许用户配置起点、最大值和增量。配置后,计数器将从起点循环到最大值,然后重新开始,直到线程结束。

(8)JDBC 连接配置(JDBC connection configuration)。配置数据库连接的参数,连接后可以测试数据库的性能和稳定性(图 5 – 24)。

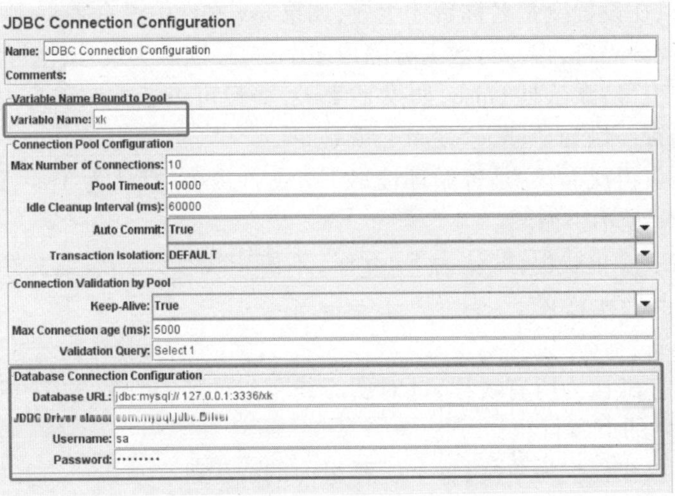

图 5 – 24　JMeter JDBC 连接配置器

Variable Name:自定义数据库连接池的名字,在 JDBC Request 中会用到。

Database URL:数据库连接地址,MySQL 格式为 jdbc:mysql://数据库 IP 地址:数据库端口/数据库名称。

JDBC Driver class:数据库驱动类,MySQL 格式为 com. mysql. jdbc. Driver。

注意:不同数据库的驱动类和 URL 格式不同。数据库驱动 jar 包需要在测试计划界面最下面的 Library 中导入(图 5 – 25)。

Username:数据库登录名。

Password:数据库登录密码。

JDBC 连接配置参数设置好后,JDBC Request 可以向数据库发送请求(图 5 – 26)。

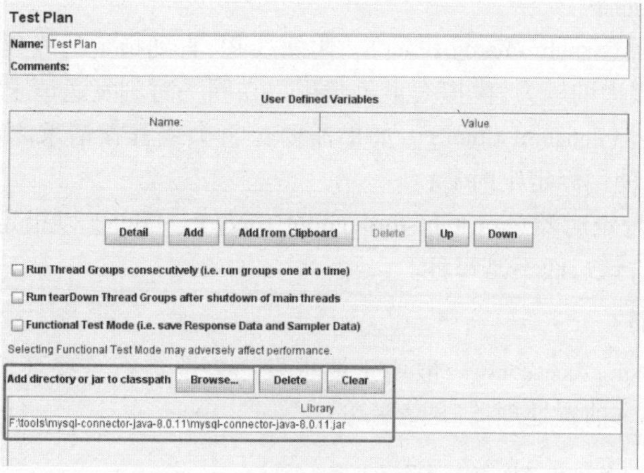

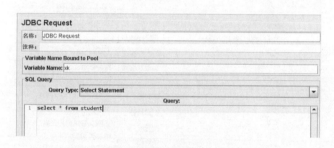

图 5 – 25　JMeter 导入数据库驱动 jar 包

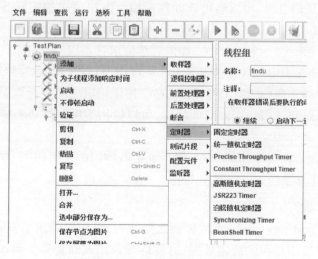

图 5 – 26　JMeter JDBC Request 界面

### 7. 定时器

定时器(timer)用于设置等待时间,等待时间常用于控制客户端在一定时间内发送请求数量。点击线程组 – 添加 – 定时器(图 5 – 27)。

图 5 – 27　JMeter 添加定时器

常用的定时器如下。

（1）同步定时器（synchronizing timer）。阻塞线程，直到指定的线程数量到达再一起释放，可以瞬间产生很大的压力，模拟大量负载用户在同一时刻发送请求。

（2）固定定时器（constant timer）。如果需要让每个线程在请求之前按相同的指定时间停顿，那么，可以使用固定定时器；

（3）常数吞吐量定时器（constant throughput timer）。JMeter 以指定的吞吐量执行，要求指定每分钟的执行数，而不是每秒。

### 8. 前置处理器

前置处理器（per processors）一般用于请求发送之前进行一些环境准备或参数设置。点击线程组 - 添加　前置处理器（图 5 - 28）。

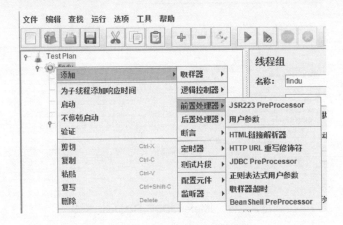

图 5 - 28　JMeter 添加前置处理器

常用的前置处理器如下。

（1）HTTP URL 重写修饰符（HTTP URL Re - writing modifier）。实现 URL 重写，当 URL 中有 SessionID 信息时，可以通过该处理器填充发出请求的实际 SessionID。例如，某系统只允许登录成功的用户才可以访问，当用户登录成功后会返回一个 SessionID 给用户，后续访问需要验证这个 SessionID。如果后续请求都是以 Get 的方式提交表单，SessionID 则需要附加在每个 URL 中，这种重复工作可以用 HTTP URL 重写修饰符。

（2）数据库预处理器（JDBC PreProcessor）。用于请求之前进行数据库操作。例如，修改用户信息时，需要知道用户修改前的信息，可以使用 JDBC PreProcessor 进行查询，类似于取样器的 JDBC Request。

（3）取样器超时（sample timeout）。用于设定取样器的超时时间，如果完成时间过长，该超时器会调度计时器任务以中断样本。

### 9. 后置处理器

后置处理器（post processors）在取样器之后执行，可以对请求后获得的响应数据进行处理，一般用来提取响应中的特定数据，方便后续调用或断言等。例如，系统登录成功后需要获取 SessionID，就可以用后置处理器中的各种提取器来完成。点击线程组 - 添加 - 后置处理器（图 5 - 29）。

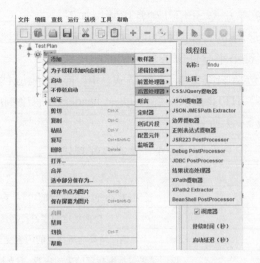

图 5-29　JMeter 添加后置处理器

常用的提取器如下。

(1)XPath 提取器。使用路径表达式在 XML 文档中选取节点。

(2)正则表达式提取器。使用正则表达式从服务器响应中提取值。

(3)JSON 提取器。使用 JSON – PATH 语法从 JSON 格式的响应中提取数据。

(4)JDBC PostProcessor。可以在运行测试后立即运行一些 SQL 语句,与 JDBC Request 功能类似。例如,测试样本更改了一些数据,测试完成后,想将状态重置为运行之前的状态。

**10. 断言**

断言(assertions)是用于检查系统响应的数据是否符合预期,例如,要判断服务器返回的页面是否正确,可以设置检查点,对页面中的某一字段或内容与预期结果进行匹配,如果匹配成功就认为正确。一个取样器可以添加多个断言,多个断言都通过才算成功。点击线程组 – 添加 – 断言(图 5 – 30)。

图 5-30　JMeter 添加断言

JMeter 提供 15 种断言方式,介绍几种常用断言如下。

(1)响应断言。最常用的一种断言方法,可以对各种返回类型的结果进行验证。允许用户通过添加模式字符串来验证服务器返回的响应数据。

要测试的响应字段包括响应文本、文档格式、URL 样本、响应代码、响应信息、HTTP 响应首部(response headers)、HTTP 请求首部(request headers)、忽略响应状态(ignore status)。

模式匹配规则如表 5-4 所列。

表 5-4　模式匹配规则

| 项 | 说明 |
| --- | --- |
| Contains | 返回的结果包括所指定的内容,支持正则匹配 |
| Matches | 根据指定内容进行匹配 |
| Equals | 返回结果与所指定的内容完全相同 |
| Substring | 返回结果包括所指定结果的内容,不支持正则表达式匹配 |

(2)持续时间断言(duration assertion)。判断响应结果是否在给定时间内返回。

(3)数据包字节大小断言(size assertion)。判断响应结果是否包含正确数量的字节。可使用运算符 =、! =、>、<、> =、< =。

(4)XPath 断言(XPath assertion)。常用于响应结果返回的是 XML 格式内容。

(5)BeanShell 断言(beanshell assertion)。支持各种开发语言,可以通过脚本自定义断言失败提示预期结果、实际结果,或者失败时把结果输出到日志等。

**11. 监听器**

监听器(listener)可以对测试结果数据进行处理和可视化展示。JMeter 提供了多种性能数据的监听器,不同的监听器可以监听不同的性能数据,通常需要组合多种监听器,以便更好地分析性能瓶颈。点击线程组 - 添加 - 监听器(图 5-31)。

图 5-31　JMeter 添加监听器

常用的监听器如下。

(1)查看结果树。以结果树的形式显示测试结果,如查看线程的请求和响应信息。一般用于调试,因为它会消耗大量内存和 CPU 资源。

(2)聚合报告。记录测试的请求数、用户响应时间、错误率、吞吐量、每秒接收或发送字节数等,用以分析被测试系统的性能。

(3)图形结果。通过图形展示出本次性能测试数据的分布,包括请求数、平均值、偏离、吞吐量、中间值等。图形结果一般作为聚合报告的辅助分析。

(4)生成概要结果。生成测试运行的摘要到日志文件或标准输出。

(5)断言结果。设置断言,可以查看断言结果。

**12. JMeter 元件执行顺序**

JMeter 元件执行顺序是"配置元件—前置处理器—定时器—取样器—后置处理器—断言—监听器",其中前置处理器、后置处理器、断言等元件功能对取样器起作用,如果它们作用域内没有取样器,则不会执行。如果同一作用域有多个同类元件,按照计划数顺序执行。

## 5.4 JMeter 应用实例

以大学生软件测试大赛赛题为实例,不建议到 Apache JMeter 官网下载 JMeter,因为官网中的 JMeter 没有 MoocTest 插件,无法进行慕测测试。注册登录慕测平台,进入工具下载页面(http://www.mooctest.net/tools/)下载 JMeter 性能测试工具。安装打开 JMeter,菜单栏上会出现 MoocTest 插件(图 5-32 和图 5-33)。

图 5-32 慕测平台工具下载界面

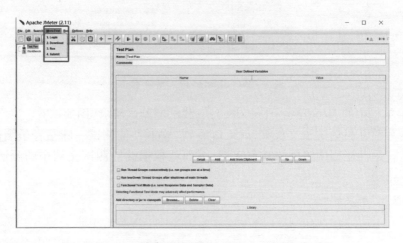

图 5-33 带有 MoocTest 插件的 JMeter 界面

**例 5-1：【软件测试大赛练习题】咪咕音乐性能测试**

登录慕测官网,在练习题中找到"慕测 Web 应用测试_长期练习(新)",进入打开咪咕音乐性能测试,找到客户端密钥,点击右侧复制密钥(图 5-34)。

图 5-34 慕测平台咪咕音乐性能测试题目

打开 JMeter,点击菜单栏中的 MoocTest→Login,将复制的密钥粘贴进密钥框里,点击确定,登录成功(图 5-35)。

图 5-35 JMeter 输入题目密钥

点击菜单栏中的 MoocTest→Donwload,下载试题测试需求(图 5-36)。

打开咪咕音乐性能测试文件夹,就可以看到"Web 性能测试-咪咕音乐测试.pdf"文档,即咪咕音乐性能测试题目的需求文档,下面就根据性能测试文档中的测试要求进行操作(图 5-37)。

Apache JMeter (2.11)
File Edit Search MoocTest Run Options Help
Test Plan
WorkBench
WorkBench
Name: WorkBench
Comments:
Save WorkBench
下载提示
成功下载所有案例至文件夹:C:\Users\gffly\Downloads\apache-jmeter-2.11-mooctest\mooctest-jmeter-v5\projects\5295\10779\
注意:
每个子文件夹代表一道案例,子文件夹中有案例文件。
每道案例都需要提交测试脚本,注意不要遗漏。
确定

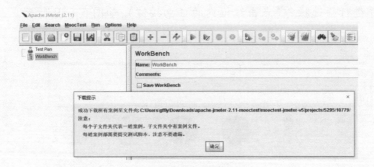

图 5-36　JMeter 下载题目

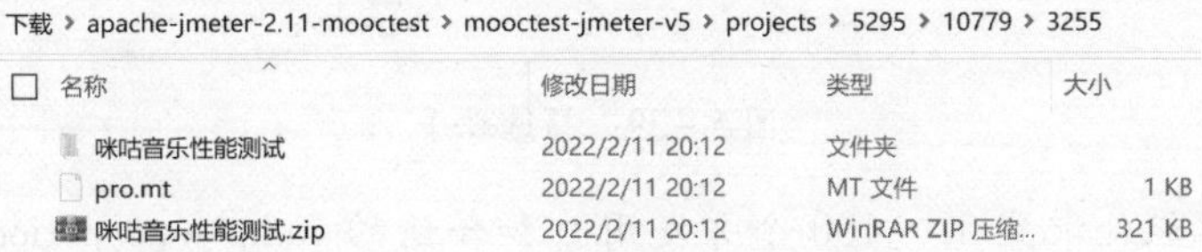

下载 › apache-jmeter-2.11-mooctest › mooctest-jmeter-v5 › projects › 5295 › 10779 › 3255
名称
修改日期
类型
大小
咪咕音乐性能测试
2022/2/11 20:12
文件夹
pro.mt
2022/2/11 20:12
MT 文件
1 KB
咪咕音乐性能测试.zip
2022/2/11 20:12
WinRAR ZIP 压缩...
321 KB

图 5-37　下载题目文件夹

咪咕音乐性能测试需求文档如下:

被测测试

a)系统名称:咪咕音乐

b)系统链接:https://music. migu. cn/v3

测试工具

慕测 JMeter 客户端。在编写脚本时,请使用最新版本的慕测 JMeter 客户端。如不使用最新版本可能造成得分显示错误以及评分无法上传的情况。

测试范围

对"咪咕音乐"中的"歌手搜索"功能进行性能测试,在测试过程中必须按要求对录制的脚本进行修改(包括参数化、集合点(synonymous timerus timer)、事务(step)等)。

测试要求

1. 创建名为 migu 线程组(thread group),该线程组负责咪咕音乐-歌手搜索功能进行性能测试,相关的操作应放置在该线程组中。

a)操作流程:

i. 进入咪咕音乐页面,点击"歌手",如图 5-38 所示。

新歌《酒》
录制花絮
胖胖胖
歌单推荐

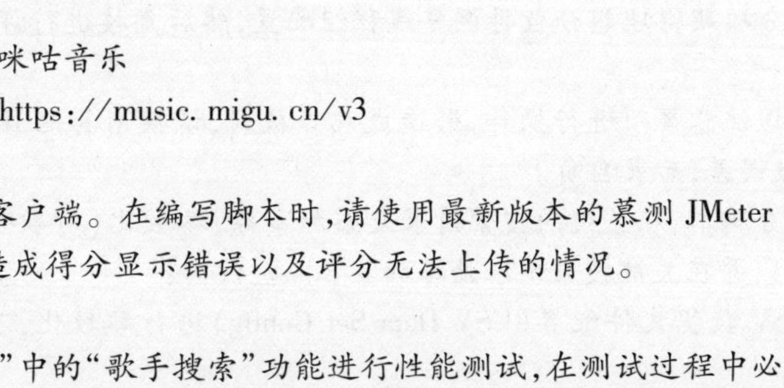

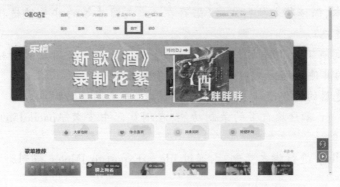

图 5-38　咪咕音乐首页

ⅱ. 对歌手进行筛选操作(点击红框内的任意按键),如图 5-39 所示。

图 5-39 筛选歌手

b)在该线程组处配置 50~100 个并发用户和合适的 ramp-up period,线程组执行时间为 1min。

注意:在使用 JMeter 自带的 run 功能时,不要使用超过 30 的线程数运行脚本,否则会造成端口被封。正确流程是:使用较小线程数(10 以内)运行脚本和进行评分,保证除线程组以外的评分项获得理想分数再调整线程组配置,然后直接进行评分,不使用 JMeter 自带的 run 功能。

请严格按照该注意事项进行操作,若造成端口被封,请换用其他 IP 和端口。如果还是不行,造成分数误差,后果自负。

c)对于这部分脚本,在关键的搜索请求处添加事务、参数化(对歌手筛选页面的参数进行参数化配置),并在关键搜索请求处添加集合点。注意:

ⅰ. 请使用 CSV 数据文件配置(CSV Data Set Config)进行参数化,不要使用 CSVRead 等方式;

ⅱ. 参数文件请使用 csv 格式;参数文件中最多包含 10 组数据即可,测试数据过多会导致评分速度过慢;

ⅲ. 请将参数文件和脚本文件放在同一级文件夹下,并在 CSV 数据文件配置中使用相对地址作为参数文件名,如 data.csv,不需要在文件名前使用 ./。文件不在同级目录、使用绝对地址以及在文件名前使用 ./这 3 种行为都会造成评分误差;

ⅳ. 事务的位置、参数化的位置和集结线程数请自行配置。

2. 整理脚本,保证脚本执行成功(若存在 css 或图片等的非关键链接执行失败,可以删除掉这部分链接)。

3. 脚本编写有下面 3 种方法,选择一种方法即可,推荐使用后两种较为简单的方法。这 3 种方式外的其他编写方式可能会出现评分失败的情况。

a)使用浏览器的开发者工具捕获 HTTP 请求,并手动编写脚本。

b)使用 JMeter 客户端自带的录制功能,在浏览器中安装 ApacheJMeterTemporaryRoot-CA.crt,录制脚本。

c)使用 Badboy 进行脚本录制后,通过 file→Export to JMeter 得到脚本。

下面就根据性能测试文档中的测试要求进行操作。

**1. 脚本录制**

根据需求中的操作流程,使用 Badboy 进行脚本录制。

Badboy,是浏览器模拟工具,具有录制和回放功能,支持对录制出来的脚本进行调试,还有多种参数化、图表报告等功能,可用于自动化测试。目前使用 Badboy 主要进行脚本录制,然后转换成 JMeter 脚本,所以最好是在导入 JMeter 之后再进行参数化、脚本修改等操作。

打开 Badboy 客户端,如图 5 - 40 所示,点击圆圈开始录制脚本,地址栏中输入咪咕音乐网站地址,点击右侧的箭头,进入到目标网页。根据测试需求文档中测试要求中操作流程,在 Badboy 中进行相应的操作,录制脚本如图 5 - 41 所示。

图 5 - 40　Badboy 界面

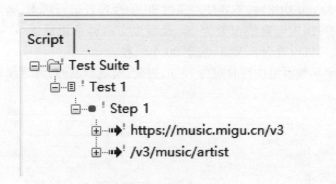

图 5 - 41　Badboy 录制脚本

录制完成后,点击菜单栏 File →Export to JMeter 导出 . jmx 文件,如图 5 - 42 所示。

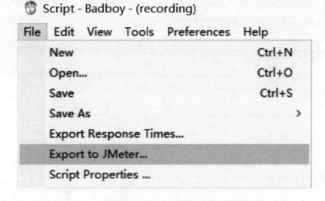

图 5 - 42　Badboy 录制脚本导出 jmeter 文件

## 2. 线程组名称命名

进入 JMeter,点击文件→打开,打开刚刚 Badboy 导出的 .jmx 文件,右键 Test Plan→添加→线程(用户)→线程组,根据需求文档要求,将线程组名称改为 migu,如图 5-43 所示。

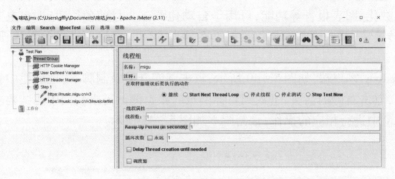

图 5-43　JMeter 导入脚本线程组命名为 migu

## 3. 线程相关数据设置

测试需求中要求线程组配置 50~100 个并发用户和合适的 ramp-up period,但如果使用 JMeter 自带的 run 功能时,不要使用超过 30 的线程数运行脚本,否则会造成端口被封。因此,调试时可以先设置线程数为 20,最后提交前再重新设置 50~100 个线程数。Ramp-up Period 可以设置为 5,即 5s 启动 20 个线程。

测试需求中要求线程组执行时间为 1min,因此,勾选调度器,将持续时间设置为 60s,如图 5-44 所示。

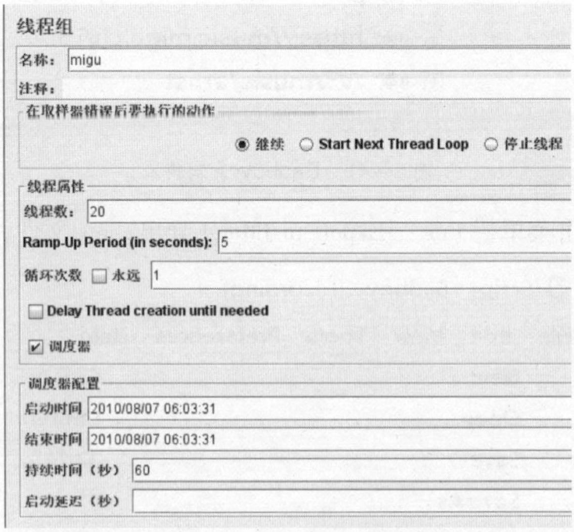

图 5-44　JMeter 线程组配置

## 4. CSV 数据文件配置

在歌手页面(图 5-45)选择歌手,HTTP 请求中包含 4 个参数:tagId(华语、欧美、日韩)、type(男、女、组合)、firstLetter(A~Z)和 page(第几页)。

图 5-45 咪咕音乐歌手界面

由于 Badboy 没有录到该参数页面,所以在线程组下的循环控制器加一个 HTTP 请求,如图 5-46 所示。

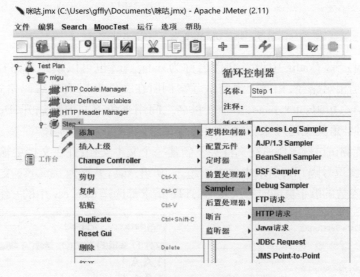

图 5-46 JMeter 添加 HTTP 请求

参照 Badboy 录制的脚本中其他页面 HTTP 请求设置,将 Web 服务器名称填写为 music.migu.cn,端口号为 443,协议为 https,路径是/v3/music/artist。然后,根据测试需求,对搜索请求进行参数化设置,对页面中的 4 个参数 tagId、type、firstLetter、page 设置参数名称和参数值,参数值为 ${变量名},如图 5-47 所示。

图 5-47 JMeter HTTP 请求配置

在线程组中添加 CSV Data Set Config，如图 5-48 所示。

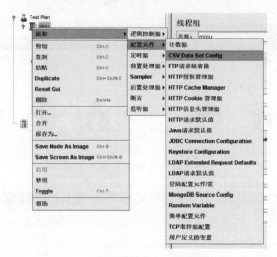

图 5-48  JMeter 添加数据文件配置

在 CSV Data Set Config 中设置文件名称为 data.csv（也可以填绝对路径，这里直接填的文件名用的是相对路径，相对于当前试题案例所在文件夹），文件编码格式为 utf-8，变量名为 tagId，type，firstLetter，page，多个变量名之间用半角英文逗号隔开，Delimiter 中默认为逗号，表示用半角英文逗号来分隔不同的变量值，如图 5-49 所示。

在当前性能测试试题案例所在文件夹下新建一个文本文档，并在文档中输入上述 4 个变量值（用半角英文逗号隔开），需求中要求不超过 10 组，然后另存为 data.csv 文件，如图 5-50 所示，即访问带参数的歌手页面时每次发送 HTTP 请求都选择 data.csv 中的一组参数值。

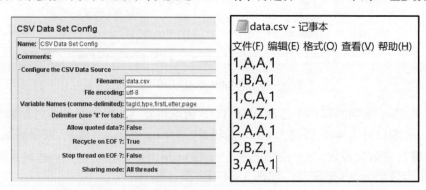

图 5-49  JMeter 数据文件配置　　　　图 5-50  data.csv 文件

### 5. 事务控制器设置

在 migu 线程中添加一个事务控制器，并将关键的搜索请求移入事务控制器下，如图 5-51 所示。

### 6. 定时器设置

在需要进行参数化的步骤下添加一个同步定时器 Synchronizing Timer，自行设置 Number of Simulated Users to Group by，如图 5-52 所示。

图 5-51　JMeter 事务控制器

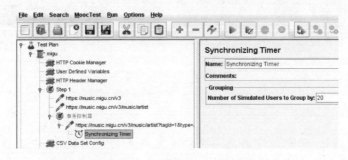

图 5-52　JMeter 同步定时器

**7. 查看结果树添加**

在 migu 线程组上添加查看结果树，点击 JMeter 中的运行按钮，可以通过结果树查看测试运行情况，如图 5-53 所示。

图 5-53　JMeter 查看结果树

**8. 测试运行提交**

采用慕测平台运行 JMeter 脚本，可以把 migu 线程组线程数调整为 80，ramp-up period 调整为 10，点击菜单栏 MoocTest 下的 Run 运行 JMeter 脚本，最后得到结果分数如图 5-54 所示。最后通过 Submit 将运行结果提交到赛题官网。

图 5-54　慕测运行成绩

# 第 6 章
# 嵌入式系统测试

嵌入式系统设计、开发与应用是一个快速发展着的技术领域,在工业控制、汽车、航天、军工等方面具有基础且重要的地位。尽可能减少嵌入式系统的内在缺陷、提升系统质量,是保证嵌入式系统稳定性、鲁棒性的重要支撑。近年来,针对嵌入式系统的测试愈发被软件测试人员重视。然而,由于嵌入式系统通常包含软件和硬件两个范畴,不同于一般的软件测试方法,对于嵌入式测试需要考虑的因素更多,也更加复杂。

## 6.1 嵌入式系统

嵌入式系统是嵌入式系统测试(一般也称为嵌入式测试)的对象,在对嵌入式测试相关理论与技术进行介绍之前,首先需要对嵌入式系统本身具有清晰的认识。本节将对嵌入式的产生背景、学界对其定义、分类、特点及未来发展的趋势进行介绍。有相关知识背景的读者可以跳过本节。

### 6.1.1 初步认识嵌入式系统

**1. 嵌入式系统产生与发展的背景**

嵌入式系统出现在 20 世纪 60 年代,在第二代晶体管计算机系统投入生产后,其体积小、重量轻、耗电少、可靠性高的特点,使得许多专用数字计算机涌现,如美国海军舰载轰炸机"民团团员"号研制的多功能数字分析器(Verdan)。1965 年到 1970 年,在第三代集成电路化计算机系统大范围应用后,许多重要领域开始引入嵌入式系统实现控制等功能,如航天、工业控制等。

1971 年,Intel 公司推出第一片微处理器 Intel4004,这一发明具有跨时代的意义,对于嵌入式系统发展起到极大的推动作用。人们不必为设计一台专用机而研制专用的电路,只需要以微处理器为基础进行设计。1982 年,第一代数字信号处理器(DSP)出现,相较于同期中央处理器(CPU)快 10~15 倍。DSP 类似于 CPU,但是拥有截然不同的架构,在放弃 CPU 的通用性后,其功耗、处理速度等方面都超过同期 CPU,这使得其完全适配嵌入式系统对处理器的要求,进一步促进了嵌入式系统发展。

与此同时,软件技术、开发工具等迅速发展,使得嵌入式系统应用走向纵深发展,且搭载嵌入式系统的产品逐步走入千家万户。可以看出,嵌入式系统的每一次进步都依赖于处理设备的发展(图6-1)。

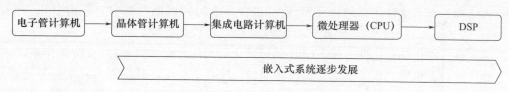

图 6-1 硬件与嵌入式系统发展

### 2. 嵌入式系统的定义

现代计算技术划分为两大分支:其一是通用计算机系统,适用于高速、海量的数值计算;其二是嵌入式系统,一般具有体积小、功耗低、成本小及可裁剪性强的特点。嵌入式系统是一个特定的计算机系统,但很难对"嵌入式系统"给出一个固定的定义。本质原因是嵌入式系统相关技术在不停发展。下面是一些较为常见的关于嵌入式系统的描述[34]。

(1)嵌入式系统在硬件和软件功能上的局限性比通用计算机系统大得多。

(2)一个嵌入式系统是被设计用于某一个特定功能的。

(3)嵌入式系统一般都有较高的可靠性和质量要求。

事实上,关于嵌入式系统功能的局限性的说法只能说部分正确,伴随软件技术的发展,嵌入式系统的功能也越来越丰富。

1)定义

根据 IEEE(国际电气和电子工程师协会)的定义,嵌入式系统是"控制、监视或者辅助设备、机器和车间运行的装置"(devices used to control, monitor, or assist the operation of equipment, machinery or plants)。这主要是从工业应用上加以定义的,可以看出,嵌入式系统是软件和硬件的综合体,还可能包括机械等附属装置。

目前,国内一个普遍认同的定义是:以应用为中心、以计算机技术为基础,软件硬件可裁剪,适用于对功能、可靠性、成本、体积、功耗严格要求的专用计算机系统。

表 6-1 是一些现实生活中嵌入式系统的应用领域。

表 6-1 嵌入式系统应用领域与示例

| 应用领域 | 嵌入式设备 |
| --- | --- |
| 汽车 | 点火系统、发动机控制系统、刹车系统等 |
| 消费电子 | 电视、机顶盒、厨房电器、电话机、照相机、GPS 等 |
| 工业控制 | 机器人技术与控制系统等 |
| 医疗 | 输液泵、透析机、心脏监护等 |
| 网络 | 路由器、集线器、网关等 |
| 办公自动化 | 传真机、复印机、显示器、扫描仪等 |

2)一些易混淆的概念[35]

(1)DSP 与 CPU。首先说明微处理器的概念,微处理器是指由一片或少数几片大规模集成电路组成的中央处理器,这些电路执行控制部件和算术逻辑部件的功能。从构成上来看,DSP 与标准微处理器有许多共同的地方:一个以 ALU 为核心的处理器、地址和数据总线、RAM、ROM 以及 I/O 端口。从广义上讲,DSP、微处理器和微控制器(单片机)等都属于处理器,可以说,DSP 是一种 CPU,但与传统 CPU 具有较大区别。

首先是体系结构方面。CPU 是冯·诺伊曼结构,而 DSP 有分开的代码和数据总线,即哈佛结构。有了这种体系结构,DSP 就可以在单个时钟周期内取出一条指令和一个或者两个(或者更多)的操作数,因此具有比同期 CPU 更快的速度。

其次是标准化和通用性方面。CPU 的标准化和通用性都做得很好:支持操作系统,能够方便地进行人机交互以及标准接口设备通信。DSP 主要用以开发嵌入式的信号处理系统,不强调人机交互,一般不需要过多通信接口,因此结构也较为简单,便于开发。流水线结构:大多数 DSP 都拥有流水结构,即每条指令都由片内多个功能单元分别完成取指、译码、取数、执行等步骤,这样可以大大提高系统的执行效率。但流水线的采用也增加了软件设计的难度,要求设计者在程序设计中考虑流水的需要。

最后是功耗方面。DSP 的功耗较小,通常在 0.5~4W,可用电池供电,很适合嵌入式系统;CPU 的功耗通常在 20W 以上。

(2) 嵌入式系统与嵌入式操作系统。嵌入式系统一般指非 PC 系统,有计算机功能但又不称为计算机的设备或器材。它是以应用为中心,软硬件可裁减的,适应应用系统对功能、可靠性、成本、体积、功耗等综合性严格要求的专用计算机系统。简单地说,嵌入式系统集系统的应用软件与硬件于一体,类似于 PC 中 BIOS 的工作方式,具有软件代码小、高度自动化、响应速度快等特点,特别适合于要求实时和多任务的体系。嵌入式系统主要由嵌入式处理器、相关支撑硬件、嵌入式操作系统及应用软件系统等组成,它是可独立工作的"器件"。

嵌入式操作系统(embedded operating system,EOS)就是指用于嵌入式系统的操作系统。它是一种支持嵌入式系统应用的操作系统软件,是嵌入式系统的重要组成部分。嵌入式操作系统具有通用操作系统的基本特点,能够有效管理复杂的系统资源,并且把硬件虚拟化。

可以简单地理解为:嵌入式操作系统是嵌入式系统的一个不可分割的子集。

3) 嵌入式系统模型

为了更好地理解嵌入式系统,这里给出一个统一的嵌入式系统模型。所有的嵌入式系统在最高层次上都有一个相似之处:至少包括一层硬件层或者容纳所有部件的所有层。

硬件层包括所有位于嵌入式系统板卡上的主要物理元件,而系统软件层和应用软件层包括所有包含于嵌入式系统并在系统中被处理执行的软件(图 6-2)。

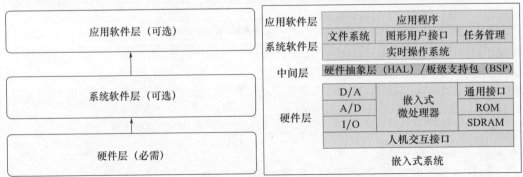

图 6-2　嵌入式系统模型(左)及嵌入式系统一般结构(右)

根据嵌入式系统模型,给出嵌入式系统的一般结构。嵌入式系统具有明显的模块区分,在对嵌入式系统进行把握时,也务必注意以体系化思维考量各个组件及彼此之间的联系。

### 6.1.2 嵌入式系统的分类及特点

**1. 嵌入式系统的分类**

根据不同的分类标准嵌入式系统有不同的分类方法,如按其形态的差异,一般可将嵌入式系统分为芯片级(MCU、SoC)、板级(单片机、模块)和设备级(工控机)三级。如按其复杂程度的不同,又可将嵌入式系统分为以下4类[36]。

(1)主要由微处理器构成的嵌入式系统,常常用于小型设备中(如温度传感器、烟雾和气体探测器及断路器)。

(2)不带计时功能的微处理器装置,可在过程控制、信号放大器、位置传感器及阀门传动器等中找到。

(3)带计时功能的组件,这类系统多见于开关装置、控制器、电话交换机、包装机、数据采集系统、医药监视系统、诊断及实时控制系统等。

(4)在制造或过程控制中使用的计算机系统,这也就是由工控机组成的嵌入式计算机系统,是这4类中最复杂的一种,也是现代印刷设备中经常应用的一种。

**2. 嵌入式系统的特点**

(1)嵌入式系统是将先进的计算机技术、半导体技术和电子技术与各个行业的具体应用相结合后的产物。嵌入式CPU能够把通用CPU中许多由板卡完成的任务集成在芯片内部,从而有利于嵌入式系统设计趋于小型化,移动能力大大增强,跟网络的耦合也越来越紧密[36]。

(2)嵌入式系统的硬件和软件都必须高效率地设计,量体裁衣,去除冗余,力争在同样的硅片面积上实现更高的性能,这样才能在具体应用中对微处理器的选择更具有竞争力。

(3)嵌入式系统和具体应用有机地结合在一起,它的升级换代也是和具体产品同步进行,因此嵌入式系统产品一旦进入市场,具有较长的生命周期。

(4)高实时性的系统软件是嵌入式软件的基本要求。软件要求固态存储,以提高速度;软件代码要求高质量和高可靠性。

(5)嵌入式系统本身不具备自主开发能力,即使设计完成后用户通常也不能对其中的程序、功能进行修改,而且还必须有一套开发工具和环境才能进行开发。

(6)专用性强。由于嵌入式系统通常是面向某个特定应用的,所以嵌入式系统的硬件和软件,尤其是软件,都是为特定用户群设计的,通常具有某种专用性的特点。

(7)体积小型化。嵌入式计算机把通用计算机系统中许多由板卡完成的任务集成在芯片内部,从而有利于实现小型化,方便将嵌入式系统嵌入目标系统中。

(8)实时性好。嵌入式系统广泛应用于生产过程控制、数据采集、传输通信等场合,主要用来对宿主对象进行控制,所以对嵌入式系统有或多或少的实时性要求。例如,对武器中的嵌入式系统,某些工业控制装置中的控制系统等的实时性要求就极高。有些系统对实时性要求也并不是很高,如近年来发展速度比较快的掌上电脑等。但总体来说,实时性是对嵌入式系统的普遍要求,是设计者和用户应重点考虑的一个重要指标。

(9)可裁剪性好。从嵌入式系统专用性的特点来看,嵌入式系统的供应者理应提供各式各样的硬件和软件以备选用,力争在同样的硅片面积上实现更高的性能,这样才能在具体应用中更具竞争力。

(10)可靠性高。由于有些嵌入式系统所承担的计算任务涉及被控产品的关键质量、人身设备安全,甚至国家机密等重大事务,且有些嵌入式系统的宿主对象工作在无人值守的场合,如在危险性高的工业环境和恶劣的野外环境中的监控装置。所以,与普通系统相比较,嵌入式系统对可靠性的要求极高。

(11)功耗低。有许多嵌入式系统的宿主对象是一些小型应用系统,如移动电话、MP3、数码相机等,这些设备不可能配置交流电源或容量较大的电源,因此,低功耗一直是嵌入式系统追求的目标。

(12)嵌入式系统本身不具备自我开发能力,必须借助通用计算机平台来开发。嵌入式系统设计完成以后,普通用户通常没有办法对其中的程序或硬件结构进行修改,必须有一套开发工具和环境才能进行。

(13)嵌入式系统通常采用"软硬件协同设计"的方法实现。早期的嵌入式系统设计方法经常采用的是"硬件优先"原则,20世纪90年代以来,随着电子和芯片等相关技术的发展,嵌入式系统的设计和实现出现了软硬件协同设计方法,即使用统一的方法和工具对软件和硬件进行描述、综合与验证。在系统目标要求的指导下,通过综合分析系统软硬件功能及现有资源,协同设计软硬件体系结构,以最大限度地挖掘系统软硬件能力,避免由于独立设计软硬件体系结构而带来的种种弊病,得到高性能、低代价的优化设计方案。

## 6.2 嵌入式系统测试方法

本节对嵌入式系统测试的方法进行介绍,主要包括嵌入式测试与传统软件测试的区别、主要特点,嵌入式测试环境、嵌入式测试流程等基础内容。在此基础上,按照基于业务场景的嵌入式测试、基于风险的嵌入式测试、基于探索式的嵌入式测试及基于任务驱动的嵌入式测试的顺序对测试方法进行介绍。

### 6.2.1 概述

嵌入式系统因其特殊而广泛的应用场景对软件质量具有更高的要求,而嵌入式系统兼有硬件和软件两个范畴,对其测试方法与传统软件测试具有较大的区别。

(1)嵌入式测试与特定的硬件环境密不可分,对软件与硬件兼容性测试很重要。
(2)嵌入式系统对实时性要求较高,故系统实时响应能力是嵌入式测试的主要环节。
(3)嵌入式系统需要关注更加底层的问题,如对内存泄露、内存碎片等问题的测试。

基于嵌入式系统对硬件环境的依赖,在进行测试过程中需要最大限度地模拟被测软件的实际运行环境,且嵌入式系统中软件部分包括系统级程序与上层应用程序,其边界并不清晰,这也增加了测试的难度。总结而言,嵌入式测试自身特点如下。

(1) 最大限度仿真的硬件环境。

(2) 对系统实时性、内存安全的重视。

(3) 系统专用性带来的测试的定制化设计。

(4) 最终目的是使嵌入式产品在满足所有功能的同时安全可靠地运行。

### 6.2.2 嵌入式测试环境

嵌入式测试环境是开展测试工作的基础。一般而言,嵌入式应用程序运行在软硬件资源相对匮乏的目标机器上,而开发环境被认为是宿主机平台。自然而然地,嵌入式测试环境一般也可以有两种,分别是基于目标的测试环境和基于宿主的测试环境。基于开发语言的可移植性,可以将与目标环境无关的测试转移到宿主环境中完成,如软件逻辑测试、界面测试等,而与硬件密切相关的测试,如硬件接口测试、中断测试、实时性测试等尽量选择在目标环境中进行。概括而言,功能性测试一般在宿主机上进行,而性能测试与偏硬件测试在目标机器上进行。根据在目标机器和宿主机器上测试的占比,测试环境分为仿真测试环境、交叉测试环境和插桩环境[34]。

(1) 仿真测试环境。仿真测试是直接或者通过仿真的手段使用目标机环境,模拟嵌入式系统真实使用场景的一种测试类别。它可以细分为全实物仿真测试环境、半实物仿真测试环境和全数字仿真测试环境。

全实物仿真测试环境是指被测嵌入式系统完全处于真实的运行环境中,直接将整个系统与其交互的物理设备建立真实的连接,形成闭环进行测试。这类测试环境偏重于对被测系统与其他设备接口进行测试的工作。

半实物仿真测试环境是利用仿真模型来模拟外界与被测系统之间的交互关系,这类仿真模型具有速度快、自由度高的特点,当然,如何使得仿真模型尽可能逼真还原嵌入式系统运行环境是一个非常重要的环节。

全数字仿真测试环境是指仿真嵌入式系统硬件及外围环境的一套软件系统。通过在宿主机上构造嵌入式软件运行所必须的硬件环境,为嵌入式系统运行提供一个精确的数字化硬件环境模型。全数字仿真测试环境是所有仿真测试环境中最难搭建的。

(2) 交叉测试环境。交叉测试也称为远程调试,即调试器在宿主机的桌面操作系统上运行,而被测试程序在嵌入式系统工作环境中。在进行交叉测试时,调试器以某种方式控制被调试进程的运行方式,并具有查看和修改目标机上内存单元、寄存器等内容的能力。这种测试环境的搭建重点在于调试器的开发。

(3) 插桩环境。插桩环境是使用插桩技术对源程序的一种改造手段,在软件动态测试中十分常见。一般而言,插桩是在源程序中进行一些语句的添加,测试的目的是对程序语句执行、变量的变化等情况进行检查,完成测试用例集的覆盖测试。

### 6.2.3 嵌入式测试流程

根据嵌入式系统的开发流程及其基本架构,一般采用自底向上、层层推进的方法对嵌入式系统进行测试。按软件开发阶段可划分为平台测试、单元测试、集成测试、系统测试。嵌入式软件测试在单元测试硬件和软件集成测试时需进行特有的测试,目的是验证嵌入式软件与其所控制的硬件设备能否正确地交互(图6-3)。

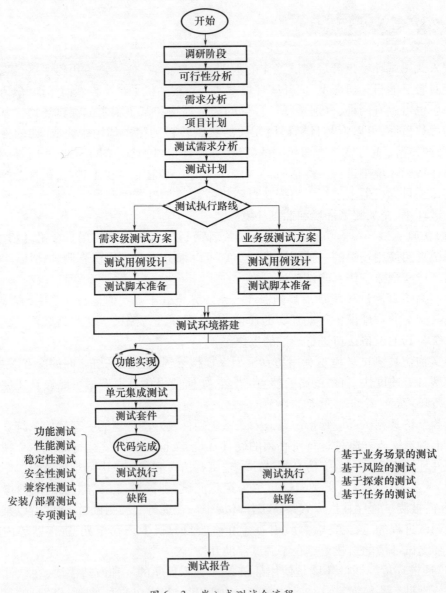

图6-3 嵌入式测试全流程

(1)平台测试。这部分包括硬件电路测试、操作系统及底层驱动程序测试等。硬件电路测试需要用专门的测试工具进行测试。操作系统和底层驱动程序的测试主要包括测试操作系统的任务调度、实时性能、通信端口的数据传输率。

（2）单元测试。把大型的嵌入式软件系统划分为若干个相对较小的任务模块，由测试人员对单个模块进行测试。该阶段测试一般是在宿主机上进行的（宿主机有丰富的资源和方便的调试环境），除非特别指定了单元测试直接在目标环境进行。

（3）集成测试。将所有模块按照设计要求组装起来进行测试，主要测试内容有程序模块间的接口参数传递、集成后的功能实现以及模块间的相互影响等。软件集成可在主机环境上完成，在主机平台上模拟目标环境运行，将嵌入式软件与计算机硬件、外设、某些支持软件、数据和人员等元素结合在一起，对整个系统进行测试。这一阶段的主要任务是：测试开发软件的功能、性能以及其他要求是否满足用户的需要，软件是否满足需求规格说明书的规定，软件是否可以被认为是合格的以及软件是否被接受。

（4）系统测试。集成测试完成后，退出宿主机测试环境，把系统移植到目标机上来，把软件、硬件和环境结合起来进行测试，验证软件是否满足用户需求。本阶段测试包括功能测试、性能测试、接口测试、负载测试、容量测试、安全性测试、稳定性测试、兼容性测试、可靠性测试等。

## 6.2.4 基于业务场景的嵌入式测试

任何嵌入式产品设计并开发出来即以服务用户使用为根本目的。基于业务场景的嵌入式测试就是以用户的视角指导嵌入式测试工作，关注的是用户需要什么，而不是产品能够做什么。由此，基于业务场景进行测试的目的就是根据需求、业务，分析用户的意图和行为，使设计的业务场景能够贴合用户的实际操作，以此业务场景形成的测试用例能够最大限度地测试出产品是否符合用户需求和行为习惯。

**1. 解决了什么问题**

由于从产品调研、可行性分析、需求分析到开发涉及十分繁琐的流程，所以很容易在此过程中产生一些偏差，逐步积累即容易形成一些缺陷。基于业务场景的嵌入式测试主要减少了这样两类错误。

（1）不正确的文档说明。基于业务场景的测试从需求出发，测试人员站在用户的角度去使用产品，如果软件的功能不符合需求或者测试场景，那么，这个功能就是不正确的。同样，功能缺失也是如此。

（2）子系统之间错误的交互。以往测试方法往往偏重于对具体功能输入输出的测试，对于发现系统级别问题的灵敏度较低，而一般系统级别的错误越晚发现对项目造成的损失越大。

**2. 如何获取业务场景**

业务场景的测试关键在于获取用户使用该产品的习惯，测试人员在这里可以把自己当作实际用户，模拟用户会如何使用产品，把各种使用的可能流程分别形成一个个的案例，每一个案例对应一个业务场景。如果一个业务场景能够从开始顺利执行到结束，那么，对于该业务场景的测试就是通过的。

创建业务场景常用方法如下。

（1）理解需求，列出产品中的主要业务流程。
（2）列出可能的用户，分析他们的兴趣和目标。
（3）考虑恶意用户的有害行为（攻击行为）。
（4）列出系统事件，系统如何处理他们。
（5）列出特殊事件，系统如何容纳他们。
（6）与用户面谈，找出最不满意的设计。
（7）与用户一起工作，观察他们的使用方式。
（8）研究用户对软件历史版本的不满意之处。
（9）研究同类产品的设计，尤其是竞争对手的产品。

同时，好的业务场景也应当遵循一定的原则。

（1）原子性。业务彼此之间尽量不要重叠，减少依赖。业务场景之间的依赖使得制定测试计划、确定优先级等变得十分困难。

（2）有价值。应当选取有价值的业务场景，而不是"照单全收"。

（3）短小。一个业务场景应当尽可能短小，业务场景越大，在安排计划、工作量估算等方面存在的潜在风险就会越大。

（4）可测试。一个业务场景务必是可测试的，也即必须有明显且易于判断的标识指示该案例是否正常执行。

**3. 测试方法**

这里列举若干基于业务场景的嵌入式测试的常用方法，具体内容读者可自行收集资料学习。

（1）等价类划分法。
（2）边界值分析法。
（3）因果图法。
（4）场景分析法。

### 6.2.5 基于风险的嵌入式测试

基于风险的嵌入式测试是指测试人员根据不同的风险度（通过出错的严重程度和出现的概念计算）决定测试的优先级和测试的覆盖范围。采用这种测试思路，能够最大程度地提高产品的质量和项目组成员的信心。基于风险的嵌入式测试不同于基于业务场景的方法，关注更多的是系统设计和各个模块，而不是考虑用户的使用体验。开展基于风险的嵌入式测试的核心在于对风险进行发现和评估。一般在基于风险的嵌入式测试之后还需要根据其他策略设计一些测试用例以补充前者，提升覆盖率。

**1. 什么是风险**

风险，顾名思义指的是在特定的环境下，在一段特定的时间内，某种损失发生的不可预料的后果。风险具有不可预测的特点，只有触发风险发生的因素，才会诱发后果。对于这些因素的完备估计一般是困难的。除此之外，风险还具有客观性、有害性、无形性等特点。

一般来说，软件测试的目的就是尽可能减弱风险。随着测试的深入，风险也随之降低。不同的测试策略的区别是风险随测试程度降低的曲线形态。对于嵌入式测试而言，基于风险的测试方法是指导性的，对测试顺序、测试方法等的优化起到积极作用。一般而言，嵌入式测试中的风险可以划分为以下几类。

（1）测试时间风险。在当今软件快速更迭的时代，软件测试的时间一般都极其有限。基于风险的嵌入式测试提供了一种解决思路，能够利用有限的测试时间测试风险等级较高或者性价比较高的模块，其本质上是一种覆盖范围优化问题。

（2）测试过程风险。测试过程中，常见的风险如测试设计方案有误、测试用例设计问题、测试用例执行问题等。

（3）资源风险。测试过程中面临的最大难题一般是测试资源问题，如测试人员素质、文档质量、兼容性等问题。

**2. 如何识别风险**

风险识别是指识别出产品潜在的风险因素，识别整个测试过程中存在的风险。在风险识别阶段，目标是尽可能识别出足够多的风险，将不确定性转换为确定性。识别风险不仅需要确定风险的来源，还要确定风险何时发生以及风险产生的条件，并描述其风险特征和确定哪些风险事件可能影响到本项目。风险识别不是一次性就可以做到位的工作，而是应当在项目执行过程中反复进行的工作。识别风险的方法主要包括。

（1）风险检查表。

（2）头脑风暴。

（3）项目人员面谈。

（4）经验教训。

（5）问卷调查。

**3. 风险评估**

识别出风险之后，需要确定每个风险出现的概率和可能造成后果的严重性，这个过程称为风险评估。首先，风险概率分析，即对风险发生的可能性设置一个尺度，一般采用离散值进行衡量，如"很高、较高、中等、较低"等。其次，风险影响严重程度分析。与概率分析类似。根据风险概率和风险影响严重程度的乘积对风险进行排序，而后对每个风险的表现、范围、时间做出尽可能准确的判断。

**4. 常见测试方法**

常见的测试方法包括判定表驱动法和正交实验法。

### 6.2.6 基于探索式的嵌入式测试

探索式测试是一种软件测试风格，鼓励测试人员同时开展测试学习、测试设计、测试执行和测试结果评估等活动，以持续优化测试工作。具有快速展开、快速迭代和随时调整的特点。

**1. 如何做**

探索式嵌入式测试的一般组成部分如下。

（1）测试设计。测试设计不应该是随意的,而应该是灵活的。不应当认为随意等价于灵活。

（2）细致的观察。将系统视为黑盒,观察不正常和不期望的结果,并设想原因并设计用例做深入验证。

（3）多样的观点。需要鼓励更多的测试人员参与其中,并提出足够多的观点,这是一种非常宝贵的资源。

（4）丰富的资源。在测试思路、测试工具等方面要争取尽可能丰富的资源。

**2. 注意**

（1）基于探索式的嵌入式测试本身不是一种技术,而是一种测试思维。

（2）这种思维不仅适用于测试执行阶段,也适用于迭代开始阶段和对已有结果的分析中。

（3）不是草率的或者仓促的测试,反而需要广泛而细致的准备,包括一定的文档支撑。

### 6.2.7 基于任务驱动的嵌入式测试

任务驱动测试是指将整个测试项目通过执行测试任务的方式来完成。常见的基于任务驱动的嵌入式测试包括第三方测评、外包测试、OEM 测试和自动化测试等。下面分别做简要介绍。

**1. 第三方测评**

第三方测评机构是具有独立的测试检验能力和检验资质的机构,是以公正、权威的非当事人身份,依据有关法律、标准和合同进行商品检验活动的机构,检测机构应是独立法人,不受任何利益方干预。由具有专业知识的测试人员应用专业的测试工具、方法对软件的质量进行全面审核。

第三方测评有别于软件厂商自己进行的测试,其目的是保证测试工作的客观公正性以及相关资质和能力的证明。第三方测评主要包括需求分析审查、设计审查、代码审查、单元测试、功能测试、性能测试、可恢复性测试、资源消耗测试、并发测试、健壮性测试、安全测试、安装配置测试、可移植性测试、文档测试、验收测试和资质能力认证等的一种或多种。对于通过测试的产品出具测评报告或证明,以说明产品具有相应的资质或能力。测评是软件测试的一个阶段性结论,用所生成的测评报告,确定测试是否达到完全和成功的标准。

**2. 外包测试**

在当今市场环境中,对软件企业的产品质量、开发成本、开发周期都提出了越来越高的要求。在这种趋势下,为了降低成本,提高效率,增加企业的市场竞争力,软件外包测试应运而生。软件外包测试就是指软件企业将软件开发项目中的全部或部分测试工作,外包给专门公司或组织完成。由于不同企业或不同软件项目的特殊性会选择不同程度或模式的外包策略,测试外包的模式分为现场测试、外部测试和分布式测试。

现场测试就是采用人力外包的模式,是指测试外包公司派遣测试人员到软件开发商的工作地点进行驻场测试。该模式一般保密要求较高或者对产品运行环境有特殊要求，方便软件开发商对测试进度和保密的控制。

外部测试就是采用项目外包的模式，由软件开发商提供产品和测试需求，由外包公司组建测试团队，根据外包合同和测试质量体系进行相关工作，测试结束后由软件开发商进行项目验收。

分布式测试比较典型的模式有众包测试和 Beta 版本测试。通常是通过互联网把需要测试工作分配出去，通过众包志愿者或用户对产品进行测试，可以加快测试过程，并获取真实用户的反馈。

### 3. OEM 测试

OEM 是英文 original equipment manufacturer 的缩写，按照字面意思，应翻译成原始设备制造商，是指 OEM 厂商（乙方）根据另一家厂商（甲方）的要求，为其生产产品和产品配件，亦称为定牌生产或授权贴牌生产。OEM 测试是指对 OEM 厂商提供的产品进行测试验收。OEM 测试是一个过程，是一个以合同为依据的测试。OEM 测试一般是在乙方的产品开发完成并完成内部测试后，提交给甲方进行测试验收，验收产品是否与合同约定的一致。

### 4. 自动化测试

自动化测试可以理解成，把繁琐的手工测试使用自动化代替，在具体的输入和输出条件下，使用自动化程序来代替手工测试。自动化测试根据测试任务选择不同软硬件资源，将手工测试的测试用例和测试结果，转化为自动化执行。可以看出，基于任务驱动的测试都是具有明确的输入与输出来作为判定条件，不要求测试者有过多的测试思路发散。第三方测评需要根据测评规范和方案对产品进行测试评估，依据测试结果对产品进行合格性判断。外包测试则是由外包合同对测试项目的具体内容进行详细的说明，并依据合同中测试内容进行测试执行和结果判定。OEM 测试则依据技术合同等方案设计 OEM 验收方案，依据方案对产品进行测试和结果判定。自动化测试依据手工测试的用例和结果，进行自动化测试平台搭建，把测试用例和数据作为输入，并依据预期测试结果对自动化测试结果进行判定。

## 6.3　ETest 嵌入式测试工具

### 6.3.1　ETest 简介

ETest 嵌入式系统测试平台是由凯云联创科技有限公司自主开发的一款自动化测试平台工具软件，主要用于支持嵌入式环境外围测试环境的搭建，实现黑盒动态测试。ETest 能够通过简单的配置，搭建起各种嵌入式系统运行的外围环境，通过各种外围接口，对嵌入式系统进行数据信号的输入激励，从而驱动嵌入式系统的运行，并且从接口接收嵌入式系统的信号，对反馈信号进行记录和判断，从而达到黑盒动态测试目的[37]。

ETest作为一款自动化测试工具产品,能够帮助测试人员高效、快速地实施嵌入式软件的自动化测试,降低嵌入式软件测试环境构建难度,提高嵌入式软件测试的质量,缩短嵌入式产品的开发周期。ETest通过编写和运行测试脚本的方式,完成整个测试过程,实时监控/控制待测系统多个外围接口,实现多接口间的时序/逻辑控制,验证待测系统的功能/性能指标,测试执行完毕后,自动记录所有的测试数据,并且对测试结果数据自动判读形成测试报告。

ETest专门针对嵌入式黑盒测试设计,功能强大,使用方便,是嵌入式黑盒测试的有力工具。ETest模拟嵌入式软件运行在一般的PC机上,作为被测设备。其主要功能包括以下几个方面。

(1)提供涵盖测试资源管理、测试环境描述、接口协议定义、测试用例设计、测试执行监控、测试任务管理等功能为一体的测试软件集成开发环境。

(2)提供各类控制总线和仪器接口API,支持的I/O类型包括RS232/422/485、1553B、CAN、TCP、UDP、AD、DA、DI、DO、ARINC429等,可灵活扩展。

(3)支持对待测系统及其外围环境、接口情况等进行可视化仿真建模设计。

(4)提供接口协议描述语言(DPD语言)及编辑编译环境。

(5)可通过表格、仪表、曲线图、状态灯等虚拟仪表实时监测接口数据。

(6)可按二进制、十进制、十六进制监测输入与输出的原始报文并查询过滤。

(7)提供灵活快捷的测试用例脚本编辑与开发环境。

(8)测试脚本支持时序测试和多任务实时测试。

(9)具有可自动生成满足不同组合覆盖要求测试数据的功能。

(10)实时记录加时间戳的测试数据并支持测试数据的管理与统计分析。

(11)提供Simulink、同元MWorks等集成接口,可实现仿真模型的开发和运行,支持仿真模型实时代码的生成和运行。

(12)提供实时内核模块,支持高可靠性强实时测试,响应时间小于等于1ms,同步传送和抖动时间小于10μs。

(13)平台上位机支持Linux、Windows、麒麟及统信等操作系统;下位机支持VxWorks、RTLinux等实时操作系统及国产操作系统。

(14)支持打包独立可执行应用程序、支持分布式部署以及单机使用。

### 6.3.2 ETest使用过程

**1. 打开ETest软件**

ETest软件安装完毕后,会建立两个入口快捷方式。一个是"测试设计台",是测试设计的主界面;另一个是"进程调度服务",是测试执行期间会用到的后台服务。

双击"进程调度服务"图标,打开进程调度服务。打开后可以关闭窗口,程序仍将驻留后台,如果不打开进程调度服务,在测试执行时会提示无法执行,需要打开进程调度服务。然后双击"测试设计台"图标,打开测试设计软件,如图6-4所示。

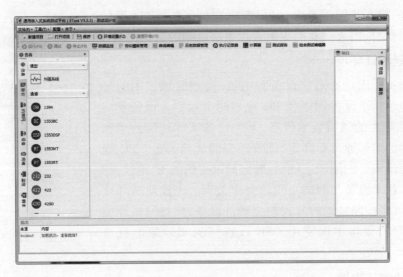

图 6-4 测试设计台

### 2. 创建测试项目

测试项目是测试数据保存的单位。在开始任何测试之前都需要首先创建一个测试项目。选择菜单"文件"-"新建方案",在弹出窗口中输入方案名称,点击"确定",软件进入测试项目主界面。打开后界面如图 6-5 所示。

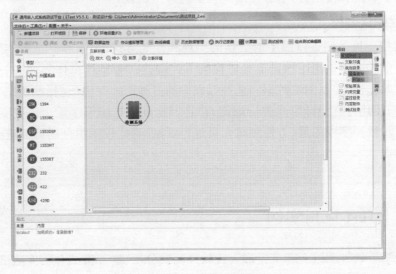

图 6-5 测试项目

测试项目中包括了仿真模型、通道、协议、硬件规划、PC 规划、测试用例等。这些内容显示在窗口右侧的"项目"窗体中,如图 6-6 所示。

### 3. 描述测试需求

描述测试需求主要指的是需要我们进行测试的被测设备的外围接口的类型、参数和通信协议。这些内容在"交联环境"中体现出来。交联环境是通过拓扑图绘制待测系统真实运行环境。它使用节点和连线描述待测系统的外部接口。待测系统表示为一个图标；它内部的构造我们不考虑，而只考虑它外部的接口（黑盒测试）。图标之间的连线我们用来表示系统之间的通信接口。

**4. 规划测试环境**

针对测试需求选择通信设备和主机，搭建测试使用的环境。这一步包括了设备规划和 PC 规划两个元素。设备规划描述了测试需要的通信板卡设备，并将设备实际通信通道和仿真模型里的虚拟通道相绑定，配置相应的通信参数。PC 规划描述了测试需要的测试主机，并确定测试主机的 IP 地址，确定每个通信板卡设备与测试主机的绑定关系。完成测试环境规划后，就可以按照规划的方式连接硬件设备，准备测试环境了。这里，只需要将主机使用 USB 线连接到实验箱上就可以了。

图 6-6　测试项目内容

**5. 设计测试用例**

在自动化测试中，我们的测试用例用测试脚本和测试数据来体现。测试脚本是具有正规语法的数据和指令的集合，是指导测试执行的"剧本"。ETest 测试平台以 Python 语言为基础，实现了实时测试脚本，并且可以实现同测试相关的操作，包括测试数据发送、读取，时序控制，多任务，曲线数据生成，同步监控数据等。同时，ETest 测试平台也提供了一些测试数据的管理和使用方式，方便测试人员进行测试设计。

**6. 创建测试监控**

测试监控面板是测试过程中的数据的展现和控制方式，可以和测试脚本配合使用来完成测试。监控面板使用用户自定义监控的方式构建一种操作窗体界面，用于在测试执行过程中实时监视/控制测试数据。监控界面中的各种监控控件（包括曲线图、表盘、电子仪表仪器等）由用户在设计阶段自行添加，并且绑定到数据协议字段上。在测试执行时，控件实时显示数据字段的值，方便测试人员进行观察；有些控制组件还可以进行测试数据的输入和发送。

## 6.4　ETest 应用实例

全国大学生软件测试大赛下设嵌入式软件测试分项，本节将结合软件测试大赛题目，在解题中帮助读者熟悉 ETest 常用功能，建立一般的测试思路。

### 6.4.1　测试概述

**1. 测试环境**

ETest 嵌入式测试工具可以通过官网（http://www.kiyun.com）下载，参加全国大学生软件测试大赛的同学也可以注册登录慕测平台，进入工具下载页面（http://www.mooctest.net/

tools/)下载嵌入式测试工具。在将压缩包(图6-7)进行解压,选择合适路径安装后,得到ETest进程调度服务、ETest测试设计台以及VSPDconfig共3个软件,如图6-8所示。

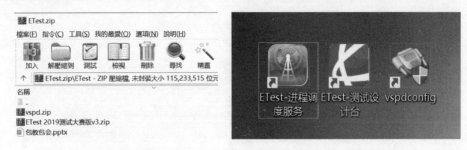

图6-7 官网ETest压缩包　　　　图6-8 解压后软件

(1)分别打开Etest进程调度服务和Etest测试设计台,如图6-9所示。

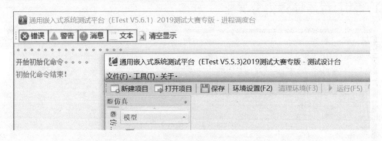

图6-9 Etest进程调度服务和Etest测试设计台

(2)登录慕测网站获得题目密钥,如图6-10所示。

图6-10 获取题目密钥

(3)在ETest测试设计平台工具栏中的"测试大赛客户端"中输入密钥,如图6-11所示。

图6-11 输入题目密钥

(4) 点击获取被测对象,下载题目及待测件(默认下载至 C:\Project 目录),如图 6 - 12 所示。为避免比赛中出错,建议将待测件解压至当前目录,否则,可能出现无法检验待测件问题。

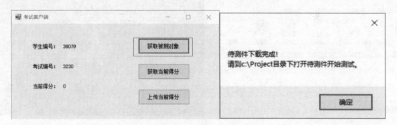

图 6 - 12　获取被测对象

(5) 在 ETest 中打开待测件,后缀名为 .esi,如图 6 - 13 所示。比赛过程中请勿关闭考试客户端窗口,否则,可能导致得分异常。

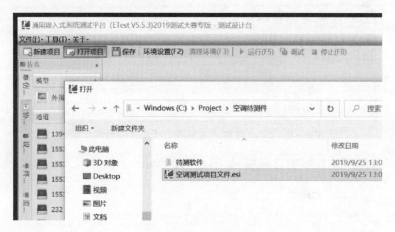

图 6 - 13　打开待测件

(6) 右侧界面选择测试项目→测试目录→测试项进行脚本编写,脚本编辑器如图 6 - 14 所示。

图 6 - 14　脚本编辑器

(7)每次通过脚本测试待测件后,及时获取以及上传分数,如图6-15所示。建议每次进行测试后立即点击获取得分,以防出错导致无分。评分标准包括缺陷检测率(60%)、代码覆盖率(15%)、需求覆盖率(10%)、测试脚本质量(15%)4个方面。

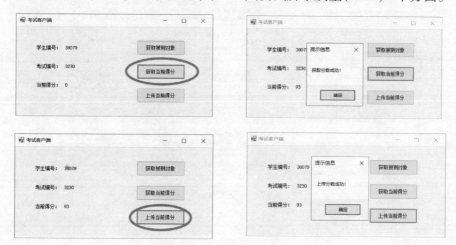

图6-15 获取上传分值

**2. 测试准备**

在大学生软件测试大赛的嵌入式分项中,通常分为3种题目类型:功能测试、接口测试和性能测试。往往题目难度依次增大,在此建议读者按照题目顺序进行解答,逐字逐句理解题意,充分考虑可能预设的问题,如待测件功能是否符合设计逻辑、是否满足使用需要、是否存在"越界缺陷"等,以上问题都会在后续小节具体阐述。

需要注意的是,3种测试类型并非独立存在,例如,功能测试中或用到接口测试中某个接口的数据帧格式,故建议读者在将题目解压后,首先大致浏览测试要求、评分规则以及最为关键的需求说明文档,待大致了解测试需求后再打开待测件。

在阅读需求说明时,首先了解待测系统的设计逻辑(通常是图片或者流程图),然后在系统概述中了解系统的串口架设,如某传感器通过COM1口与控制器交联等,在这个过程中即可通过VSPDconfig软件配置虚拟串口(图6-16、图6-17),注意串口通常是相邻成对配套。

图6-16 串口配置

若概述中无串口配置,则在功能需求或接口需求中寻找(图6-18);接着阅读接口需求中各接口数据帧的格式,特别是各字段承载的内容,为后续功能和接口测试铺垫;完成以上工作后即可开始测试。

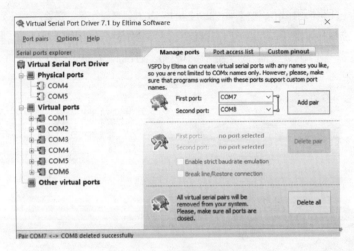

图 6-17 VSPDconfig 软件

3.接口需求

　　空调控制板与温度传感器之间使用"COM7"进行通信、与工作电机组之间使用"COM9"进行通信，与遥控器之间使用"COM5"进行通信，都为RS232单向串口通信。

　　所的串口都采用相同的通信参数：波特率：9600；奇偶校验：不发生奇偶校验；数据位长：8位；停止位：1位停止位。

图 6-18 接口测试示例

### 6.4.2 功能测试

　　功能测试类题目具有数量多、类型多以及难度较低等特点，因此在解决此类问时，应仔细阅读需求文档，逐字逐句领会出题者意图并且寻找潜在缺陷预埋点，建议读者在需求文档上做好标记以防遗漏。同时，功能测试往往涉及的待测件功能较全，对于理解待测件的设计逻辑起到较大作用，故读者应当在进行功能测试的同时留意实现特定功能的通道与接口，为后续的接口测试铺垫。

**1. 初始状态类**

　　此类需求占比较小，目的在于测试待测件的初始状态是否符合需求，如待测件初始数据大小、待测件某一功能初始状态正常与否等。此类题目难度较小，题目位置靠前，属于送分题，关键在于打开测试件前须阅读测试文档（不要养成随意重启待测件的习惯，每次重启待测件需重新测试），寻找到可能缺陷预埋点后细心观察即可。

**典型例题：**

例 6-1【2021 年省赛】需求 2.1：系统启动

系统启动时，默认枪械类型为"手枪"，子弹数量为 10 发，如图 6-19 所示。

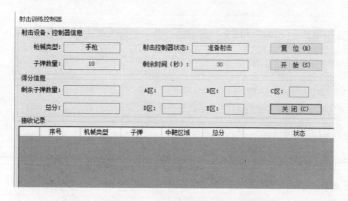

图 6-19　射击训练控制器初始待测界面

### 例 6-2【2021 年预选赛】需求 2.1：启动停止功能（F_Start）

定速巡航系统界面打开后，处于停止工作状态。

定速巡航系统界面上有"开启"或者"停止"状态显示，如图 6-20 所示。

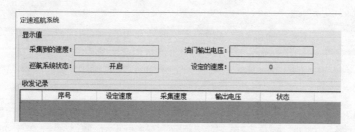

图 6-20　定速巡航系统初始待测界面

### 例 6-3【2021 年国赛】需求 2.1：初始化

控制器启动时，8 个仓位中有 4 个仓位有充电宝、4 个仓位没有充电宝。排列位置随机。4 个充电宝中的 3 个电量值在 50～100，具体值随机产生；一个电量值为满电（100），如图 6-21 所示。

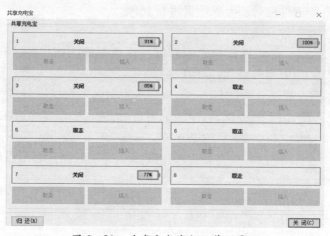

图 6-21　共享充电宝初始待测界面

**例6-4【2021年大赛练习题】需求2.1：系统启动（F_start）**

温度控制器初始状态如下。
(1)温度控制器状态：停止状态。
(2)被控恒温箱的初始设定温度：10℃。
(3)加热棒初始输出电压为0。
(4)散热风扇初始状态为停止状态,如图6-22所示。

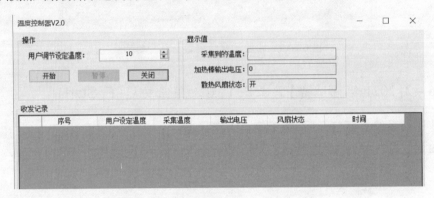

图6-22 温度控制器初始待测界面

**2. 数据类**

此类需求占比最多,目的在于测试待测件是否对越界数据进行上下界截取处理以及是否能正常显示输入数据,操作简单、规律性强。进行此类测试关键在于如何构造测试数据,建议以所给数据范围为准。

**例6-5【2021年大赛练习题】需求2.3 温度采集（F_Senser）**

当前温度值的有效范围是：-20~50℃。当收到的温度值超出范围时,截断为边界值。

解析:显然可以构造-100℃、-30℃、-20℃、10℃、20℃、30℃、40℃、50℃、60℃、100℃,经测试发现待测件未对超上界数据进行处理。

数据输入一般有3种方式。
(1)手动输入数据。待测件操作界面有可视化数据输入窗口的,可通过手动输入测试,这种方法较简单,但效率较低,故应用较少。
(2)编写脚本输入数据。通过ETest编写脚本自动输入测试样例,这种方法不但更加高效,并且应用更广泛,以上题为例,选择测试项目后,进入操作界面后在测试任务界面编写代码,如图6-23所示。代码参照程序6-1。

参数界面如图6-24所示,左侧为输入参数（arg[ ]）、右侧为输出参数（exp[ ]）,注意表格序号从0开始。

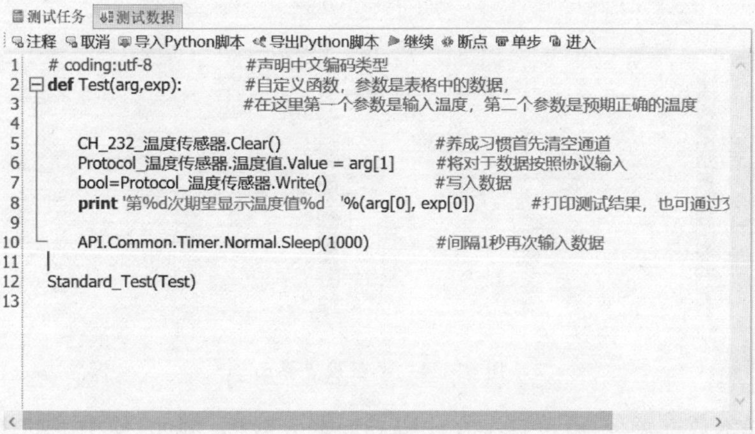

图 6-23　ETest 代码编写界面

程序 6-1　例 6-5 参考代码

1　# coding:utf-8　　　　　　　　　　　#声明中文编码类型
2　#自定义函数,参数是表格中的数据,
3　#在这里第一个参数是输入温度,第二个参数是预期的输出温度
4　def Test(arg,exp):
5　　　#养成习惯首先清空通道
6　　　CH_232_温度传感器.Clear()
7　　　#按照协议输入数据
8　　　Protocol_温度传感器.温度值.Value = arg[1]
9　　　#写入数据
10　　bool = Protocol_温度传感器.Write()
11　　#打印测试结果,也可通过交互式进行测试
12　　print '第%d次期望显示温度值%d　'%(arg[0], exp[0])
13　　#间隔1秒再次调用函数测试
14　　API.Common.Timer.Normal.Sleep(1000)
15
16　# Standard_Test:标准测试的方法入口,使用【测试数据】表循环调用 Test 方法
17　Standard_Test(Test)

图 6-24　参数设置界面

若测试样本数据较少,也可直接在代码界面输入数据,例如,使用下列代码代替程序 6-1 中的第 9 行代码,此时不需要将测试脚本封装为一个函数。

```
1    #直接输入具体数据
2    Protocol_温度传感器.温度值.Value = 10
```

运用 ETest 脚本进行测试是需要掌握的必备技能,也是软件测试大赛嵌入式分项的主要考察点。因为脚本的规范性较强,建议读者养成模块化编程的思想,多封装以及调用函数进行测试。

(3)读取文件数据:如模拟塔式起重机安全检测系统,如图 6-25 所示,该系统通过直接读取文件的方式进行输入,这种情况出现较少,读者只需按照说明文档中的格式(图 6-26)创建输入文件即可。

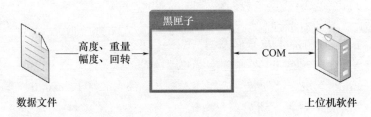

图 6-25　读取模式

数据采集接口采用从硬盘中读取文件的形式模拟黑匣子的采集接口,文件格式如下所示:

```
140 100 10 0
130 100 10 100
120 100 10 0
140 100 10 0
140 100 10 0
130 100 10 100
```

每一列数据之间以空格分隔。每一行数据为一次采集值。各列数据依次为重量、回转、幅度、高度值,单位与功能项定义中的单位及取值范围一致。

图 6-26　文件读取格式

**典型例题：**

> **例6-6【2021年省赛】**需求2.2：枪械和子弹信息输入

当控制器处于"准备射击"状态时，能够接射击设备通过接口1向控制器发送枪械和子弹数量信息，并计算定时时间。

枪械种类分为手枪、步枪、其他。

子弹数量范围为[1,20]，超出范围需要截断为边界值。

程序6-2 ·例6-6参考代码

```
1   # coding:utf-8            #声明中文编码类型
2
3   #第一个参数为枪械类型与子弹数量，第二个参数为预期结果
4   def Test(arg, exp):
5       #养成习惯清理通道
6       seekresult = CH_射击设备.Clear()
7       #分别输入枪械类型与子弹数量
8       Protocol_射击设备.gun_type.Value = arg[0]
9       Protocol_射击设备.bullet_num.Value = arg[1]
10      #写入数据
11      bool = Protocol_射击设备.Write()
12      #打印预期结果
13      print '枪械类型为:' + exp[0] + '子弹数量:' + exp[1]
14
15      #间隔500ms再次调用函数
16      API.Common.Timer.Normal.Sleep(500)
17  Standard_Test(Test)
```

> **例6-7【2021年预选赛】**需求2.2：车速采集处理(F_Senser)

在运行状态下，定速巡航系统通过车速传感器输入接口采集到当前车速数据，设定为系统的"采集到的速度"值，并将数据值显示在软件界面中。

当前速度的范围是0~100km/h。超出范围时，要做截断处理，截断为边界值。

程序6-3 例6-7参考代码

```
1   # coding:utf-8#声明中文编码类型
2   #导入含有交互界面的Manu库
```

```
3       import Manu
4
5       #第一个参数为输入车速,第二个参数为预期车速
6       def Test(arg,exp):
7           #养成习惯清理通道
8           seekresult = CH_车速传感器.Clear()
9           #输入车速
10          Protocol_车速传感器.speed.Value = arg[0]
11          bool = Protocol_车速传感器.Write()
12
13          #设计交互式界面
14          #新建一个空列表
15          show = []
16          #将预期车速添加至 show 列表
17          show.append("车速为:" + str(exp[0]))
18          #弹出一个单选框
19          passed = Manu.Check(show)
20          #间隔500ms再次调用函数
21          API.Common.Timer.Normal.Sleep(500)
22      Standard_Test(Test)
```

**3. 简易操作类**

该类需求占比较多,目的在于测试待测件是否能够按照设计逻辑完成如数据显示、状态变换等功能。测试方法类似于自动化数据类测试,关键在于是否能够理解数据帧组成,从而编写测试脚本。

**例6-8**【2021年预选赛】需求2.1. 启动停止功能(F_Start)

通过巡航设置输入接口,给速巡航系统输入启动或者停止指令数据。

当定速巡航系统收到启动指令数据后,开始工作,定速巡航系统界面显示"开启"状态。

当定速巡航系统收到停止指令数据后,停止工作,定速巡航系统界面显示"停止"状态。

通过测试文档可知,测试关键在于如何向待测件"发出启动或者停止指令",通过观察数据帧格式(表6-2)(关于通道和协议更多知识在此不多赘述,请参考相关书籍)可知,当第2字节为0x01(0x表示十六进制数)时表示开启停止功能,同时,0x0、0xFFFF分别表示开启和停止功能,故可构造脚本。

表6-2 巡航设置输入接口数据帧格式

| 字节号 | 长度 | 字段 | 内容 |
| --- | --- | --- | --- |
| 0-1 | 2 | 包头 | 固定值:0xFF 0x55 |
| 2 | 1 | 指令类型 | 0x01（开启停止）<br>0x02（加减速） |
| 3 | 1 | 数据长度 | 固定值:0x02 |
| 4-5 | 2 | 数据内容 | 小端字节序:<br>当指令类型值为1时:0(开启)、0xFFFF(停止);<br>当指令类型值为2时:0(加速)、0xFFFF(减速) |
| 6-7 | 2 | 校验和 | 校验值,xx xx（从第2号到6号字节按字节进行累加和,得到校验码）,小端字节序 |
| 8-9 | 2 | 包尾 | 固定值:0xFF 0x55 |

程序6-4 例6-8核心代码

```
1   seekresult = CH_巡航设置 . Clear( )              #养成习惯清理通道
2   Protocol_巡航设置 . cmdType. Value =0x01         #指令类型为开启停止
3   Protocol_巡航设置 . data. Value =0x0             #指令内容
4   #Protocol_巡航设置 . data. Value =0xffff         #字母大小写均可
5   bool = Protocol_巡航设置 . Write( )              #协议读取指令
```

**典型例题:**

**例6-9**【2021年省赛】需求2.3:开始射击

当控制器处于"准备射击"状态时,用户点击界面上的"开始"按钮,开始射击。控制器变为"开始射击"状态,"剩余子弹数量"设置为"子弹数量","总分"设置为0,各区中弹数量设置为0;并且按照定时器时间启动定时器,进行倒计时。

当控制器处于其他状态时,不能开始射击。

如果枪械类型为"未知类型",不能开始射击。

程序6-5 例6-9参考代码

```
1   # coding:utf-8                                #声明中文编码类型
2   #第一个参数为枪械类型与子弹数量,第二个参数为预期结果
3   def Test( arg, exp) :
4       #养成习惯清理通道
5       seekresult = CH_射击设备 . Clear( )
6       #分别输入枪械类型与子弹数量
```

```
7       Protocol_射击设备.gun_type.Value = arg[0]
8       Protocol_射击设备.bullet_num.Value = arg[1]
9       #写入数据
10      bool = Protocol_射击设备.Write()
11      #打印预期结果
12      print '枪械类型为:' + exp[0] + '子弹数量:' + exp[1]
13      #间隔500ms再次调用函数
14      API.Common.Timer.Normal.Sleep(500)
15  Standard_Test(Test)
```

## 例6-10【2021年省赛】需求2.4:接收靶区信息并计算分数

当控制器处于"开始射击"状态时,如果接收到从靶机发送过来的靶区信息,则计算各区中弹数量、剩余子弹数量和射击总分,并进行显示。

（1）按照收到的靶区信息,对应得区域(A、B、C、D、E)的中弹数量加1。

（2）"剩余子弹数量"减1。

（3）射击总分按以下规则计算：

①当枪械类型为手枪时,中弹区域:A区,每颗子弹得分5分;B区,每颗子弹得分3分;C区,每颗子弹得分1分;D区,每颗子弹得分0分;E区,每颗子弹扣2分,直到得分为0为止。

②当枪械类型为步枪时,中弹区域:A区,每颗子弹得分4分;B区,每颗子弹得分3分;C区,每颗子弹得分2分;D区,每颗子弹得分1分;E区,每颗子弹得0分。

程序6-6　例6-10参考代码

```
1   # coding:utf-8        #声明中文编码类型
2   #导入含有交互界面的Manu库
3   import Manu
4
5   #输入枪械类型
6   Protocol_射击设备.gun_type.Value = arg[0]
7   #输入子弹数
8   Protocol_射击设备.bullet_num.Value = arg[1]
9   bool = CH_射击设备.Write()
10
11  #直接测试
12  for i in range(1,6):
```

| | |
|---|---|
| 13 | #模拟击中不同靶区(每个靶区击中一次) |
| 14 | Protocol_靶机.shoot_area.Value = i |
| 15 | bool = Protocol_靶机.Write() |
| 16 | #设计交互界面 |
| 17 | show = [ ] |
| 18 | show.append("%d区域中枪,测试得分情况" %i) |
| 19 | Manu.Check(show) |

**例6-11【2021年国赛】需求2.6:获取编号并上报**

在"归还中"状态下,控制器接收到读码器发送的回复指令(包含充电宝编号和剩余电量),对应的仓门进入"关闭"状态,同时显示电量信息;同时发送"归还上报"指令给服务器,包含刚才接收到的充电宝编号。

同时控制器需要保存接收到的充电宝编号,下次同一仓位的充电宝完成借出操作后,需要发送该编号给服务器。

程序6-7　例6-11参考代码

| | |
|---|---|
| 1 | def Test(arg,exp): |
| 2 | #coding:utf-8 |
| 3 | import Manu　　　　#导入含有交互界面的Manu库 |
| 4 | for i in range(1,11): |
| 5 | show = [ ] |
| 6 | #依次分别导入充电宝、电量 |
| 7 | |
| 8 | #%02d为占位符,目的是将次数序号拼接为充电宝编号 |
| 9 | str = "GXCDB - 10%02d"    %i |
| 10 | #以字符串形式写入充电宝编号 |
| 11 | for i in range(10): |
| 12 | P_codeReader_write.ID[i] = ord(str[i]) |
| 13 | #写入电量 |
| 14 | P_codeReader_write.voltage.Value = arg[0] |
| 15 | bool = P_codeReader_write.Write() |
| 16 | show.append("充电宝编号为" + str(i) + "剩余电量为" + str(arg(0))) |
| 17 | passed = Manu.Check(show) |
| 18 | Standard_Test(Test) |

### 6.4.3 接口测试

接口测试主要考察待测件与其他模块之间的接口是否符合需求描述。输入接口为待测件接收数据的接口,测试时,着重测试接口的容错处理,即需检查软件对各种不正确的输入接口报文的处理方式。输出接口为待测件输出数据的接口,测试需检查输出报文的各个字段是否满足要求。

接口中测试常见的测试场景有包头、数据标识(flag)、有实际意义的数据段(文档中一般有数据范围)、包尾、校验和错误、干扰能力(干扰字段的剔除)以及输出接口测试等。测试关键在于对数据帧格式的理解,以及遵照测试需求逐条勿漏。首先要详细阅读各接口的数据帧格式,明确各字段意义;接着构造正确的数据帧,按照测试要求,针对每一项合理修改数据帧从而对待测件进行测试。

在具体实例讲解前,简单讲解两个知识点。

(1) 大/小端字节序。为取得计算效率的高效,计算机电路被设计为优先处理低位字节(小端字节序),这与人类读取数字方式(大端字节序)相反,从而产生了字节序的概念。如人类理解的 10 00D,高位字节'1'处于低位置,而低位字节'00'处于高位置(地址由左至右增大),称作大端字节序;相反,计算机一般处理为 00 10,高位字节'10'处于高位置,而低位字节'00'处于低位置,称作小端字节序,如图 6-27 所示。

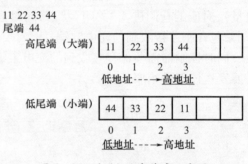

图 6-27 大/小端字节序示意图

(2) 单精度浮点数(IEEE754—1985 浮点数标准)。由于具体字节段承载的数据为小数,故协议中数据帧常采用单精度浮点数表示,可通过在线转换工具进行转换,如图 6-28 所示。

图 6-28 在线进制转换工具

## 1. 固定值或有界值测试

此类需求一般包括包头、数据标识、有实际意义的数据段(文档中一般有数据范围)、包尾错误以及校验和错误等。特征为需求文档中待测字段存在固定值或者固定范围,需要测试待测件是否能够对错误数据帧进行丢包处理(系统无应答反应)。

> **例6-12**【2021年省赛】需求3.1:巡航设置输入接口(I_Set)

定速巡航系统采集巡航设置模块发送的开启停止指令和加减速指令,其格式如表6-3所列。

表6-3 巡航设置输入接口数据帧格式

| 字节号 | 长度 | 字段 | 内容 |
|---|---|---|---|
| 0-1 | 2 | 包头 | 固定值:0xFF 0x55 |
| 2 | 1 | 指令类型 | 0x01(开启停止)<br>0x02(加减速) |
| 3 | 1 | 数据长度 | 固定值:0x02 |
| 4-5 | 2 | 数据内容 | 小端字节序<br>当指令类型值为1时:0(开启)、0xFFFF(停止)<br>当指令类型值为2时:0(加速)、0xFFFF(减速) |
| 6-7 | 2 | 校验和 | 校验值,xx xx(从第2号到6号字节按字节进行累加和,得到校验码),小端字节序 |
| 8-9 | 2 | 包尾 | 固定值:0xFF 0x55 |

输入接口处理时,要考虑数据帧格式的容错处理,容错处理的要求如下。
(1)当接收到的校验和字段发生错误时,应做丢包处理。
(2)包头、指令类型、数据长度、数据内容、包尾应该按照要求填写,否则做出丢包处理。当包前有冗余字段时,应该可以剔除冗余字段。

需求文档中指明了数据帧中包头、指令类型、数据长度、数据内容以及包尾可能存在缺陷,故首先构造正确数据帧(注意:数据帧中均为十六进制数,保证检验和计算正确,长度不足的用0占位):

| | 输入参数 | 输出参数(预期结果) |
|---|---|---|
| 1 | | |
| 2 | FF 55 01 02 00 00 03 00 FF 55 | 正常开始 |
| 3 | FF 55 01 02 FF FF 01 02 FF 55 | 正常停止 |

然后,构造错误数据帧,注意构造错误数据帧时,要易于观察现象,建议在输出参数中备注:

| | 输入参数 | 输出参数(预期结果) | |
|---|---|---|---|
| 1 | FF 55 01 02 FF FF 09 00 FF 55 | 校验和错误 | 关闭系统 |
| 2 | FE 55 01 02 00 00 03 00 FF 55 | 包头错误 | 开启系统 |
| 3 | FF 55 01 02 FF FF 01 02 FF 56 | 包尾错误 | 关闭系统 |

参考代码如下:

程序6-8　例6-12参考代码

```
1   # coding:utf-8
2   import Manu          #导入包含交互界面的库
3
4   def Test(arg,exp):
5       seekresult = CH_巡航设置.Clear()           #养成习惯清理通道
6       #因为输入参数中各字节以空格间隔,输入时要将间隔去除
7       arr = arg[0].split(" ")
8       data = []
9       for i in arr:
10          data.append(int(i,16))
11      bool = CH_巡航设置.Write(data)             #写入数据帧
12      a = Manu.Check([exp[0]])                  #交互界面,返回a为bool值
13      print exp[0] + ":" + str(a)               #打印预期结果(测试备注)
14  Standard_Test(Test)
```

**2. 干扰字段测试**

显然,此类需求主要测试待测件是否能够将数据帧中的干扰字段剔除,如例6-12【2021年省赛】需求3.1:巡航设置输入接口(I_Set)中指明"当包前有冗余字段时,应该可以剔除冗余字段",从而在构造数据帧时在前方添加干扰字段即可。

**3. 输出接口测试**

与前两种测试不同,此类需求目的在于测试系统输出数据帧是否符合规范,如包头、包尾以及数据标识是否为固定值、有界值是否越界、校验和是否正确等。测试的一般步骤如图6-29所示。

图6-29　输出接口测试流程图

**例6-13**【2019年省赛】需求3.2:控制加热棒输出接口(Heater_JK)

温度控制器依据功能需求向加热棒发送数据,其数据格式如表6-4所列。

表6-4　控制加热棒输出接口数据帧格式

| 字节号 | 长度 | 字段 | 内容 |
| --- | --- | --- | --- |
| 0-1 | 2 | 包头 | 固定值:0xFF 0xFA |

(续)

| 字节号 | 长度 | 字段 | 内容 |
|---|---|---|---|
| 2 | 1 | 数据类型1 | 固定值:0x02(执行数据) |
| 3 | 1 | 数据类型2 | 固定值:0x11(工作电机组) |
| 4 | 1 | 数据长度 | 固定值:0x04 |
| 5-8 | 4 | 加热棒输出电压(单位为V) | 单精度浮点数,小端字节序 |
| 9-10 | 2 | 校验和 | 校验位,xx xx (从第2号到8号字节按字节进行累加,得到校验码),小端字节序 |
| 11 | 1 | 包尾 | 固定值:0x0F |

显然,此需求测试目的在于检验系统输出数据帧是否符合格式规范,而对于最关键的分析输出数据帧方法:直观的想法是直接打印数据帧,通过人工进行一一对照,此做法虽然能有效地进行测试,但是效率较低且需要手动计算校验和,容易出错。参考代码如下。

**程序6-9 例6-13参考代码**

```
1   import Manu
2   def Test(arg,exp):
3   seekresult = CH_232_温度传感器.Clear()
4   seekresult = CH_232_加热棒.Clear()
5   seekresult = CH_232_散热风扇.Clear()
6   print '命令设定温度值为%d' % (arg[0])
7   #第一次发送室温
8   Protocol_温度传感器.温度值.Value = arg[0]
9   bool = Protocol_温度传感器.Write()
10  API.Common.Timer.Normal.Sleep(500)
11  #待测件读取数据时间未知,人为间隔500ms发送数据帧
12  #第二次发送室温
13  Protocol_温度传感器.温度值.Value = arg[1]
14  bool = Protocol_温度传感器.Write()
15  API.Common.Timer.Normal.Sleep(500)
16  #第三次发送室温
17  Protocol_温度传感器.温度值.Value = arg[2]
18  bool = Protocol_温度传感器.Write()
19  API.Common.Timer.Normal.Sleep(500)
20  #第一次读取数据帧
21  Protocol_散热风扇.BlockRead()
```

```
22    print Protocol_散热风扇  #直接打印数据帧,其格式严格按照接口格式输出
23    #第二次读取数据帧
24    Protocol_散热风扇.BlockRead()
25    print Protocol_散热风扇
26    #第三次读取数据帧
27    Protocol_散热风扇.BlockRead()
28    print Protocol_散热风扇
29    Standard_Test(Test)
```

结果如图6-30所示。

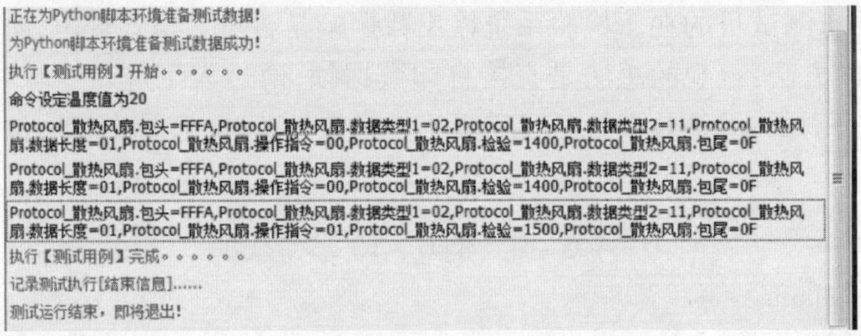

图6-30 例6-13测试结果

程序6-9中使用了API中封装的sleep()以及BlockRead()方法,在这里简单介绍输出测试中常用的几个方法。

API(application programming interface)是用于构建应用程序软件的一组子程序定义、协议和工具。通过调用其中封装的方法,可以直接对各接口进行读取数据帧、延迟等操作。

(1)Sleep()。该方法能使计算机线程阻塞,与wait()方法不同,sleep()方法使计算机进入睡眠暂停状态,此时无线程获得CPU控制权。此方法常用于等候待测件读取数据帧,即多次输入数据的情况。

可在 API→Common→Timer→Normal→sleep 进行调用,如图6-31所示。

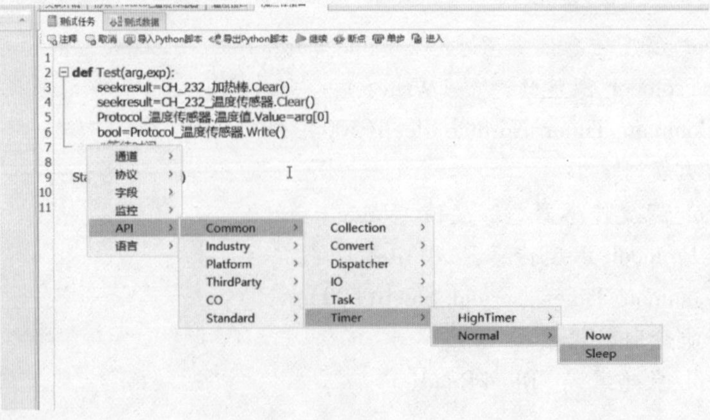

图6-31 sleep()方法调用

（2）BlockRead( )和 Read( )。两者均是读取协议中的数据帧的操作,不同之处在于,BlockRead( )方法是阻塞读取,即线程会一直阻塞到读取数据包成功后才继续运行,故易造成表面"死机";Read( )方法常配合 sleep( )方法使用,线程会阻塞至 sleep( )方法中设定的时间,待时间结束后无论是否成功读取数据,均继续运行。因此,常使用 BlockRead( )方法,如图 6 – 32 所示。

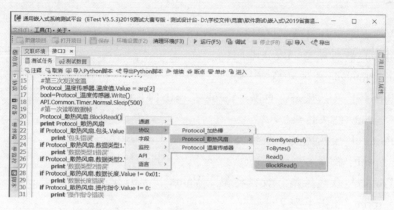

图 6 – 32　BlockRead( )方法调用

进一步思考,还可结合 if 判断语句来避免人为分析数据帧的缺陷。参考代码如下。

程序6 – 10　例6 – 13 参考代码

```
1   import Manu
2   def Test(arg,exp):
3       seekresult = CH_232_温度传感器.Clear()
4       Seekresult = CH_232_加热棒.Clear()
5       Seekresult = CH_232_散热风扇.Clear()
6       print '命令设定温度值为%d' % (arg[0])
7
8       #第一次发送室温
9       Protocol_温度传感器.温度值.Value = arg[0]
10      Bool = Protocol_温度传感器.Write()
11      #待测件读取数据时间未知,人为间隔500ms发送数据帧
12      API.Common.Timer.Normal.Sleep(500)
13
14      #第二次发送室温
15      Protocol_温度传感器.温度值.Value = arg[1]
16      Bool = Protocol_温度传感器.Write()
17      API.Common.Timer.Normal.Sleep(500)
18
```

```
19  #第三次发送室温
20  Protocol_温度传感器.温度值.Value = arg[2]
21  Bool = Protocol_温度传感器.Write()
22  API.Common.Timer.Normal.Sleep(500)
23
24  #第一次读取数据帧
25  Protocol_散热风扇.BlockRead()
26  print Protocol_散热风扇
27  if Protocol_散热风扇.包头.Value! =0xFFFA:
28      print '包头错误'
29  if Protocol_散热风扇.数据类型1.Value! =0x02:
30      print '数据类型1错误'
31  if Protocol_散热风扇.数据类型2.Value! =0x22:
32      print '数据类型2错误'
33  if Protocol_散热风扇.数据长度.Value! =0x01:
34      print '数据长度错误'
35  if Protocol_散热风扇.操作指令.Value! =0:
36      print '操作指令错误
37  if Protocol_散热风扇.检验.Checked! =True:
38      print '校验和错误'
39  if Protocol_散热风扇.包尾.Value! =0x0F:
40      print '包尾错误'
41  #第二次读取数据帧
42  Protocol_散热风扇.BlockRead()
43  print Protocol_散热风扇
44  if Protocol_散热风扇.包头.Value! =0xFFFA:
45      print '包头错误'
46  if Protocol_散热风扇.数据类型1.Value! =0x02:
47      print '数据类型1错误'
48  if Protocol_散热风扇.数据类型2.Value! =0x22:
49      print '数据类型2错误'
50  if Protocol_散热风扇.数据长度.Value! =0x01:
51      print '数据长度错误'
52  if Protocol_散热风扇.操作指令.Value! =0:
53      print '操作指令错误
54  if Protocol_散热风扇.检验.Checked! =True:
55      print '校验和错误'
```

```
56    if Protocol_散热风扇.包尾.Value！=0x0F：
57        print '包尾错误'
58    #第三次读取数据帧
59    Protocol_散热风扇.BlockRead( )
60    print Protocol_散热风扇
61    if Protocol_散热风扇.包头.Value！=0xFFFA：
62        print '包头错误'
63    if Protocol_散热风扇.数据类型1.Value！=0x02：
64        print '数据类型1错误'
65    if Protocol_散热风扇.数据类型2.Value！=0x22：
66        print '数据类型2错误'
67    if Protocol_散热风扇.数据长度.Value！=0x01：
68        print '数据长度错误'
69    if Protocol_散热风扇.操作指令.Value！=0：
70        print '操作指令错误'
71    if Protocol_散热风扇.检验.Checked！=True：
72        print '校验和错误'
73    if Protocol_散热风扇.包尾.Value！=0x0F：
74        print '包尾错误'
75
76    Standard_Test(Test)
```

### 6.4.4 性能测试

性能测试目的在于测试待测件某一性能是否达到设计要求,如对待测件的时间性能进行测试,需求中一般会给出相应的计算公式或计算模型。

**例6－14**【2019年省赛】需求4.1:温控稳定时间性能需求(Control_XN)

请按照本节附的恒温箱温度变化模型,通过时刻 $t_1$ 温度控制器输出的加热棒电压和散热风扇工作状况,计算出恒温箱下一时刻 $t_2$ 的温度,并将温度信息作为温度传感器采集的输入数据,反馈给温度控制器,从而模拟整个温控的过程。$t_2$ 和 $t_1$ 的时间间隔取固定值1s。

从开始控温时刻起,到恒温箱温度和设定温度之差的绝对值连续10次小于0.5℃的时刻为止,所经过的时间为温控稳定时间。

系统的温控稳定时间指标:不大于1min。

要求测出下列3种情况下的温控稳定时间,并且判定是否满足温控稳定时间指标。

1：当设定温度为10，室外温度为0时。
2：当设定温度为20，室外温度为0时。
3：当设定温度为0，室外温度为10时。
附：恒温箱温度变化模型。
恒温控制箱温度变化情况由加热部分和散热部分共同决定。
（1）加热部分单位时间 $t$ 内对恒温控制箱增加的热量：

$$Q_i = \frac{V \cdot V \cdot t}{R}$$

式中：$V$ 为加热棒两端所加电压；$R$ 为加热棒电阻，$t/R = 0.2$。
（2）散热部分单位时间 $t$ 内从恒温箱散失的热量为：

$$Q_o = C \cdot (T - T_0) \cdot t \cdot S + F_s \cdot t$$

式中：$C$ 为散热系数；$T$ 为恒温箱内部温度 $T_0$ 为恒温箱外部温度；$S$ 为散热面积。当散热风扇打开时，$F_s$ 为风扇的散热系数；当散热风扇关闭时，$F_s$ 为0。$C \cdot S = 0.1$、$T_0 = 3$、$F_s = 2$）。
（3）单位时间内恒温控制箱上升的温度为 $\Delta T = \dfrac{Q_i - Q_o}{c \cdot m}$

式中：$c$ 为空气比热容；$m$ 为空气的质量，$\dfrac{1}{c \cdot m} = 1$。

单位时间可取温度传感器输入采集温度的时间间隔。

性能需求较为复杂，同时涉及返回系统时间，常用 time 库中的 time( ) 函数，该函数返回值为当前系统时间。同时，因为至少需要读取10次温度，可采取循环语句，同时将循环出口设计为满足性能需求（稳定时间小于60s）以及不满足性能要求。注意：因为需求指明连续10次，需要一个全局变量 T 记录上一次循环的室温。参考代码如下：

程序6-11　例6-14参考代码

```
1   import time
2   Tc = 10          #设定温度
3   T0 = 0           #初始室外温度
4   T = T0
5   n = 0
6   Fs = 0
7   Va = 0   #上一次的输出电压
8   time0 = time.time( )#记录初始时间
9   while True：
10  #一直循环到性能通过或超过60s才退出循环
11      seekresult = CH_232_温度传感器.Clear( )
12      seekresult = CH_232_加热棒.Clear( )
13      seekresult = CH_232_散热风扇.Clear( )
14      Protocol_温度传感器.温度值.Value = T #传递此次循环室温
```

```
15      bool = Protocol_温度传感器.Write()
16      Protocol_加热棒.BlockRead()
17      Protocol_散热风扇.BlockRead()
18      V = Protocol_加热棒.加热棒输出电压.Value
19      if V < 0:
20          V = 0
21      Qi = V * V * 0.2
22      if Protocol_散热风扇.操作指令.Value = = 1:        #风扇打开
23          Fs = 2
24      elif Protocol_散热风扇.操作指令.Value = = 0:      #风扇关闭
25          Fs = 0
26      Qo = 0.1 * (T - T0) + Fs
27
28      T = T + (Qi - Qo)                    #下次输出温度值
29      if abs(T - Tc) < 0.5:         #满足室外温度于设定温度之差小于0.5
30          n = n + 1
31      else:
32          n = 0
33      if n > = 10:
34          #若室外温度和设定温度之差的绝对值连续10次小于0.5
35          time1 = time.time()
36          print '设定温度为:%d  室外温度为:%d' %(Tc, T0)
37          print '稳定时间为%d'%(time1 - time0)
38          if time1 - time0 < =60:      #稳定时间小于60s
39              print '温控稳定时间性能测试合格'
40          break
41      time2 = time.time()
42      if time2 - time0 >60:
43          #若超过60s还没有稳定,则性能测试不通过
44          print '设定温度为:%d  室外温度为:%d' %(Tc, T0)
45          print '稳定时间大于60s'
46          print '温控稳定时间性能测试不合格'
47          break
48      API.Common.Timer.Normal.Sleep(1000)
```

# 第7章 大数据测试

当今社会是一个高速发展的社会,互联网发达,信息流通广泛,大数据就是这个高科技时代的产物。阿里巴巴创办人马云曾在演讲中提到,未来的时代将不是 IT 时代,而是数据技术(data technology,DT)时代。随着大数据产业的不断发展,数据为各行各业带来了巨大的经济价值,大数据测试也必将成为一个热门的职业方向。尽管大数据技术的发展突飞猛进,但大数据测试的相关技术并不完善,人才非常短缺。大数据测试暴露出越来越多的瓶颈问题。首先,大数据测试人员对大数据相关技术掌握得不够深入;其次,大数据测试方法论不完善、不统一;最后,大数据测试效率低、门槛高,缺少有效的工具平台。针对这些问题,本章将介绍大数据测试的基础知识和方法。

## 7.1 大数据基础

### 7.1.1 什么是大数据

随着人工智能时代的来临,大数据越来越多地受到人们的关注。人们已经认识到数据是一种无形的宝贵资产。那么,到底什么是大数据呢?大数据是指无法在一定时间范围内用常规软件工具进行捕捉、管理和处理的数据集合,是需要新处理模式才能具有更强的决策力、洞察力和流程优化能力的海量、高增长率和多样化的信息资产。通俗来说,大数据是无法使用传统常规工具进行处理的海量数据集。

大数据应用场景广泛,如商品广告搜索、用户行为分析、疾病统计分析、金融风控决策、社交网络分析等。大数据多呈现数据量大、数据结构多样、数据生成速度快、数据价值密度低,以及数据真实的特点[38-39]。

**1. 数据量大**

2012 年互联网数据中心(IDC)发布的《数字宇宙 2020》指出,到 2020 年,全球数据总量将超出 40ZB(相当于 $2^{30}$GB)。如果把 40ZB 的数据全部存入现有的蓝光光盘,这些光盘的重量(不带盒子或包装)相当于 424 艘尼米兹号航空母舰。由此可以看出,大数据的数量之大。巨大的数据量会增加数据存储和计算的复杂程度,同时也会带来数据中的信息不能被全面理解的问题。

**2. 数据结构多样化**

数据来源广、维度多、类型复杂。大数据涉及多种数据类型,包括结构化、半结构化和非结构化3种数据格式。结构化数据可以看作关系型数据库的一张表,每一列都有清晰的定义,每一行表示一个样本的信息。相对于结构化数据,半结构化数据无法通过二维关系来展现,常见的半结构化数据包括JSON、HTML、报表、资源库等数据。非结构化数据包含的信息无法用一个简单的数值表示,也没有清晰的类别定义,并且需要经过复杂的逻辑处理才能提取其中的信息,常见的有文本、图像、音频和视频数据。数据丰富的来源及多样化的结构给数据统一存储带来了挑战。

**3. 数据生成速度快**

数据每时每刻都在大量产生,部分场景对数据的时效性要求较高,因此要求数据能够实时存储、计算。

**4. 数据价值密度低**

大数据的数据量虽然大,但是有价值的数据有限,这就要求使用者从海量的数据中提取能够加以利用的数据。大数据的意义不在于拥有的数据量是最多的,而在于是否能够有效、合理地对这些数据进行加工处理,使数据价值最大化。

**5. 数据真实**

大数据中的内容与现实世界息息相关,研究大数据就是从庞大的网络数据中提取出能够解释和预测现实事件的数据的过程。

基于大数据的特点及问题,传统的技术和工具已经无法对其进行处理,因此,与大数据的收集、存储、分析、计算相关的Hadoop生态系统应运而生。

### 7.1.2　Hadoop生态系统

Hadoop是由Apache基金会开发的分布式系统基础架构,是在分布式集群服务器上存储海量数据并运行分布式分析应用的一个开源软件框架,具有高可靠性、高效性、高容错性及高扩展性的特点。Hadoop生态系统如图7-1所示,从图中可以看出,数据从来源层到应用层会经过多个Hadoop生态圈组件的处理,这些组件的产生解决了海量数据的收集、存储、分析、计算问题。Hadoop框架最核心的设计就是Hadoop分布式文件系统(hadoop distributed file system,HDFS)和MapReduce。HDFS为海量的数据提供了存储服务,MapReduce为海量的数据提供了计算服务。下面将依次介绍HDFS、MapReduce、Hive、HBase、Storm、Spark、Flink,其他组件暂不介绍[39-40]。

**1. HDFS**

Hadoop实现了一个分布式文件系统(distributed file system,DFS)。HDFS是Hadoop生态系统的基本组成部分,为整个Hadoop生态系统提供了基础的存储服务。HDFS具有高容错性的特点,并且用来部署在低廉的硬件上。它提供高吞吐量来访问应用程序的数据,适合那些有超大数据集的应用程序。HDFS 放宽了对可移植操作系统界面的要求,可以用流的形式访问文件系统中的数据。

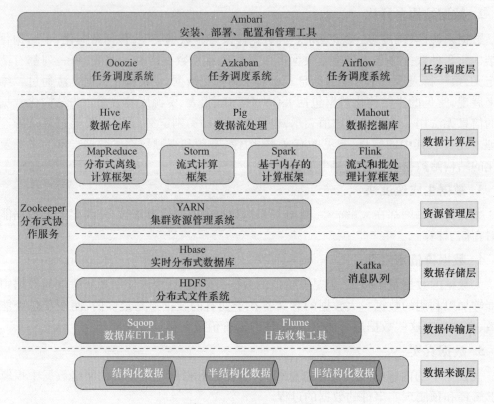

图 7-1 Hadoop 生态系统

1) HDFS 架构

HDFS 集群以管理者-工作者的模式运行,其中有两类节点,即一个 NameNode(管理者)和多个 DataNode(工作者)。HDFS 架构如图 7-2 所示,图中绘制了一个 NameNode 和多个 DataNode。从图中可以看到,DataNode 中的数据是按照块存储的,从 Apache Hadoop 2.7.3 版本开始,块默认大小更改为 128MB,不再使用之前的默认值 64MB。

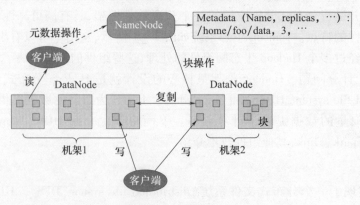

图 7-2 HDFS 架构

其中关键的组件如下。

(1)NameNode。存储文件的元数据,包括文件名、文件属性(文件目录的所有者及其权限、生成时间、副本数)、文件目录结构及它们之间的层级关系。NameNode 管理文件系统命名空间与文件、块、DataNode 之间的映射关系。注意:运行 NameNode 会占用大量内存和 I/O 资源,一般 NameNode 不会存储用户数据或执行 MapReduce 任务。

(2)DataNode。文件系统的工作节点,负责存储和检索块(由客户端或 NameNode 调度),负责为系统客户端提供数据块的读写服务,根据 NameNode 的指示进行数据块的创建、删除和复制等操作,通过心跳检测机制定期向 NameNode 报告所存储数据块的列表信息。

(3)客户端。用户通过客户端管理和访问 HDFS。客户端通过与 NameNode 交互获取文件的位置信息,通过与 DataNode 交互实现数据读取和写入功能。客户端提供一个类似于 POSIX 的文件系统接口,使用户在编程时无须知道 NameNode 和 DataNode 也可实现其功能。

2) Hadoop Shell

通过命令行交互,即用 Hadoop Shell 可以进一步了解 HDFS。使用 hadoop fs – help 可以查看 Hadoop Shell 的所有命令及帮助信息。Hadoop Shell 命令都采用"hadoop fs – 命令 URI"的格式。可以使用默认配置来简化命令格式中主机的 URI,即省略 hdfs://localhost,该项在配置文件 core – site.xml 中已指定。

Hadoop Shell 中部分命令的格式和功能与 Shell 命令相似,这些命令包括 cat、chgrp、chmod、chown、du、ls、mkdir、rm、stat、tail、mv(不允许在不同的文件系统间移动文件)、cp(不允许在不同的文件系统间复制文件)。举例说明如下。

(1)ls:显示当前目录 test 下所有文件。

①Shell 命令:ls。

②Hadoop Shell 命令:hadoop fs – ls hdfs://localhost/test。

(2)cat:连接文件或标准输入并输出。

①Shell 命令:cat text1。

②Hadoop Shell 命令:hadoop fs – cat hdfs://localhost/text1。

Hadoop Shell 与 Shell 中存在区别的命令包括 text、touchz、get、getmerge、put、copyFromLocal、copyToLocal、movefromLocal、test、expunge。Hadoop Shell 命令的详细信息如表 7 – 1 所列。

表 7 – 1　Hadoop Shell 命令的详细信息

| 命令 | 使用方法 | 作用 |
| --- | --- | --- |
| text | hadoop fs – text < hdfs file > | 显示文件的内容,当文件为文本文件时,用法等同于 cat 命令;当文件为压缩格式(gzip 及 hadoop 的二进制序列文件格式)时,会先解压缩 |
| touchz | hadoop fs – touchz < hdfs file > | 创建一个 0 字节的空文件,用法类似于 Shell 中的 touch,可以创建多个空文件 |

（续）

| 命令 | 使用方法 | 作用 |
|---|---|---|
| get | hadoop fs – get [ – ignorecrc ] [ – crc ] < hdfs file > < local file or dir ><br>hadoop fs – get [ – ignorecrc ] [ – crc ] < hdfs file or dir > < local dir ><br>可用 – ignorecrc 选项复制 CRC 失败的文件<br>可用 – crc 选项复制文件及 CRC 信息 | 复制 hdfs 文件到本地文件系统。注意：local file 不能与 hdfs file 名称相同，否则会提示文件已存在，把文件复制到本地磁盘 |
| getmerge | hadoop fs – getmerge < hdfs dir > < local file > [ addnl ]<br>addnl 是可选的，用于在每个文件结尾添加一个换行符 | 获取由 hdfs dir 指定的所有文件，将它们合并为单个文件，并写入本地文件系统的 local file 中 |
| put | hadoop fs – put < local file or dir > < hdfs dir ><br>hadoop fs – put < hdfs file > 从标准输入中读取输入 | 从本地文件系统中复制文件或目录到目标 hdfs，也支持从标准输入中读取输入并写入目标文件系统 |
| copyFromLocal | hadoop fs – copyFromLocal < local src > < hdfs dst > | 从本地文件系统复制文件到 hdfs，用法等同于 put 命令 |
| copyToLocal | hadoop fs – copyToLocal [ – ignorecrc ] [ – crc ] < hdfs dst > … < local src > | 从 hdfs 复制文件到本地文件系统，用法等同于 get 命令 |
| movefromLocal | hadoop fs – movefromLocal < local src > … < hdfs dst > | 与 put 用法类似，命令执行后源文件(local src)被删除 |
| test | hadoop fs – test – [ ezd ] < hdfs file > | – e 检查文件是否存在，如果存在，则返回 0；<br>– z 检查文件是否是 0 字节，如果是，则返回 0；<br>– d 检查路径是否为目录，如果路径是目录，则返回 1；否则，返回 0 |
| expunge | hadoop fs – expunge | 清空回收站。文件被删除时，首先会把它移到临时目录 .Trash/中，当超过延迟时间后，文件才会被永久删除 |

### 2. MapReduce

MapReduce(MR)是一种可用于数据处理的编程模型，也是一种分布式计算框架。MapReduce 可以处理海量的数据集，对 GB、TB、PB 级数据都能处理。另外，它还支持批处理，可同时处理多个数据集。但 MapReduce 的时效性较差，不太适用于实时数据计算，也不擅长流式计算。更多实时数据计算框架的介绍可参考 Storm、Spark 和 Flink。

MapReduce 的整个计算过程采用的是一种分而治之的思想。举一个简单的例子，有一篇 10 行的文章，要求统计文章中出现的单词及其个数。人工完成这个任务还算简单，花一些时间就可以统计出来。但是如果将文章长度变为 1000 行，一个人手工计算就很困难了。不过可以使用另外一种方法，找来 100 个人，每人分配 10 行进行单词统计，然后再将这 100 个人的结果合并起来，这样任务就变简单了，这就是 MapReduce 的思想。

MapReduce 将计算过程分为两个阶段——Map 阶段和 Reduce 阶段。Map 阶段对并行输入数据进行处理，Reduce 阶段对 Map 阶段处理后的结果进行汇总，每个阶段都以键 – 值对作为输入和输出。对于统计文章中单词个数的任务来说，可以把 100 人进行单词个数统计看作 Map 阶段，将汇总这 100 人的统计结果看作 Reduce 阶段。MapReduce 的计算流程如图 7-3 所示。

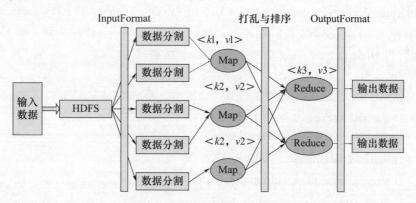

图 7-3 MapReduce 的计算流程

从图 7-3 中可以看到,读取数据前,InputFormat 会将输入数据划分成等长的小块,块的个数决定了 Map 的个数。影响 Map 个数的因素有很多,如 HDFS 块的大小、输入文件的大小和个数、splitsize 的大小等。分割后的数据会进入 Map 阶段进行处理。为了减轻 Reduce 端排序压力带来的内存消耗,在 Map 阶段结束后,进入 Reduce 阶段前增加了一个打乱 & 排序(shuffle&sort)的过程,该过程使每个 Reduce 的输入都是按键排序的。Map 和 Reduce 阶段的数据处理逻辑是由用户编写的 MapReduce 程序(Mapper 和 Reducer 文件)决定的。

Hadoop 提供了 MapReduce 的 API,允许用户使用其他语言编写自己的 Map 和 Reduce 函数。Hadoop Streaming 使用 Unix 标准流作为 Hadoop 和应用程序之间的接口,使用户可以使用任何编程语言通过标准输入/输出来编写 MapReduce 程序。下面以单词及其个数统计为例,使用 Hadoop Streaming 编程来说明 MapReduce 的计算流程。给定以下被统计的文本 input_wordcount。

```
1    lily likes badminton
2    kris likes basketball
3    lily aiso likes basketball
```

现对文本中单词及其个数进行统计,运行脚本 run.sh,内容如程序 7-1 所示。

程序 7-1 run.sh 程序

```
1    #单词计数文本输入路径
2    input_path = "/user/hive/warehouse/tmp.db/wordcount/input_wordcount"
3    #单词计数结果输出路径
4    output_path = "/user/hive/warehouse/tmp.db/wordcount/output_wordcount"
5    hadoop fs -rm -r ${output_path}
6    hadoop_jar =/opt/cloudera/parcels/CDH-5.3.1-1.cdh5.3.1.p0.5/lib/hadoop-mapreduce/hadoop-streaming.jar
```

```
7    lib_jars = /opt/cloudera/parcels/CDH/lib/apache – hive – 1.1.0 – cdh5.4.8 – bin/lib/hive – exec – 1.1.0 – cdh5.4.8.jar
8    #使用 Hadoop Streaming 运行 MapReduce 任务
9    hadoop jar ${hadoop_jar} – libjars ${lib_jars} \
10   – D mapred.map.tasks = 1 \
11   – D mapred.reduce.tasks = 1 \
12   – D mapred.job.priority = HIGH \
13   – D mapred.job.name = wordcount \
14   – D stream.num.map.output.key.fields = 1 \
15   – D num.key.fields.for.partition = 1 \
16   – input  $input_path \
17   – output $output_path \
18   – mapper" python wordcount_mapper.py" \
19   – reducer" python wordcount_reducer.py" \
20   – file ./wordcount_mapper.py \
```

得到统计后的结果文件 output_wordcount,如下所示。

```
1    also         1
2    badminton    1
3    basketball   2
4    kris         1
5    likes        3
6    lily         2
```

run.sh 用到的 Mapper 文件是 wordcount_mapper.py。在 Map 阶段,将输入的每行数据按照空格进行分割后使用" \t"与 1 拼接,把拼接后的数据输入 wordcount_reducer.py 并处理。整体处理流程如图 7 – 4 所示。注意:Map 过程是由用户编写的 Mapper 文件决定的,即这里的 wordcount_mapper.py。

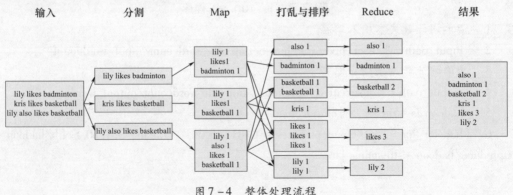

图 7 – 4  整体处理流程

wordcount_mapper.py 的内容如程序 7-2 所示。

程序 7-2　wordcount_mapper.py 程序

```
1   import sys
2
3   for line in sys.stdin：
4       ln = line.strip().split(" ")
5       for word in ln：
6           print '\t'.join([word.strip(),'1'])
```

wordcount_reducer.py 的内容如程序 7-3 所示。

程序 7-3　wordcount_reducer.py 程序

```
1   import sys
2
3   cur_word = None
4   sum = 0
5
6   for line in sys.stdin：
7       ln = line.strip().split('\t')
8       if len(ln)! =2：
9           continue
10      word,cnt = ln
11
12      if cur_word = = None：
13          cur_word = word
14
15      if cur_word! = word：
16          print '\t'.join ([cur_word,str(sum)])
17          cur_word = word
18          sum = 0
19
20      sum + = int(cnt)
21
22  print '\t'.join([cur_word,str(sum)])
```

由于输入的文件很小,只有 3 行数据,因此,图 7-4 中的分割过程以行为单位对文本进行分割。实际应用中,MapReduce 计算的输入文件都很大,文件按照块进行分割。分割后的块有多行数据,每一行数据会按照 wordcount_mapper.py 文件中用户编写的 for line in sys.stdin 分别进行处理。Map 和 Reduce 阶段都以键值对作为输入与输出,单词统计示例中,"键"指的是被统计的单词,"值"指的是单词对应个数。打乱和排序阶段会将拥有相同键的数据放在同一块中,之后将块传给 Reduce 任务。默认情况下,只有一个 Reducer,所有块会传给一个 Reduce 任务。当有多个 Reducer 时,具有相同键的数据会传给同一个 Reduce 任务。如果 Map 过程输出文件太大或 Reduce 内存设置得较小,可能导致相同键的数据在一个 Reduce 任务里无法处理,因此可能会把相同键的数据传给另一个 Reduce 任务。当然,如果一个 Reduce 比较大,会出现所有键相同的块对应一个 Reduce 任务的情况。

3. Hive

Hive 是基于 Hadoop 的一个数据仓库平台,可以将结构化的数据文件映射到一张数据库表,并提供完整的查询功能。实际数据都存储在 HDFS 中,Hive 只定义了简单的类 SQL。执行时,可以将 SQL 语句转换为 MapReduce 任务(有些查询没有转换为 MapReduce 任务,是否转换为 MapReduce 任务与任务复杂程度及系统配置有关)查询 HDFS 上的数据。

1) Hive 系统架构

Hive 架构如图 7-5 所示,包括以下部分。

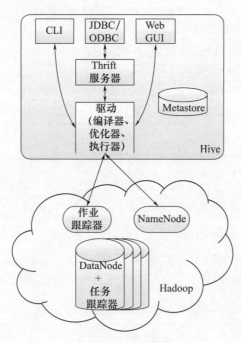

图 7-5 Hive 架构

(1) 用户接口。

① 用户可以直接使用 Hive 提供的 CLI 工具执行交互式 SQL。

② Hive 提供了纯 Java 的 JDBC 驱动,使得 Java 应用程序可以在指定的主机端口连接到另一个进程中运行的 Hive 服务器。另外,Hive 还提供了 ODBC 驱动,支持使用 ODBC

协议的应用程序连接到 Hive。从图 7-5 可以看到,和 JDBC 类似,ODBC 驱动使用 Thrift Server 和 Hive 服务器进行通信。

③用户也可以通过 Web GUI(即通过浏览器访问网页)的方式,输入 SQL 语句,执行操作。

(2)驱动模块。驱动模块包含 4 个模块,即解释器、编译器、优化器和执行器。通过该模块对输入内容进行解析、编译,对需求的计算进行优化,然后按照指定的步骤运行(通常启动多个 MapReduce 任务来执行)。

(3)元数据。Hive 的元数据存储在一个独立的关系型数据库里,通常使用 MySQL 或 Derby 数据库。Hive 中的元数据包括表的名字、表的属性、表的模式、表的分区和列信息、表中数据所在目录等。

| 注 意 | Hive 是构建在 Hadoop 之上的,Hive 查询处理的数据是存储在 HDFS 中的,本质上 Hive 的运算结果是利用 MapReduce 计算得到的。 |
|---|---|

2)Hive 与普通关系型数据库的区别

Hive 与普通关系型数据库的区别如表 7-2 所列。

表 7-2 Hive 与普通关系型数据库的区别

| 特性 | Hive | 普通关系型数据库 |
|---|---|---|
| 查询语言 | HiveQL | SQL |
| 数据存储 | HDFS | 原始设备或本地文件系统 |
| 处理的数据规模 | 大 | 小 |
| 执行方式 | 通过 MapReduce | 通过执行器 |
| 执行延迟 | 高(分钟级) | 低(亚秒级) |
| 事务 | 支持(表级和分区级) | 支持 |
| 可扩展性 | 高 | 低 |

3)HiveQL 和 SQL 的比较

HiveQL(Hive SQL 的简称)的很多语句与 SQL 都相同,但也有不同的地方,HiveQL 和 SQL 的比较如表 7-3 所列。

表 7-3 SQL 和 HiveQL 的比较

| 特性 | SQL | HiveQL |
|---|---|---|
| 更新 | UPDATE/INSERT/DELETE | INSERT |
| 函数 | 包含数百个内置函数 | 包含几十个内置函数 |
| 多表插入 | 不支持 | 支持 |
| 视图 | 可更新(物化的或非物化的视图) | 只读(不支持物化视图) |
| 数据类型 | 整数、浮点数、定点数、文本和二进制串、时间 | 整数、浮点数、布尔型、文本和二进制串、时间戳、数组、映射、结构 |

4)Hive 数据存储与 Hive 表

(1)Hive 的数据存储

Hive 的数据都是存储在 HDFS 上的,默认有一个根目录。具体值可以在 hive - site.xml 文件中配置,由参数"hive.metastore.warehouse.dir"指定,其默认值为/user/hive/warehouse。

Hive 中的数据库在 HDFS 上的存储路径为 ${hive.metastore.warehouse.dir}/databasename.db。例如,在 tmp 库中表 table_a 的存储路径为/user/hive/warehouse/tmp.db/table_a。

(2)内部表和外部表

Hive 中的表分为内部表(MANAGED_TABLE,有的也称为托管表)和外部表(EXTERNAL_TABLE)。内部表适用于 Hive 中间表、结果表以及一般不需要从外部(如本地文件、IIDFS)加载(load)数据的情况。外部表适用于源表、需要定期将外部数据映射到表中的情况。

内部表和外部表最大的区别是:内部表进行 DROP 操作时会删除 HDFS 上的数据,而外部表进行 DROP 操作时不会删除 HDFS 上的数据,只会删除 Hive 的元数据。其实这两者最本质的区别是加载数据到内部表时,Hive 会把数据移到 Hive 内部表的仓库目录。对于存储于 tmp 库的表 table_a 来说,这个目录就是/user/hive/warehouse/tmp.db/table_a,在删除内部表时,该目录数据和元数据都会被删除。对于外部表,数据是在 Hive 仓库目录之外的位置存储的,Hive 只"知道"数据存在但不做管理,所以不会把数据移到自己的仓库目录,在删除表时 Hive 不会删除数据。

(3)分区和分桶

Hive 会根据 Partition 列的值对表进行粗略划分,划分得到的表称为分区表。使用分区可以加快数据分片的查询速度。表或分区可以进一步分为"桶"(bucket)。例如,通过用户 ID 把表/分区划分为桶,这样有利于在所有用户集合的随机样本上进行快速查询操作。

在 Hive 中,表中的一个分区对应于表下的一个目录,所有分区的数据都存储在对应的目录中。例如,若表/user/hive/warehouse/tmp.db/table_b 中有一个 Partition 字段 etl_dt,则对应于 etl_dt = 20170728 的 HDFS,子目录为/tmp.db/table_b/etl_dt = 20170728;对应于 etl_dt = 20170729 的 HDFS,子目录为/tmp.db/table_b/etl_dt = 20170729。

分区表在创建时需要使用 PARTITION BY 指定分区的列,分区的列既可以为一列,也可以为多列。创建分区表的示例语句如程序 7 - 4 所示。

程序 7 - 4  创建分区表语句

```
1    CREATE EXTERNAL TABLEhive_study(
2    id INT,
3    age STRING COMMENT '年龄',
4    dt STRING
5    ) COMMENT 'hive_study test'
6    PARTITIONED BY ( dt STRING)
```

```
7    ROW FORMAT DELIMITED
8    FIELDS TERMINATED BY ','
9    STORED AS textfile
10   LOCATION '/user/hive/warehouse/tmp. db/outtable';
```

- 关键字 EXTERNAL:表示该表为外部表,如果不指定 EXTERNAL 关键字,则表示它为内部表。
- 关键字 COMMENT:为表和列添加注释。
- 关键字 PARTITIONED BY:表示该表为分区表,分区字段为 dt,类型为 String。
- 关键字 ROW FORMAT DELIMITED:指定表的分隔符,通常后面要与以下关键字连用。

```
FIELDS TERMINATED BY','    //指定每行中字段分隔符为逗号
LINES TERMINATED BY '\n'   //指定行分隔符
COLLECTION ITEMS TERMINATED BY','    //指定集合中元素之间的分隔符
MAP KEYS TERMINATED BY':'   //指定数据中 Map 类型的 key 与 value 之间的分隔符
```

- 关键字 LOCATION:指定表加载的 HDFS 数据路径,通常在创建外部表时,会先把 HDFS 文件上传(put)到 HDFS 的指定路径,如这里的/user/hive/warehouse/ tmp. db/。

使用的 Hadoop 命令如下:

```
hadoop fs – put outtable /user/hive/warehouse/tmp. db/outtable
```

Outtable 文件的内容如下:

```
1    30,1989 – 09 – 03
2    28,1991 – 02 – 14
3    4,2016 – 07,29
```

执行上面的建表语句后,hive_study 表就会创建完成且表中数据与文件 outtable 相同。同时该表会按照 dt 字段的值(dt = 1989 – 09 – 03,dt = 1991 – 02 – 14,dt = 2016 – 07 – 29)形成 3 个分区。

创建分桶表的示例如下所示。

```
CREATE TABLE person(id INT, name STRING)
CLUSTERED BY (id) SORTED BY (id ASC) INTO 4 BUCKETS;
```

### 4. HBase

随着互联网 Web 2.0 的兴起,传统关系型数据库在 Web 2.0 网站应用中暴露出很多

问题,特别是超大规模和高并发动态网站。例如,传统关系型数据库存在高并发读写瓶颈(实际上,Hive 也存在这个瓶颈,Hive 只适合离线数据读写),硬件和服务节点的扩展性与负载能力有限,事务一致性不佳等问题。另外,任何处理大数据量的 Web 系统都非常忌讳几个大表间的关联查询,以及复杂的数据分析类型的 SQL 查询。基于以上技术问题及业务需求,HBase 应运而生。

HBase 是一个建立在 HDFS 之上,面向列的 NoSQL 数据库,用于快速读/写大量数据,是一个高可靠、高并发读写、高性能、面向列、可伸缩、易构建的分布式存储系统。HBase 具有海量数据存储、快速随机访问、大量写操作的特点。

1)HBase 系统架构

HBase 系统架构如图 7-6 所示。

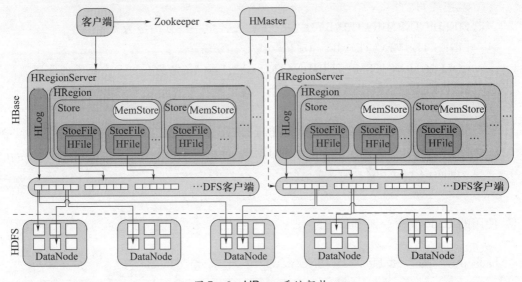

图 7-6　HBase 系统架构

HBase 同样采用主从式的架构,使用一个 HMaster 节点协调管理多个 HRegionServer 从属机,它包括以下部分。

(1)客户端。包含访问 HBase 的接口,同时在缓存中维护着已经访问过的 Region 位置信息,用来加快后续数据访问过程。客户端通过读取存储在主服务器上的数据,获得 HRegion 的存储位置信息后,直接从 HRegion 服务器上读取数据。客户端与 HMaster 通信以进行管理类操作,客户端与 HRegionServer 通信以进行数据读写类操作。

(2)Zookeeper。HBase 依赖于 Zookeeper,Zookeeper 管理一个 Zookeeper 实例,客户端通过 Zookeeper 才可以得到 meta 目录表的位置以及主控机的地址等信息。也就是说,Zookeeper 是整个 HBase 集群的注册机构。另外,Zookeeper 可以帮助选举出一个主节点作为集群的总管,并保证在任何时刻总有唯一的 HMaster 在运行,这就避免了 HMaster 的"单点失效"问题。

(3)HMaster。负责启动安装,将区域分配给注册的 HRegionServer,恢复 HRegionServer 的故障,管理和维护 HBase 表的分区信息,HMaster 的负载很轻。

(4)HRegionServer。将表水平分裂为区域,集群中的每个节点管理若干个区域,区域是 HBase 集群上分布数据的最小单位,因此,存储数据的节点就构成了一个个的区域服器,称为 HRegionServer。HRegionServer 负责存储和维护分配给自己的区域,响应客户端的读写请求。

从图 7-6 可以看到,最底层 HBase 中的所有数据文件实际上都是存储在 HDFS 上的。

2) HBase 存储格式

传统关系型数据库中的数据是按照行存储的,数据按照一行一行的顺序写入。对于磁盘来讲,这种行为与其物理构造是比较契合的。在 OLTP(on-line transaction processing,联机事务处理)类型的应用中,这种行为是合适的,但是如果需要读取一列数据,这种存储方式就存在一定"缺陷",不过通过索引的机制基本可以实现。

HBase 采用列存储方式,那么什么是列存储呢？列存储是相对于传统关系型数据库的行存储来说的,从图 7-7 可以看出两者的区别。

基于行

| Row ID | Date/Time | Material | Customer Name | Quantity |
|---|---|---|---|---|
| 1 | 845 | 2 | 3 | 1 |
| 2 | 851 | 5 | 2 | 2 |
| 3 | 872 | 4 | 4 | 1 |
| 4 | 878 | 1 | 5 | 2 |
| 5 | 888 | 2 | 3 | 3 |
| 6 | 895 | 3 | 4 | 1 |
| 7 | 901 | 4 | 1 | 1 |

基于列

| Row ID | Date/Time | Material | Customer Name | Quantity |
|---|---|---|---|---|
| 1 | 845 | 2 | 3 | 1 |
| 2 | 851 | 5 | 2 | 2 |
| 3 | 872 | 4 | 4 | 1 |
| 4 | 878 | 1 | 5 | 2 |
| 5 | 888 | 2 | 3 | 3 |
| 6 | 895 | 3 | 4 | 1 |
| 7 | 901 | 4 | 1 | 1 |

行存储

| 1 | 845 | 2 | 3 | 1 | 2 | 851 | 5 | 2 | 2 | 3 | 872 | 4 | 4 | 1 | 4 | 878 | 1 | 5 | 2 | ... |

列存储

| 1 | 2 | 3 | 4 | ... | 845 | 851 | 872 | 878 | ... | 2 | 5 | 4 | 1 | ... | 3 | 2 | 4 | 5 | ... |

图 7-7 行、列存储的区别

从图 7-7 中可以清楚地看到,行存储方式下,一张表的数据都是放在一起的。但列存储方式下数据分开保存了,每一列中间的"..."表示每列数据分开保存,数据不是连续的。行存储以一行记录为单位,列存储以列数据集合(或称列族)为单位。HBase 表中的每列都归属于某个列族,在创建表时,列族必须预先给出,列名不需要给出。列名一般是在列族中插入数据时给出的,如 age:1,表示在 age 列插入值 1。列名以列族作为前缀,每个列族都可以有多个列(column)成员,新的列成员可以按需动态加入。

3) HBase 逻辑结构和物理存储结构

HBase 与传统关系型数据库很类似,数据存储在一张表中,有行有列,但 HBase 的本质是一种键-值存储系统。反过来,行键相当于键,列族数据的集合相当于 Value。与 NoSQL 数据库一样,行键是用来检索记录的主键,行键必须存在且在一张表中唯一。

HBase 逻辑结构如图 7-8 所示,HBase 的一张表由一个或多个区域组成,记录之间按照行键的字典序排列。从图中可以看到,该 HBase 表有多个行键,表被横线划分为 3 个

Region。注意:第 2 个区域的 row_key41 在 row_key5 前面,因为排序是按位(字典序)比较的,4 比 5 小,所以 41 在前面。表中竖线将表划分为两个列族,列族 class_info(包括列 name、age、class)和列族 contact_info(包括列 phone、address)。

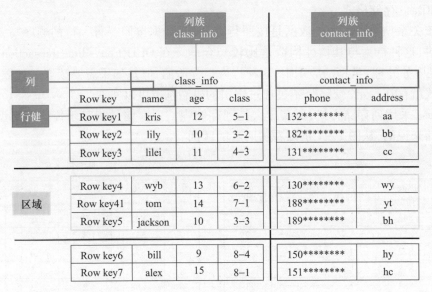

图 7-8　HBase 逻辑结构

图 7-8 只是逻辑结构,实际的物理存储结构如图 7-9 所示。Row key 行中都是 row key1,Column Family 列族中都为 class_info,Column Qualifier 是列限定符(对应图中的列名),Time Stamp 是数据插入时自动生成的。当然,在插入数据时也可以手动指定 Time Stamp。Type 表示数据是以插入(put)方式写入的,Value 就是该列的值。

|  | class_info | | |
|---|---|---|---|
| Row key | name | age | class |
| Row key1 | kris | 12 | 5-1 |
| Row key2 | lily | 10 | 3-2 |
| Row key3 | lilei | 11 | 4-3 |

| Row key | Column Famiky | Column Qualifier | Time Stamp | Type | Value |
|---|---|---|---|---|---|
| row key1 | class_info | name | t1 | put | kris |
| row key1 | class_info | age | t2 | put | 12 |
| row key1 | class_info | class | t3 | put | 5-1 |

图 7-9　HBase 物理存储结构

4) HBase Shell

下面进行 HBase Shell 命令的演示,主要介绍几个常用命令。

(1) 执行 hbase shell 命令,进入命令行交互模式,如图 7-10 所示。

```
[                    all]$ hbase shell
20/04/20 13:56:18 INFO Configuration.deprecation:hadoop.native.lib is deprecated.Instead,use io.
SLF4J: Class path contains multiple SLF4J bindings.
SLF4J: Found bingding in [jar:file:/opt/cloudera/parcels/CDH-5.3.1-1.cdh5.3.1.p0.5/lib/hbase-1.2.0-cdh5.
SLF4J: Found bingding in [jar:file:/opt/cloudera/parcels/CDH-5.3.1-1.cdh5.3.1.p0.5/jars/slf4j-log4j12-1.
SLF4J: See http://www.slf4j.org/codes.html#multiple_bindings for an explanation.
SLF4J: Actual binding is of type [org.slf4j.impl.Log4jLoggerfactiry]
HBase Shell; enter 'help<RETURN>' for list of supported commands.
Type "exit<RETURN>" to leave the HBase Shell
Version 1.2.0-cdh5.13.0, rUnknown, Wed Oct 4 11:16:18 PDT 2017

Hbase(main):001:0>
```

图 7-10　执行 Hbase Shell 命令

(2)查看 HBase 数据库状态,如图 7-11 所示。

```
Hbase(main):001:0> status
20 servers, 0 dead, 151.1000 average load
```

图 7-11　查看 HBase 数据库状态

查询结果表示 20 台机器处于运行状态,0 台机器处于死机状态,当前平均负载是 151.1000(数字越大,负载越大)。

(3)执行 help 命令,查看帮助信息,如图 7-12 所示。

```
Hbase(main):004:0> help
HBase Shell, Version 1.2.0-cdh5.13.0, rUnknown, Wed Oct 4 11:16:18 PDT 2017
Type 'help "COMMAND"',(e.g. 'help "get"' - the quotes are necessary) for help on a specific command.
Commands are grouped. Type 'help "COMMAND_GROUP"',(e.g. 'help "general"') for help on a command group.

COMMAND GROUPS:
 Group name: general
 Commands: status, table_help, version, whoami

 Group name: ddl
 Commands: alter, alter_async, alter_status, create, describe, disable, disable_all, enable, enable_all,
exists, get_table, is_disabled, is_enabled, list, location_region, show_filters

 Group name: namespace
 Commands: alter_namespace,create_namespace,describe_namespace,drop_namespace,list_namespace,list_name space_tables

 Group name: dml
 Commands: append, count, delete, deleteall, get, get_counter, get_splits, incr, put, scan, truncate, truncate_preserve

 Group name: tools
 Commands: assign, balance switch, balancer, balancer enabled, catalogjanitor enabled, catalogjanitor run, catalogjanito
```

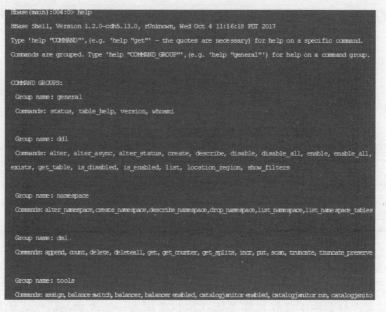

图 7-12　查看帮助信息

①general:普通命令组。

②ddl:数据定义语言命令组。

③dml:数据操作语言命令组。

④tools:工具组。

⑤replication:复制命令组。

⑥SHELL USAGE:Shell 语法。

(4)创建、检查、查看的表命令分别是 create、list、desc。命令 desc 的运行结果如图 7－13 所示。

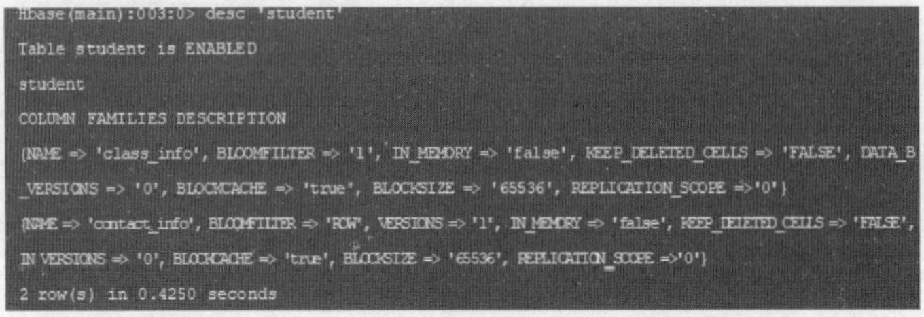

```
Hbase(main):003:0> desc 'student'
Table student is ENABLED
student
COLUMN FAMILIES DESCRIPTION
{NAME => 'class_info', BLOOMFILTER => '1', IN_MEMORY => 'false', KEEP_DELETED_CELLS => 'FALSE', DATA_B
_VERSIONS => '0', BLOCKCACHE => 'true', BLOCKSIZE => '65536', REPLICATION_SCOPE =>'0'}
{NAME => 'contact_info', BLOOMFILTER => 'ROW', VERSIONS => '1', IN_MEMORY => 'false', KEEP_DELETED_CELLS => 'FALSE',
IN VERSIONS => '0', BLOCKCACHE => 'true', BLOCKSIZE => '65536', REPLICATION_SCOPE =>'0'}
2 row(s) in 0.4250 seconds
```

图 7－13　命令 desc 的运行结果

通过以下命令创建一个名为 student 的表，这个表有两个列族，列族 1 是 class_info，列族 2 是 contact_info。

－hbase( main) :006 :0 > create 'student','class_info','contact_info'

可以使用 list 检查表的创建情况，用 desc 'student'查看表的详细信息。

(5)命令 alter 的运行结果如图 7－14 所示。

①要修改 HBase 表的结构，必须依据禁用表→修改表→启用表的步骤进行操作，直接修改会报错。

②要删除表中的列族，可以使用 alter 'student',{NAME = > 'contact_info',METHOD = > 'delete'}。

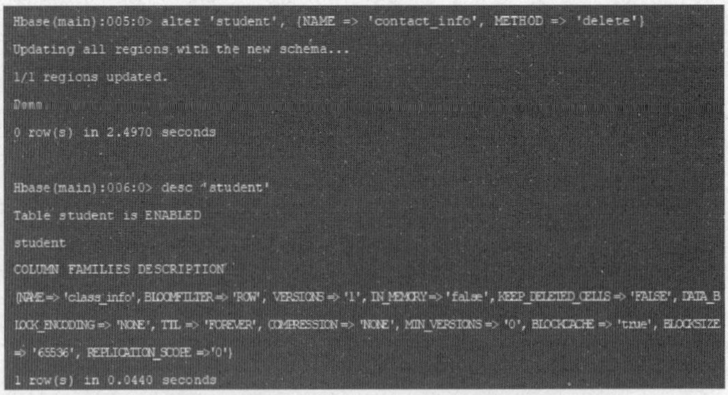

```
Hbase(main):005:0> alter 'student', {NAME => 'contact_info', METHOD => 'delete'}
Updating all regions with the new schema...
1/1 regions updated.
Done.
0 row(s) in 2.4970 seconds

Hbase(main):006:0> desc 'student'
Table student is ENABLED
student
COLUMN FAMILIES DESCRIPTION
{NAME => 'class_info', BLOOMFILTER => 'ROW', VERSIONS => '1', IN_MEMORY => 'false', KEEP_DELETED_CELLS => 'FALSE', DATA_B
LOCK_ENCODING => 'NONE', TTL => 'FOREVER', COMPRESSION => 'NONE', MIN_VERSIONS => '0', BLOCKCACHE => 'true', BLOCKSIZE
=> '65536', REPLICATION_SCOPE =>'0'}
1 row(s) in 0.0440 seconds
```

图 7－14　命令 alter 的运行结果

(6)对表执行命令 disable、drop、exists，运行结果如图 7－15 所示。

同样，对表进行删除的操作也需要依次执行禁用表→修改表→启用表的操作。

①要禁用表，可以使用 disable 'student'。

②要启用表，可以使用 enable 'student'。

③要删除表，可以使用 drop 'student'。

利用 list 或 exists 命令判断表是否存在。

```
Hbase(main):017:0> disable 'student'
0 row(s) in 2.2760 seconds

Hbase(main):018:0> drop 'student'
0 row(s) in 1.3390 seconds

Hbase(main):019:0> exists 'student'
Table student does not exist
```

图 7–15　命令 disable、drop、exists 的运行结果

(7) 命令 is_enabled 的运行结果如图 7–16 所示。该命令用于判断表是可用的还是禁用的。

```
Hbase(main):010:0> is_enabled 'student'
false
0 row(s) in 0.0190 seconds
```

图 7–16　命令 is_enabled 的运行结果

(8) 插入命令 put 的运行结果如图 7–17 所示。
① 对于 HBase 来说，insert 和 update 操作区别不大，都基于插入原理。
② 在 HBase 中没有数据类型的概念，变量的类型都是"字符类型"。
③ 每插入一条记录就会自动建立一个时间戳，由系统自动生成，也可手动"强行指定"。

```
Hbase(main):003:0> put 'student', 'a', ' class_info:name', 'kris'
0 row(s) in 0.0640 seconds

Hbase(main):004:0> count 'student'
1 row(s) in 0.1180 seconds

=> 1
Hbase(main):005:0> get 'student', 'a'
COLUMN                    CELL
 Class_info:name          timestamp=1587369490556, value=kris
1 row(s) in 0.0340 seconds

Hbase(main):006:0> scan 'student'
ROW                       COLUMN+CELL
 a                        column=class_info:name, timestamp=1587369490556, value=kris
1 row(s) in 0.0160 seconds
```

图 7–17　命令 put 的运行结果

(9) 要查看有多少条记录，可使用命令 count，运行结果如图 7–18 所示。

```
Hbase(main):004:0> count 'student'
1 row(s) in 0.1180 seconds

=> 1
```

图 7–18　命令 count 的运行结果

（10）要删除指定列族，可使用 delete，运行结果如图 7-19 所示。删除整行，可使用 deleteall，运行结果如图 7-20 所示。

图 7-19 命令 delete 的运行结果

图 7-20 命令 deleteall 的运行结果

（11）要截断表，可使用命令 truncate，运行结果如图 7-21 所示。

图 7-21 命令 truncate 的运行结果

> 注意　关于命令 truncate 的处理过程，由于 Hadoop 的 HDFS 不允许直接修改表，因此只能先删除表，再重新创建表以达到清空表的目的。

### 5. Storm、Spark 和 Flink

1）Storm

Storm 集群类似于 HDFS，同样遵循主/从结构，集群由一个主节点（Nimbus 节点）和一个或多个工作节点（Supervisor 节点）组成。主节点负责资源分配、任务调度和代码分发，分配计算任务给工作节点并监控工作节点的状态。工作节点负责接收主节点的任务、启动和停止自己管理的工作进程。除了 Nimbus 节点和 Supervisor 节点之外，Storm 还需要一个 Zookeeper 集群，主节点和工作节点之间所有的工作协调都是通过 Zookeeper 集群完成的。Storm 架构如图 7-22 所示。

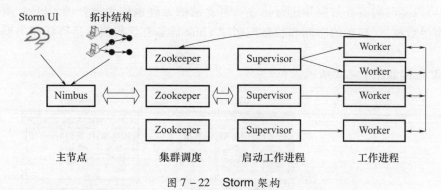

图 7-22　Storm 架构

2) Spark

Spark[41] 是一个基于内存的快速、通用、可扩展的大数据分析引擎，也是一个分布式的并行计算框架。Spark 是下一代的 MapReduce，扩展了 MapReduce 的数据处理流程，采用 Scala 语言编写。Spark 基于弹性分布式数据集（resilient distributed dataset，RDD）模型，具有良好的通用性、容错性与并行处理数据的能力。Spark 架构如图 7-23 所示。

(1) 集群管理器。在 standalone 模式中为主节点，控制整个集群，监控 Worker；在 YARN 模式中为资源管理器。

(2) 工作节点：从节点，负责控制计算节点，启动执行器或者驱动器。

(3) 驱动器：运行应用的 main() 函数。

(4) 执行器：为某个应用运行在工作节点上的一个进程。

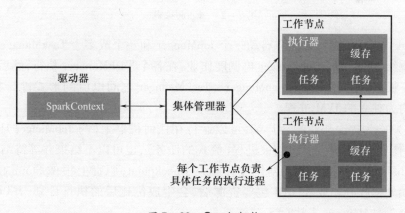

图 7-23　Spark 架构

3) Flink

Flink[41] 是一个分布式计算框架和分布式处理引擎，用于对无界和有界数据流进行有状态计算。Flink 广泛用于互联网企业（如阿里巴巴、腾讯、爱奇艺、美团、京东等）。

日常中很多数据（如服务器日志、银行交易流水数据、用户应用的交互数据等）都源源不断地产生，这些数据都可以称为数据流。数据可以分为无界流和有界流两种。无界流有一个指定的开始，但没有一个指定的结束。处理无界数据通常要求以特定顺序（如事件发生的顺序)获取事件,以便能够推断结果完整性。而有界流具有指定的开始和结束,可以在执行任何计算之前通过获取所有数据来处理有界流。处理有界流不需要有序获取,因为可以随时对有界数据集进行排序。有界流的处理也称为批处理。Flink 擅长处理无界和有界数据集,精确的时间和状态控制使 Flink 能够在无界流上运行任何类型的应用程序。

Flink 架构如图 7-24 所示。

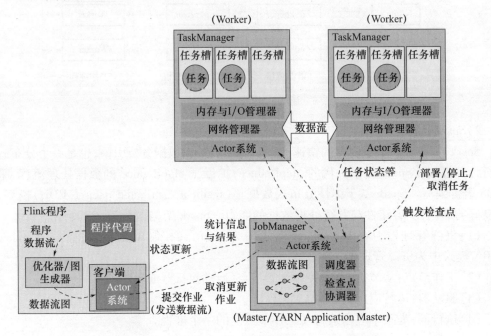

图 7-24  Flink 架构

当 Flink 集群启动后,首先会启动一个 JobManger 和一个或多个 TaskManager。由客户端提交作业给 JobManger,JobManger 再调度作业,在各个 TaskManager 执行,然后 TaskManager 将任务状态信息等汇报给 JobManger。TaskManager 之间以流的形式进行数据传输。上述三者均为独立的 JVM 进程。

(1)客户端为提交作业的客户端,可以运行在任何机器上(与 JobManger 环境连通即可)。提交作业后,客户端可以结束进程(流式的任务),也可以不结束并等待结果返回。

(2)JobManger 主要负责调度作业并触发 Checkpoint,职责上很像 Storm 的 Nimbus。它从客户端处接收到作业和 JAR 包等资源后,会生成优化后的执行计划,并以任务为单元调度各个 TaskManager 去执行。

(3)TaskManager 在启动的时候就设置好了槽(slot)位数,每个槽能启动一个任务,任务为线程。TaskManager 从 JobManger 处接收需要部署的任务,部署启动后,与自己的上游建立 Netty 连接,接收数据并处理。

4)Storm、Spark 与 Flink 的对比

MapReduce 只支持批处理,相对于 Spark,Flink 并没有完全将内存交给应用层。就框架本身与应用场景来说,Flink 与 Storm 更相似。对于实时计算来说,Storm 与 Flink 的底层计算引擎是基于流的,本质上是对一条一条的数据进行处理,且处理的模式是流水线模

式,即所有的处理进程同时存在,数据在这些进程之间流动处理。Spark 是基于批量数据的处理,即对一小批一小批的数据进行处理,且处理的逻辑在一批数据准备好之后才会进行计算。虽然 Spark 也支持流处理(它的流处理其实是一种微批处理方式,如果把 Storm 与 Flink 看作扶梯,则 Spark 可以类比为直梯),但 Spark 的实时性不佳,无法用在一些对实时性要求很高的流处理场景中。三者的对比如表 7 – 4 所列。

表 7 – 4 Storm、Spark、Flink 的对比

| 特性 | Storm | Spark | Flink |
| --- | --- | --- | --- |
| 流模型 | 原生 | 微批处理 | 原生 |
| 消息保障 | 至少一次 | 仅一次 | 仅一次 |
| 反压机制 | 不具有 | 具有 | 具有 |
| 延迟性 | 很低 | 中等 | 低 |
| 吞吐量 | 低 | 高 | 高 |
| 容错方式 | 记录 ACK | 基于 RDD 的检查点 | 通过检查点 |
| 流量控制 | 不支持 | 支持 | 支持 |

### 7.1.3 数据仓库与 ETL 流程

在进行大数据测试之前,首先需要了解数据的流转过程,这样才能对每个流转过程中的环节进行有针对性的测试。测试的目标数据一般是通过 ETL 过程从源系统载入数据仓库。这里就需要解释几个概念。什么是 ETL? 什么是数据仓库? 数据从源系统到数据仓库是一个怎样的流转过程?[42]

**1. 什么是 ETL**

ETL 的英文全称是 extract – transform – load(抽取 – 转换 – 加载),是指从源系统中提取数据,进行数据转换、清洗等处理并最终载入目标数据仓库的流程。ETL 流程如图 7 – 25 所示。

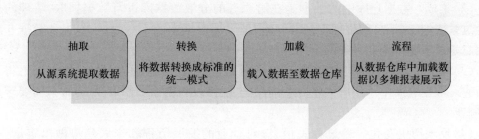

图 7 – 25 ETL 流程

1）数据抽取

数据抽取是指从源系统中提取数据，一般从 OLTP 数据库中获取信息，进行一定的处理，使其对应数据仓库的模式，最后载入数据仓库中。除了 OLTP 数据库，大部分的 ETL 过程还需要整合非 OLTP 数据库系统的数据，如文本文件、电子表、日志文件等。

2）数据转换

数据转换是指将原始数据转换成期望的格式或数据仓库的统一模式，主要包含以下两个方面。

（1）构建键。键是一个或多个数据属性的唯一标识实体。键的类型有主键（primary key）、外键（foreign key）、替代键（alternate key）、复合键（composite key）及代理键（surrogate key）。这些键只允许数据仓库进行维护管理，不允许其他任何实体进行分配。

（2）数据清理。在提取好数据后，会进入下一个阶段——数据清理。在数据清理阶段会对提取的数据中的错误进行标识和修复，解决不同数据集之间的不兼容的问题和不一致问题，以便目标数据仓库中的数据集可以正常使用。通常，通过转换系统的处理，我们能创建一些元数据（meta data）解决源数据的问题，并提升数据的质量。

3）数据加载

数据加载是指对数据聚合汇总，并把处理后的数据加载至目标数据仓库。

ETL 为我们搭建了从源系统到数据仓库的桥梁，ETL 流程在数据仓库的项目实施中至关重要，整个流程中的每一步都关系到数据仓库中数据的最终质量，所以掌握 ETL 流程且熟练每步的测试设计对后续测试工作的开展尤为重要。

**2. 什么是数据仓库**

数据仓库之父比尔·恩门（Bill Inmon）在 1991 年出版的 *Building the Data Warehouse* 一书中定义了数据仓库的概念。数据仓库（data warehouse，DW 或 DWH）是在企业管理和决策中面向主题的、集成的、相对稳定的、反映历史变化的数据集合。与其他数据库应用不同的是，数据仓库更像是一种过程，对分布在企业内部的业务数据整合、加工和分析的过程，而不是一种可以购买的产品。

（1）面向主题。数据仓库中的数据按照一定的主题域进行组织。对于不同类型的公司，其主题域的划分不同。例如，对于金融类公司，常用的主题有当事人、协议、财务、渠道、产品、事件、资产等；对于电商公司来说，常用的主题则可能有用户、订单、交易、营销、访问等。

（2）集成。数据仓库中的数据是在对原有的分散数据库进行数据抽取、清理的基础上经过系统加工、汇总和整理得到的，必须消除源数据中的不一致性，以保证数据仓库内的信息是关于整个企业一致的全局信息。

（3）相对稳定。数据是相对稳定的，一旦某个数据进入数据仓库，一般情况下将长期保留它。数据仓库中一般有大量的查询操作，但修改和删除操作很少，通常只需要定期加载、刷新。

（4）反映历史变化。通过相关信息，对企业的发展历程和未来趋势做出定量分析、预测。

总体来说，数据仓库是为查询和分析（而不是事务处理）设计的数据集合。数据仓库是通过整合不同的异构数据源而构建起来的。数据仓库的存在使得企业能够将整合、分析数据的工作与事务处理工作分离,将数据转换、整合为更高质量的信息满足企业级用户不同层次的需求。

为了使数据仓库的结构更清晰、使用者更方便查看数据流转的各个步骤,同时减少数据的重复计算,实现真实数据到统计数据的解耦,数据仓库通常会进行分层,每一层会有对应的功能。

### 3. 数据仓库的架构

公司在建立数据仓库时通常会对数据仓库进行架构设计,同时对数据仓库进行分层,通过对数据仓库分层,可以使数据链路变得更加清晰、复杂问题简单化,同时,通过隔离原始数据、分层解耦提高数据的可复用性。

不同架构的数据仓库的分层方式多种多样,各个公司会针对自己的业务做个性化设计,但大多离不开图 7-26 所示的分层方式。本图中数据仓库分为三大层——操作数据层(又称为数据接入层)、应用数据层及公共数据层(该层又可分为汇总数据层、明细数据层和维度层)。从源数据层到数据仓库各层的 ETL 流程如下。

(1)从源数据层直接加载原始日志数据、埋点数据、数据库数据到操作数据层,数据保持原貌,几乎不做处理。操作数据层的表主要存放原始数据信息。

(2)对操作数据层中的数据进行清洗后,加载至明细数据层,清洗一般包括去除空值、去除超过阈值的数据、去除脏数据、重命名字段、转换类型、改变文件压缩格式,以及把行存储改为列存储等操作。明细数据层主要是一些宽表,存储的还是明细数据,结构和粒度与操作数据层保持一致。

(3)对明细数据层的表按各个维度进行聚合汇总后,加载至汇总数据层。另外,公共数据层还包括维度层,维度层的表主要存放维度数据。数据表可以由手动维护的一个文件生成,或者先将 MySQL 的原始数据表拉取到操作数据层,再通过 HiveQL 转换为维度表。

(4)对公共数据层的数据进行粗粒度聚合汇总,如按年、季、月、天对一些维度进行聚合,生成业务需求的事实数据,最终的统计结果可供应用系统查询使用。

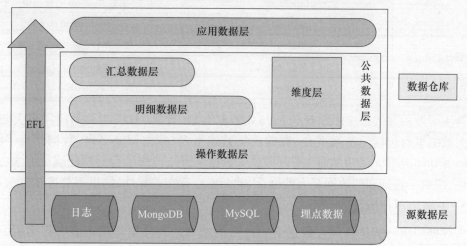

图 7-26 数据仓库的分层方式

## 7.2 大数据测试概述

### 7.2.1 什么是大数据测试

目前业界没有对"大数据测试"给出明确的定义。经过调研,大数据测试是指对大数据系统、大数据应用、大数据 ETL 的测试。[43]

**1. 大数据系统测试**

这里的大数据系统指的是使用 Hadoop 生态系统中相关组件搭建的系统,或自主研发的大数据应用系统。前者一般由运维人员维护,后者一般由开发人员开发、维护。

通常,针对 Hadoop 生态系统中组件(主要包括 Hive、MapReduce、HBase 等)的测试是指测试其是否能够满足业务使用需求,是否能够通过性能基准测试。事实上,业务中使用的组件通常是根据经验来选择的,并不是先对组件进行测试,认为测试结果符合预期才选择使用。对组件的测试通常发生在研发新产品后。例如,生产了一款类似于 Oracle 或者 MySQL 的新数据库产品,该产品需要通过行业基准测试来证明其性能,因此,就需要进行基准测试提供性能报告。大数据基准测试大部分是在传统基准测试的基础上进行裁剪、扩充、综合而来的。TPC – DS 基准测试通常用作 HiveQL、SparkSQL 等的基准测试,它是 TPC(transaction processing performance council,事务性能管理委员会)组织推出的用于替代 TPC – H 的下一代决策支持系统基准测试。常见的基准测试工具如表 7 – 5 所列。

表 7 – 5 常见的基准测试工具

| 分类 | 测试工具 | 说明 |
| --- | --- | --- |
| 专用工具 | Hadoop GridMix | 用于面向 Hadoop 集群的测试 |
| | YCSB | 用于 NoSQL 数据库的性能测试 |
| | LinkBench | 测试 Facebook 社交图谱 |
| | Sysbench | MySQL 基准测试工具 |
| 综合工具 | Hibench | Hive 平台的基准测试工具 |
| | ICT BigDataBench | 大数据测试工具 |
| 端到端工具 | BigBench | 基于 TPC – DS |

自主研发的大数据应用系统包括与大数据存储、计算、分析相关的应用及大数据平台。大数据平台包括元数据平台、数据质量监控平台、数据调度平台、数据开发平台、BI(business intelligence,商业智能)平台等。大数据平台与传统平台的功能测试方法有很多相似性,但由于它处理的数据是大数据,因此两者也存在差异性,这里不赘述。

**2. 大数据应用测试**

大数据应用测试是指对大数据应用产品的测试。大数据应用产品有很多,如 BI 报表、用户画像类产品、反欺诈类产品、推荐系统等。对于这类应用,通常从特征及模型角度进行测评。

### 3. 大数据 ETL 测试

7.2.3 节会重点围绕大数据 ETL 测试展开介绍。通常来说,输入数据仓库的数据一般会存在各种各样的问题,这些异常数据会导致数据挖掘不准确,从而影响模型决策结果。ETL 流程会分析数据源的问题,按照一定规则对其进行清洗、转换,进而得到满足业务需要的数据。由此可以看出,ETL 流程的质量和效率将直接对业务产生影响。因此,做好大数据 ETL 测试非常有必要。

大数据 ETL 测试不仅需要在源到目标之间的各个不同阶段检测数据流转逻辑及数据质量,还涉及源和目标之间的各个中间阶段的数据验证。大数据 ETL 测试是为了确保从源到目标的数据经过业务转化后是准确的。大数据 ETL 测试必须从大数据质量体系出发,使用特定的测试手段和方法,依据完善的测试流程规范,保证数据更好地服务业务。

#### 7.2.2 大数据测试和传统软件测试的区别

在学习大数据测试相关知识之前,需要了解它和传统数据测试的差异,这有助于我们更好地认识大数据测试。传统数据测试和大数据测试相比,部分功能测试是相似的,但又有很多不同点。表 7-6 对大数据测试和传统数据测试进行了简单对比。

表 7-6 大数据测试和传统数据测试的对比

| 特性 | 大数据测试 | 传统数据测试 |
| --- | --- | --- |
| 数据量级 | 测试过程需要处理的数据量级大 | 涉及的数据量级一般 |
| 数据结构 | 处理的数据包括结构化、非结构化、半结构化数据 | 以结构化数据为主 |
| 验证工作 | 验证环节多,数据量大,较复杂 | 抽取数据并验证,相对简单 |
| 环境要求 | 对环境要求高,依赖集群 HDFS 环境 | 依赖传统数据库,对环境的要求相对低 |
| 测试工具 | 依赖 Hadoop 生态系统中的组件及 ETL 测试工具 | 依赖传统数据库 |
| 测试人员 | 要求的技能门槛高,测试人员需要掌握大数据相关知识 | 门槛相对低 |
| 算法要求 | 对算法有着高要求 | 对算法要求一般 |

#### 7.2.3 大数据 ETL 测试

#### 1. ETL 测试流程

与传统数据测试过程类似,大数据 ETL 测试也需要经历不同的测试阶段,其主要的测试过程如图 7-27 所示。

图 7-27 大数据测试过程

接下来,详细介绍一下大数据 ETL 测试流程涉及的几个重要步骤——分析业务需求、设计测试用例并准备测试数据,审查静态代码,以及执行测试。

1)分析业务需求

测试前需要熟悉业务流程和业务规则,根据业务需求分析源表与目标表的映射关系。另外,需要了解数据来源背景、数据质量现状、表字段含义、元数据信息、解析数据流转的"血缘"关系。

2)设计测试用例并准备测试数据

非数据类项目的验证场景相对简单,但在数据类项目尤其是大数据类项目中,数据流转链路长,经手的开发人员多。测试中如果发现逻辑问题或数据质量问题,较难定位,所以在测试数据类项目前,测试人员需要与数据开发人员深入沟通,了解数据处理的详细步骤。提前准备测试用例和测试数据,以此来保证用例准备充分,测试数据能最大限度覆盖测试场景。

3)审查静态代码

与非数据类项目一样,审查静态代码的目的是尽早通过阅读代码发现显而易见的缺陷。对于数据类项目,代码审查的通用检查项如下。

(1)名称(表名、字段名、主键名)是否正确?
(2)字段顺序、数据类型是否合理?
(3)表中字段的业务含义是否与实际业务对应?
(4)是否存在数据计算异常的情况,如除数为0、NULL、空字符串的情况?
(5)是否对数据精度有要求?
(6)脏数据的处理是否合理?业务上是否要求数据去重?
(7)DML、DDL语句的使用是否正确?
(8)数据流转逻辑是否与需求文档相符?
(9)编码是否规范?

为了提高代码审查的交付质量及效率,除了手工方式,还可以通过静态代码扫描工具进行自动检测。SQL静态检测工具有阿里巴巴的SQLSCAN、开源工具sqlint等。

4)执行测试

顾名思义,执行测试主要的工作是使用准备的测试数据按照测试用例执行测试。但需要注意的是,对于大数据类项目来说,开发人员的代码中使用的库表名称是实际的业务生产库表。测试人员在测试时需要做到在不污染生产数据的前提下完成测试,同时又能保证测试覆盖的全面性。

**2. ETL 测试方法**

一般来说,大数据ETL测试方法主要包括功能性测试和非功能性测试两大部分,下面分别进行介绍。

1)功能性测试

功能性测试主要从数据完整性、数据一致性、数据准确性、数据及时性、数据约束检查、数据处理逻辑、数据存储检查、HiveQL 语法检查、规范验证、加载规则、MapReduce 及 Shell 脚本测试、调度任务验证等方面进行测试。实际上,数据完整性、数据一致性、数据准确性、数据及时性也属于数据质量评估的内容。进行功能测试时,除了关注代码规范和逻辑,往往还需要关注数据质量问题,因此,这里将它们拆分出来作为功能测试方法。数据质量问题繁杂,人工检测效率低且检测不全面,通常会使用数据质量监控平台进行监测。

(1)数据完整性测试。相比源表,比较和验证目标表的数据量与数据值是否符合预期,数据的记录和信息是否完整,是否存在缺失的情况。数据的缺失主要有记录的缺失和记录中某个字段信息的缺失。确保目标表中加载的记录数与预期计数匹配,确保加载到数据仓库的数据不会丢失和截断。例如,若原始数据中存在 2000 个订单 ID,ETL 流程中未对订单 ID 进行过滤处理,则目标表中也应存在 2000 个订单 ID。

(2)数据一致性测试。数据的一致性主要包括数据记录规范和数据逻辑的一致性,检查数据是否与上下层及其他数据集合保持统一。数据记录的规范指的是数据编码和格式的问题,如订单 ID,从业务来源表到数据仓库每一层表都应该是同一种数据类型,且长度需要保持一致。数据逻辑性主要是指多项数据间固定逻辑关系的一致性,如用户当年累计缴纳社保总额字段值大于当年中某一月缴纳社保额字段值。

(3)数据准确性测试。数据准确加载并按预期进行转换,数据库字段和字段数据准确对应。检查数据中记录的数据是否准确,是否存在异常或者错误的信息,如数字检查、日期(或日期格式)检查、精度检查(小数点精度)等。检查是否存在异常值、空字符串、NULL 值等其他脏数据;根据业务模型检查数据值域范围,如转化率介于 0~1,年龄为大于 0 的正数;检查数据、字符串长度是否符合预期,字符型数据有无乱码现象;检查数据分布合理性,防止出现数据倾斜问题。

(4)数据及时性测试。数据及时性是指数据产出时间是否符合要求。通常,数据产出时间需要控制在一定时间范围内或一定时间之前。有些大数据业务对及时性要求不高,但是也需要满足明确的指标。例如,业务数据生产周期一般以天为单位,如果数据从生产到可用时间已经超过一天,那这样的数据就失去了时效性。有些实时分析页面可能需要用到小时甚至分钟级别的数据,这种场景下一般使用实时数据,对时效性要求极高。例如,页面以 1min 间隔展示当前应用在线人数,如果每次查询需要 2min 才能返回数据,那返回的当前时刻的在线人数其实是不准确的,查询返回时长通常需要控制在秒级别,甚至毫秒级别才有意义。

(5)数据约束检查。数据约束检查包括检查数据类型、数据长度、索引、主键等,检查目标表中的约束关系是否满足期望设计,主键唯一性检查、非空检查是否通过。

(6)数据处理逻辑验证。数据处理逻辑验证的要求如下。

①计算过程符合业务逻辑,运算符及函数使用正确。

②异常值、脏数据、极值以及特殊数据(零值、负数等)的处理符合预期。

③字段类型与实际数据一致,主键构成合理。

④按照去重规则的记录进行去重处理。

⑤数据输入/输出满足规定格式。

(7)数据存储检查。数据存储检查的要求如下。

①Hive 表的类型合理(内部表、外部表、分区表、分桶表)。

②数据文件的存储格式合理。文件存储格式有行存储格式(包括 Textfile、SequenceFile、Mapfile、Avro Datafile),以及列存储格式(包括 Parquent、RCFile、ORCFile)。注意考虑数据文件是否需要进行压缩。

（8）HiveQL 语法检查。Hive 语法检查的要求如下。

①考虑不同情况下写入表，合理使用 into 或 overwrite。

②union 和 union all 的使用是否正确。

③合理使用 order by、distribute by、sort by、cluster by 及 group by。

这里举一个典型缺陷案例：在编写 HiveQL 语句时，除了基本的语法缺陷外，还需要关注由于表本身数据带来的问题。如程序 7-5 所示，SQL 代码在执行时，由于没有考虑到表 test. user_f_kv_d_renc 和表 test. user_f_kv_d_hash 的 md 列存在大量重复值，直接将两表通过 md 和 etl_dt 字段关联进行外连接，导致关联后的大量数据写入结果表 test. user_f_kv_d_mid，产生了数据膨胀问题。

程序 7-5　数据膨胀问题代码

```
1  insert overwrite table test. user_f_kv_d_mid partition( etl_dt)
2  select nvl( a. md,b. md) as md,a. key as renc,b. key as hash,a. etl_dt
3  from test. user_f_kv_d_renc a
4      FULL OUTER JOIN
5      test. user_f_kv_d_hash b
6  on a. etl_dt = b. etl_dt and a. md = b. md
```

测试之前，需要考虑执行的 SQL 语句是否合理，提前查看数据量及数据情况并评估影响。对于 SQL 语句执行时间过长的情况给予关注，保持敏感性和警惕性。

（9）规范验证。规范验证包括以下方面。

①关键步骤及开始步骤是否有注释，验证表和字段注释是否完整正确。

②验证代码格式是否对齐。

③验证表的层次、命名是否规范。

④验证字段命名是否合理。

⑤验证名称（表名、字段名、主键名）正确性。

（10）加载规则测试。根据业务场景需求，判断加载规则是否合理。加载规则分为全量加载和增量加载。

（11）MapReduce 及 Shell 脚本测试。ETL 测试过程中还会涉及测试 MapReduce 代码及 Shell 脚本。通常，数据加载进 HDFS 后，会使用 MapReduce 或其他计算框架对来自 HDFS 的数据进行处理，这里先介绍使用 MapReduce 框架的测试情况。MapReduce 阶段会涉及操作一些 Shell 脚本文件及 MapReduce 文件，常见测试点主要有验证 Shell 脚本中的 jar 包、Mapper 文件、Reducer 文件、MapReduce 依赖文件、MapReduce 输入/输出文件引入路径是否正确，验证 MapReduce 的参数是否合理，验证 Mapper 及 Reducer 的处理逻辑是否正确，验证 MapReduce 处理过程中输出的日志是否符合预期。

（12）调度任务验证。调度任务验证包括以下方面。

①验证任务本身是否支持重运行。

②验证依赖的父任务是否配置到位。

③验证任务依赖层次是否合理。

④验证任务是否在规定时间点完成。

2）非功能性测试

因为大数据面向具体行业的应用，所以除了功能性测试外，还需要在整个大数据处理中进行非功能性测试。这主要包括性能测试、安全测试、易用性测试、兼容性测试等，下面分别进行介绍。

（1）性能测试。性能测试是大数据测试过程中的一种重要手段，它通常验证在大数据量情况下的数据处理和响应能力。通过性能测试能够很好地检测出大数据系统的业务处理瓶颈、资源使用不足等问题。常见的性能测试验证参数除了内存使用率、吞吐率、任务完成时间外，还有以下几个方面。

①数据存储。验证大数据量情况下数据如何存储在不同的节点中，是否有表漏写分区。

②并发性。验证高并发场景下的数据读取、写入、计算等性能，有多少个线程可以执行写入和读取操作。

③JVM 参数。验证堆大小，GC 收集算法等。

④缓存。调整缓存，设置"行缓存"和"键缓存"。

⑤超时。验证连接超时值、查询超时值、任务执行超时等。

⑥消息队列。消息速率、大小等。

（2）安全测试。根据各公司或地区政策定义的数据保密项，需要对特殊数据进行加密；关于数据权限，不仅需要从库、表和文件层面考虑安全性，还需要从数据行、列等更细粒度考虑权限设置问题；对数据实施读取、下载、管理权限控制，保证数据不能处于安全范围外。

（3）易用性测试。易用性测试是指测试数据能否较好地被用户理解和使用。数据的易用性可以分为两个方面，即是否易于理解和使用。

易于理解是指对数据的定义是否被行业认可，是否存在团队与团队之间、用户与开发者之间理解的不一致。

易于使用通常指数据存储格式是否易于后续使用。例如，数据精度需要统一，不能出现诸如 12.12345678912345 这类不易读、不易处理的数据；数据值太大时，考虑使用合适的单位换算后显示；字符串要求合理拼接，不要出现大 JSON 类型，避免在后续使用中带来性能问题。

（4）兼容性测试。兼容性测试包括不同数据库的兼容性测试和不同数据类型的兼容性测试等。

**3. ETL 测试场景**

下面列出 3 个 ETL 测试场景（HiveQL 测试场景、源表到目标表验证场景、MapReduce 测试场景），说明如何将功能测试方法应用到实际业务测试场景中。

1）HiveQL 测试场景

以下是一段有问题的 HiveQL 业务代码如程序 7-6 所示。

程序7-6　HiveQL业务代码

```
1   insert overwrite table tmp.t05_student_info_tmp01
2   select
3       unique_id --'唯一编号'
4       ,studentNo --'学号'
5       ,courseNo --'课程名称'
6       ,term --'开课学期'
7       ,score --'成绩'
8       ,creditHour --'所的学分'
9       ,start_dt --'开课时间'
10  from sdw.t05_student_info_h
11  where start_dt <= date_sub('${hivevar:etl_dt}',1)
12      and end_dt > date_sub('${hivevar:etl_dt}',1)
13      and studentNo is not null
14      and studentNo! = '';
```

上述代码的业务需求转变后的代码逻辑如下所示。

从sdw.t05_student_info_h表中查询出7个字段(unique_id、studentNo、courseName、term、score、creditHour、start_dt)的值并插入表tmp.t05_student_info_tmp01。需要满足where查询条件：start_dt的值不大于给定的参数etl_dt-1，end_dt的值不小于给定的参数etl_dt-1，且需要去除studentNo为空的记录。脚本需要支持重运行，这里的重运行指的是重复运行SQL语句，得到的结果与目标表一致。下面给出被测试业务代码及常见测试用例。

（1）测试用例1：代码及字段注释检查。

检查发现代码中所有字段都有注释；以上代码非关键代码，可以不添加代码描述注释。检查结果符合需要，测试用例通过。

（2）测试用例2：表名正确性。

检查表名，验证源表和目标表的名称是否符合需求。检查结果符合需求，测试用例通过。

（3）测试用例3：字段正确性。

检查查询出的各个字段是否符合需求。发现需要查询的是"courseName"字段，但是查出来的是"courseNo"字段。不符合需求，测试用例不通过。

（4）测试用例4：数据过滤逻辑。

检查要求的where条件是否满足需求。发现end_dt的查询条件不正确，应该是"end_dt >="。不符合需求，测试用例不通过。

（5）测试用例5：脏数据处理。

检查脏数据是否正确去除。发现空值和NULL值已经过滤。符合需求，测试用例通过。

(6)测试用例6:函数的使用。

代码中使用的函数 date_sub 使用传入的 etl_dt 值减去 1,与需求一致。符合预期,测试用例通过。

(7)测试用例7:数据写入方式。

代码中使用的是 insert overwrite,而不是 insert into。insert into 操作以追加的方式向 Hive 表尾部追加数据,而 insert overwrite 操作直接重写数据,即先删除 Hive 表的数据,再执行写入操作。因为要求脚本支持重运行,所以需要使用 insert overwrite 保证每次重运行时原数据被覆盖。符合需求,测试用例通过。

2)源表到目标表验证场景

该场景侧重验证目标表中的结果是否符合预期,并没有给出数据流转代码,在实际项目测试中是需要关注数据流转的代码逻辑的。源表 EMP 经过简单的 ETL 流程(实际 ETL 流程比案例场景复杂得多,为了方便说明问题,此处仅进行简单示意)得到目标表 EMP_SALARY,源表和目标表的列信息及转换规则如表 7-7 所列。

表 7-7 源表与目标表的列信息及转换规则

| 源表 EMP 的列 | 目标表 EMP_SALARY 的列 | 转换规则 |
|---|---|---|
| empno | empno(主键) | 不能缺失且唯一 |
| ename | ename | 名字大写(值都为英文) |
| department | | |
| salary | salary | 月薪水不低于5000元 |
| Phone | | |
| address | | |

(1)测试用例1:测试源表中数据是否正确映射到目标表,判断数据的信息和数据量是否正确,主要验证数据的完整性,如程序 7-7 所示。

程序 7-7 测试用例1代码

```
1    select *
2    from (
3        select E. empno,upper( E. ename) as upper_ename,E. salary
4        from DEFAULT. EMP E
5        where E. salary > =5000
6    )a
7    LEFT JOIN DEFAULT. EMP_SALARY b
8    on ( a. empno = b. empno
9        and a. upper_ename = b. ename
10       anda. salary = b. salary)
11   where b. empno is null;
```

执行上述 SQL 语句后,期望得到的结果为 0 条。

(2)测试用例 2:主键唯一性检查,如程序 7-8 所示。

程序 7-8　测试用例 2 代码

```
1  select count( * )
2  from (
3      select empno
4      from EMP_SALARY
5      group by empno
6      having count( * ) >1
7  )a;
```

执行上述 SQL 语句后,期望得到的结果为 0 条。

(3)测试用例 3:主键非空检查,如程序 7-9 所示。

程序 7-9　测试用例 3 代码

```
1  select count( * )
2  from EMP_SALARY
3  where empno is null;
```

执行上述 SQL 语句后,期望得到的结果为 0 条。

3) MapReduce 测试场景

以下是一段与 MapReduce 任务相关的代码,实现的功能是输入样本数据,输出样本对应的特征。其中,输入样本以"\t"分隔,包含 name、id、uniq_id、data、date 共 5 列数据,需要对每一列数据使用特征计算模块(feature_lib)进行计算,并输出计算后样本和特征的合并结果。要求输出结果的顺序为 name、id、uniq_id、所有特征、date,所有列数据仍以"\t"分隔。本示例代码中只使用到 mapper 文件,不涉及 reduce 文件。mapper 文件见 basic_all_v01_mapper.py,Shell 脚本文件见 basic_all_v01.sh。

basic_all_v01_mapper.py 的内容如程序 7-10 所示。

程序 7-10　basic_all_v01_mapper.py 内容

```
1  # - * - coding:utf - 8 - * -
2  #描述:输入样本数据,输出特征
3  import sys
4  import os
5  import json
6  import time
```

```
7    import traceback
8
9    sys.path.append("./")
10   import feature_lib.basic.v01 as fpy
11   if _name_ == '_main_':
12       for line in sys.stdin:
13           ln = line.strip().split('t')
14           if len(ln) != 5:
15               continue
16
17           #样本数据包含 name、id、dt、uniq_id、data、date,且每列以'\t'分隔
18           name, id, uniq_id, data, date = ln
19           trans_data = json.loads(data)
20           try:
21               feature_list, status = fpy.main(trans_data, date)
22               if status == 1:
23                   continue
24               for index in range(len(feature_list)):
25                   feature_list[index] = str(feature_list[index])
26               if feature_list is None:
27                   continue
28               else:
29                   #输出样本及特征
30                   print name + '\t' + id + '\t' + uniq_id + '\t' + '\t'.join(feature_list) + '\t' + date
31           except Exception, e:
32               sys.stderr.write('import info error %s %s' % (e.traceback, format_exc()))
```

basic_all_v01.sh 的内容如程序 7-11 所示。

### 程序 7-11　basic_all_v01.sh 内容

```
1    #!/bin/bash
2    #加载配置
3    source ~/.bash_profile
4    if [ "${base_home}" == "" ]; then
5        base_home=~/feature_platform
```

```
6   fi
7   echo ${base_home}
8
9   #commoncfg 中配置了需要的特征计算包 feature_lib 的压缩包路径
10  commoncfg=$base_home/config/common.cfg
11  echo ${commoncfg}
12  eval cat ${commoncfg}
13  echo ${hadoop_jar}
14  echo ${feature_lib}
15
16  arg_num=${#}
17  if [ $arg_num == 1 ]; then
18      task_id=$1
19  else
20      echo "task_id missing failed"
21      exit 1
22  fi
23  module="basic"
24  sub_module="all_v01"
25
26  #样本输入路径
27  input_path="/user/hive/warehouse/tmp.db/${module}_${sub_module}_sample_${task_id}"
28  #结果输出路径
29  output_path="/user/hive/warehouse/tmp.db/${module}_${sub_module}_feature_${task_id}"
30  hadoop fs -rm -r -f ${output_path}
31
32  hadoop jar /opt/CDH/lib/hadoop-mapreduce/hadoop-streaming.jar \
33      -libjars /opt/CDH/lib/hive/lib/hive-exec-1.1.0-cdh5.11.0.jar \
34      -jobconf mapred.job.name="get_feature_${module}_${sub_module}" \
35      -jobconf mapreduce.reduce.shuffle.memory.limit.percent=0.1 \
36      -jobconf mapreduce.reduce.shuffle.input.buffer.percent=0.3 \
37      -jobconf mapreduce.map.memory.mb=2048 \
38      -jobconf mapred.map.tasks=500 \
39      -jobconf mapred.map.capacity=100 \
40      -jobconf mapred.reduce.tasks=100 \
```

```
41    – jobconf mapred. job. priority = VERY_HIGH\
42    – file basic_all_v01 – mapper. py\
43    – mapper" python2. 7 basic_all_v01 – mapper. py" \
44    – input  ${input_path} \
45    – output ${output_path}\
46    – partitioner org. apache. hadoop. mapred. lib. KeyFieldBasedPartitioner\
47    – cacheArchive ${feature_lib}
```

(1)测试用例1:检查 mapper 代码正确性。

检查 mapper 代码时需要注意输入的样本数据中的分隔符是否正确,分隔后的列是否与实际对应,输出结果是否满足拼接条件,输出顺序是否正确等。

(2)测试用例2:检查 MapReduce 日志。

上述 MapReduce 任务执行时会实时输出执行日志,可以在 basic_all_v01. sh 脚本中输出关键内容,查看输出内容是否符合预期,如通过代码中的 echo ${Hadoop_jar}和 echo ${feature_lib}等。另外,MapReduce 框架自带的日志内容会输出映射过程中的输入文件记录数及输出文件记录数。输入文件记录数理论上应该与 input_path 对应文件记录数一致。在 mapper 文件特征计算都正常的情况下,即 status!=1、feature_list is not None 且计算没有 Exception 的情况下,输出文件记录数应该与输入文件记录数一致。如果两者不一致,则说明一定存在计算错误的情况,需要排查代码及日志来定位问题。

(3)测试用例3:检查 Shell 脚本。

Shell 脚本的测试点包括 jar 包的路径、MapReduce 中相关文件的名称及导入方式、mapper 与 reducer 文件的名称及运行方式、MapReduce 运行配置参数的正确性、MapReduce 输入/输出文件的路径等。

例如,basic_all_v01. sh 文件中引入了两个 jar 包(hadoop – streaming. jar、hive – exec – 1. 1. 0 – cdh5. 11. 0. jar),因此需要验证这些 jar 包的导入路径是否正确。另外,还需要检查 MapReduce 使用输入/输出文件路径,检查路径是否存在且正确。事实上,Shell 脚本运行时,路径导入类问题很容易暴露出来,比较难衡量的是 MapReduce 的运行配置参数(即通过 – jobconf 设置的参数)是否合理。合理的参数配置会使任务更优化,减少资源和时间消耗。

### 7.2.4 大数据基准测试

随着大数据的发展,不断有新的大数据架构、大数据平台和大数据工具出现。在实际业务场景中,我们应该如何对它们进行评估和选择?这依赖于大数据基准测试[44]。

**1. 大数据基准测试简介**

大数据基准测试的主要目的是对各种大数据产品进行测试,评估它们在不同硬件平台、不同数据量和不同计算任务下的性能表现。大数据基准测试需要参考特定的评测基准测试集。图 7-28 展示了部分基准测试集的发布时间。TPC 发布了多个数据库评测基准测试集,如 TPC – A、TPC – D、TPC – H、TPC – DS、TPCx – BB、TPCx – HS,它们在业界得到了广泛应用。

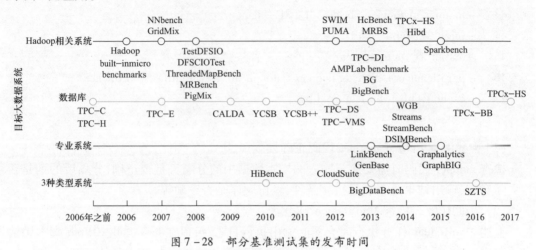

图 7-28 部分基准测试集的发布时间

大数据测试基准大多是在传统的测试基准的基础上进行裁剪、扩充和综合。下面对常见的基准测试集 TPC – DS 进行简单介绍。

TPC – DS 采用星形、雪花形等多维数据模式。它包含 7 张事实表和 17 张维度表,平均每张表含有 18 列。TPC – DS 的工作负载包含 99 个 SQL 查询,覆盖 SQL99 和 SQL2003 的核心部分,以及 OLAP(on – line analytical processing,联机分析处理)。这个测试集包含对大数据集的统计、报表生成、联机查询和数据挖掘等复杂应用,测试用的数据是有倾斜的,与真实数据一致。可以说,TPC – DS 是与真实场景非常接近的一个测试集,也是使用难度较大的一个测试集。Hadoop 等大数据分析技术对海量数据进行大规模的数据分析和深度挖掘,包含交互式联机查询和统计报表类应用,大数据的数据质量较低,数据分布是真实而不均匀的。因此,TPC – DS 成为客观衡量多个不同 Hadoop 版本和 SQL on Hadoop 技术的最佳测试集。

**2. 大数据基准测试的步骤**

大数据基准测试主要有 3 个步骤,即数据准备、负载选择和指标度量,如图 7-29 所示。

图 7-29 大数据基准测试的步骤

简单来说,数据准备主要是构造满足大数据特点的各类型的数据;负载选择是通过选择合适的负载以运行数据产生结果;指标度量主要是确定衡量的维度,以便从不同方面评估大数据系统。

1)数据准备

因为真实数据的敏感性和局限性,所以大数据基准测试通常借用工具合成数据。这个过程分为数据筛选、数据处理、数据生成和格式转换。

例如,通过分析某应用和负载需求,我们需要准备 1TB 文本数据。首先,我们选择维基百科作为数据源,以此数据源为样本。然后,利用开源的数据生成工具提取数据的特征,并根据数据特征和需要扩展的数据量(这里是1TB)来生成数据集,这样就能得到基于实际应用数据扩展的数据集。最后,根据负载需要的输入格式对数据集的格式进行转换。

2) 负载选择

负载是大数据基准测试需要执行的具体任务,用来处理数据并产生结果。负载将大数据平台的应用抽象成一些基本操作。由于行业和领域的不同,因此其应用有很多不同的特点。从系统资源消耗方面来说,负载可分为计算密集型任务、I/O 密集型任务和混合密集型任务。例如,对于运营商的话单,需要多次调用数据库,这是典型的 I/O 密集型任务;对于互联网中的聚类过程,需要大量迭代计算,这是典型的计算密集型任务;对于搜索引擎中的 PageRank 算法,既需要数据交换,又需要不断地进行迭代计算,这属于混合密集型任务。

对于负载选择,有两种策略。第一种是从企业的应用场景出发,模拟企业应用流程,采用应用中的真实数据进行测试。例如,对于一家从事搜索的企业,其应用场景可以基本抽象为 Nutch、Index 和 PageRank 3 种负载;对于银行,典型应用有账单查询、账目更改等,可以将它们抽象为对数据库表的查询和更改。第二种是从通用的角度来考量,从测试整个大数据平台的角度出发,选择负载时需要覆盖分布式计算框架、分布式文件系统和分布式存储等大数据处理平台的主要组件。以 Hadoop 平台为例,负载主要需要测试 Hadoop (包括 HDFS 和 MapReduce)、数据仓库(Hive)和 NoSQL 数据库的性能。测试负载需要覆盖多种应用领域并考虑任务的资源特点,如表 7-8 所列。

表 7-8 测试负载示例

| 负载 | 应用领域 | 资源特点 | 测试组件 |
| --- | --- | --- | --- |
| TeraSort | 文本排序 | I/O 密集型 | Hadoop |
| PageRank | 通过社交图谱计算网页排名 | 混合密集型 | Hadoop |
| NaiveBayes | 分类算法 | 计算密集型 | Hadoop |
| Join Query | 表连接 | 计算密集型 | Hive |
| Read/Write/Scan | NoSQL 数据操作 | I/O 密集型 | HBase |

3) 指标度量

一般来说,我们从用户和系统架构两个角度选取测试指标。从用户角度(注重直观化)出发,可以选取每秒执行请求数、请求延时和每秒执行操作数等测试指标。从系统架构角度(需要考量系统架构的能力,比较系统性能的差异)出发,可以选取每秒浮点计算次数、每秒数据吞吐量等测试指标。在实际的大数据测试中,我们通常从性能、能耗、性价比和可靠性 4 个维度进行度量。

## 7.3 大数据测试工具

### 7.3.1 大数据 ETL 测试工具

在遵循合适的测试流程和测试方法的基础上,我们还可以借助测试工具进行 ETL 测试,如实现 ETL 测试自动化,提升工作效率。图 7-30 展示了常见的 ETL 测试工具。

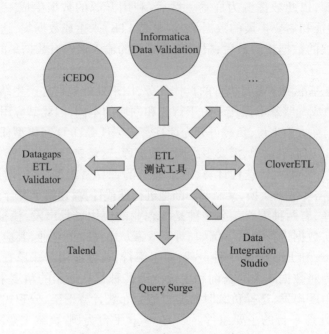

图 7-30 常见的 ETL 测试工具

下面对部分 ETL 测试工具进行介绍。

**1. Informatica Data Validation**

Informatica Data Validation 是一个基于 GUI 的 ETL 测试工具。该测试工具的测试内容包括数据迁移前后表的比较,确保数据正确加载并以预期格式进入目标系统。它降低了在转换过程中引入错误的风险并避免将错误数据转移到目标系统。它拥有直观的用户界面和内置操作,不需要用户使用任何编程技巧,降低了对使用技术的要求和可能导致的业务风险。它可以为用户节省 50%~90% 的成本和工作量,为数据验证和数据完整性验证提供了很好的解决方案。

**2. iCEDQ**

iCEDQ 是一个自动化 ETL 测试工具,专门针对数据中心项目(如数据仓库、数据迁移等)所面临的问题而设计,支持各种数据库,可以比较数百万行数据(或文件)。它支持 ETL 过程的规则引擎,可以识别数据集成错误,无须任何自定义代码。iCEDQ 在源系统和目标系统之间进行验证和协调。它确保迁移后数据的完整性,并避免将错误数据加载到目标系统中。

**3. Datagaps ETL Validator**

Datagaps ETL Validator 工具是专门为 ETL 测试和大数据测试而设计的,是数据集成项目的解决方案。它预先打包一个 ETL 引擎,该引擎能够在并行执行测试用例的同时从多个数据源中提取和比较数百万条记录。它还具有一个独特的带有拖放功能的 Visual Test Case Builder 和一个查询生成器,该查询生成器无须手动输入即可定义测试。它的主要功能包括平面文件测试、数据配置文件测试、基准测试、数据质量测试和数据库元数据测试。

### 4. Talend

Talend 的 ETL 测试功能体现在其开源的 Open Studio for Data Integration 和基于订阅的 Talend Data Integration 中。Talend Data Integration 不但包括与开源解决方案相同的 ETL 测试功能,而且提供用于促进团队合作,在远程系统上运行 ETL 测试作业的企业级交付机制,以及用于定性和定量 ETL 指标的审核工具。

### 5. QuerySurge

QuerySurge 是一种"智能的"数据测试解决方案,用于自动化数据仓库,以及 ETL 过程的验证和测试。新手或经验丰富的团队成员都可以通过该工具的查询向导集合验证数据。此外,它支持用户编写自定义代码。该产品通过分析对比数据的差异,确保从数据源提取的数据在目标数据仓库中保持完整。QuerySurge 还可与领先的测试管理解决方案集成。

业界还有很多优秀的 ETL 测试工具,用户可以根据自己的需求选取合适的工具。除应用一些商业工具以外,根据企业产品和测试介入的程度,一些企业也会设计一些适合自己需求的 ETL 测试工具或大数据自动化平台,以协助日常的测试工作。

## 7.3.2 大数据基准测试工具

目前,大数据基准测试工具种类丰富,大致可以划分为 3 类:微型负载专用工具、综合类测试工具和端到端的测试工具。表 7-9 列举了这 3 类中的常用基准测试工具。

表 7-9 常用基准测试工具

| 分类 | 工具名称 | 测试场景 | 备注 |
|---|---|---|---|
| 微型负载专用工具 | TeraSort | 文本数据排序 | Hadoop 自带的工具 |
| | GridMix | Hadoop 集群性能 | Hadoop 自带的工具 |
| | YCSB | NoSQL 数据库性能 | Yahoo |
| | LinkBench | 存储社交图谱和网络服务的数据库 | Facebook |
| | sysbench | MySQL 基准测试工具 | 开源工具 |
| | TestDFSIO | HDFS 基准性能测试 | Hadoop 自带的工具 |
| | PerformanceEvaluation | HBase 性能测试 | HBase 自带的工具 |
| | NNBench | Namenode 硬件加载过程 | Hadoop 自带的工具 |
| | MRBench | MapReduce 小型作业的快速响应能力 | Hadoop 自带的工具 |
| 综合类测试工具 | HiBench | 微型负载搜索业务、机器学习和分析请求 | 英特尔 |
| | BigDataBench | 搜索引擎、社交网络和电子网络 | 中国科学院计算所 |
| | CloudBM | 云数据管理系统基准测试 | CloudBM Web Solutions |
| | AMP Benchmarks | 实时分析类应用场景 | UC Berkeley Lab |
| | TPCx-HS kit | 在 MapReduce 或 Spark 流基础上的实时分析 | TPC |
| 端到端的测试工具 | BigBench | 大数据离线分析 | TPC |

微型负载专用工具只测试大数据平台的某个特定组件和应用,包括 GridMix(面向 Hadoop 集群的测试基准)、TeraSort(针对文本数据的排序)、YCSB(对比 NoSQL 数据库的性能)、LinkBench(专门用于测试存储社交图谱和网络服务的数据库)等。

对于综合类测试工具,模拟几类典型应用,覆盖大数据平台的多个功能组件。例如,HiBench 是一款针对 Hadoop 和 Hive 平台的基准测试工具,其负载按照业务可以分为微型负载、搜索业务、机器学习和分析请求。

端到端的测试工具可应用到具体领域。例如,BigBench 应用于大数据离线分析场景。

这 3 类基准测试工具各有各的应用场景,其中微型负载专用工具的应用场景较单一,但效率高、成本低,另外,它无法整体衡量大数据平台的性能;综合类测试工具的场景覆盖面比较广,能够较全面地考量大数据平台执行不同类型任务的性能,也就是通用性好;端到端的测试工具实现了对企业特定业务的模拟,与企业的应用场景结合紧密,可以满足企业大数据业务全流程的模拟和测试。接下来,我们选取典型的两款工具进行简单介绍。

### 1. BigBench

BigBench 是一款面向商品零售业的端到端的基准测试工具,它扩展了 TPC – DS,综合考虑多种数据模态,增加了半结构化数据 Web Log 和非结构化数据 Reviews。其负载的生成是 TPC – DS 定制化的版本。BigBench 包含 30 个查询。BigBench 的基本数据模型如图 7 – 31 所示。

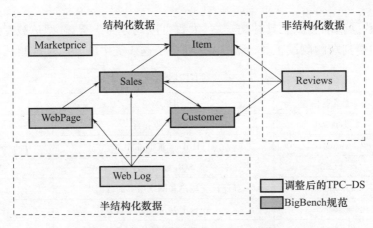

图 7 – 31 BigBench 的基本数据模型

### 2. HiBench

HiBench 是英特尔(Intel)推出的一款大数据基准测试工具,用来测试各种大数据框架的处理速度、吞吐量和系统资源利用率等。HiBench 内置了若干大数据计算程序作为基准测试的负载,如 Sort、WordCount、TeraSort、Bayes 分类、K – means 聚类、逻辑回归算法和典型的查询 SQL 等。它支持的大数据框架包括 Hadoop、Spark、Storm、Flink 和 MapReduce 等,是一个非常好用的测试大数据平台工具。HiBench 的使用非常简单,只需以下 3 步。

(1)配置。配置要测试的数据量、大数据运行环境和路径信息等基本参数。

(2)初始化数据。生成准备计算的数据。

(3)执行测试。运行对应的大数据计算程序。

## 7.4　大数据测试发展趋势

在大数据时代,全球大数据存储量迅猛增长,不断丰富的商业模式带来数据的多样化、复杂化,大数据行业中新的技术层出不穷。大量的技能与方法涌入测试领域,随之而来的是技术的改进、进化和再创造。随着数字化技术的广泛应用,业界对于大数据测试的要求也在持续提升。AI技术正在敲开自动化测试的大门,它会引发大数据开发测试效率与应用过程的变革。未来,将有更多的测试方案使用人工智能方式,从而灵活地控制测试时间。利用AI技术,可以完成烦琐的回归测试,执行各种重复性任务,实现高效、精准地执行测试用例的同时,充分覆盖测试内容的广度与深度,保证测试一致性,从而提高项目质量。利用AI技术可自动生成测试脚本,识别交互模式,选择最优测试方法生成测试用例,应用自动化测试工具,节约测试用例的维护成本。AI技术在辅助大数据测试、提高项目质量的同时释放更多的时间,大数据工程师可以利用更多的时间探索更加高效和完善的测试方式或工具,这是大数据测试未来发展的必然趋势。

# 第8章 机器学习软件测试

机器学习(ML)技术已经广泛运用于各种领域,机器学习的成功应用已经成为许多新兴技术发展的关键。然而,机器学习推理结果的不确定性和本身的脆弱性导致机器学习系统可能出现误判,给该系统的应用领域带来不可预估的问题,因此,需要通过软件测试和验证技术评估机器学习的正确性和可靠性,为提升机器学习软件质量提供保证。

## 8.1 机器学习软件测试基础

近年来,随着超大规模计算、大数据、量子计算、云计算、类脑芯片等新技术的不断突破,以机器学习为核心的人工智能在运算智能、感知智能和认知智能领域取得重大进展,广泛应用于自动驾驶、机器翻译、自然语言推理等领域。机器学习一般是利用数据训练模型,然后使用模型进行预测的人工智能技术,如经典机器学习中的聚类、决策树、贝叶斯分类、神经网络、支持向量机等算法,以及最近使用特别广泛的深度学习。深度学习以深度神经网络为代表,典型的网络有卷积神经网络(convolutional neural networks,CNN)和循环神经网络(recurrent neural networks,RNN),其中 CNN 广泛应用在图像处理领域,RNN 可以较好地处理时间序列上的数据而广泛应用于语音、自然语言处理等领域。为了获得更好的性能,深度神经网络的层数越来越多,模型愈加复杂,可解释性越来越差,模型越接近于"黑盒",机器学习软件或者程序中不可避免地存在各种各样的不可预测的问题、错误或者故障,这些潜在的缺陷如果不能够提前知道,可能会对软件系统的质量和可靠性造成致命的损害,给应用带来无法挽回的损失。机器学习系统在实际应用中也面临着越来越多的外部威胁,如黑客利用机器学习软件漏洞和缺陷进行攻击,或者利用对抗样本欺骗人工智能系统等。为了保证机器学习软件系统的质量,增强软件的可靠性和可用性,以及面对威胁时的防御能力,必须及时地对软件的功能进行测试,尽早尽快地发现并修正软件中存在的漏洞和缺陷。

### 8.1.1 机器学习软件测试与传统软件测试的区别

不同于传统软件,一个机器学习系统通常由数据集、学习程序以及底层框架组成,机器学习系统与传统软件的差异为机器学习软件的测试带来了诸多挑战。机器学习系统的编程本质上遵循数据驱动,其中的决策逻辑是在机器学习算法体系结构下,通过训练数据集的训练过程获得的,机器学习系统的统计特性及其自主决策的能力为软件测试技术研究提出了挑战。

软件测试旨在检测现有行为和期望行为之间的差异。软件测试的一般步骤是先从待测软件的输入域中选择一组测试用例,然后交由待测软件执行,比较待测软件的实际输出与预期输出是否相符,若不符合,表明待测软件存在缺陷。软件测试中包含两个重要概念分别是测试预言(oracle)和测试覆盖(coverage)。测试预言提供一种正确性标准,检查被测程序是否存在缺陷,测试覆盖用来衡量测试充分性。

机器学习软件与传统软件系统在本质和结构上有很大的差异,传统的软件系统通常由开发人员手工编写代码实现其内部的逻辑,传统代码测试通常依据测试覆盖准则设计测试用例来测试系统代码。机器学习软件则通过数据驱动建模完成预测或决策任务,这种数据驱动建模使得系统行为随训练数据的变化而改变。另一方面,模型的统计学本质使得系统的输出具有不确定性,难以找到测试预言。此外,机器学习软件系统是一个复杂的整体,通常包含数据(训练集、验证集、测试集)、学习程序(由开发人员自行编写用以搭建、验证模型的代码)、实现框架(搭建机器学习模型的代码库和平台)等部分,其效果是一种复合效应,很难将系统拆分成多个组件分别进行测试。机器学习缺陷指机器学习项目或系统中任何引起现有条件与所需条件不一致的缺陷。一个机器学习系统可能具有不同的"所需条件",如正确性、鲁棒性等。机器学习软件测试是指任意旨在揭示机器学习软件缺陷的活动。表8-1总结了传统软件测试和机器学习软件测试之间的主要区别。

表8-1 基于机器学习软件测试与传统软件测试的比较

| 测试特性 | 传统软件测试 | 机器学习软件测试 |
| --- | --- | --- |
| 测试组件 | 代码 | 数据、代码 |
| 测试行为 | 通常固定 | 受数据影响 |
| 测试输入 | 程序要求的输入 | 单个数据、数据集或者模型代码 |
| 测试 oracle | 开发者定义 | 开发者定义或标注公司 |
| 测试充分性准则 | 覆盖率/变异测试 | 未知 |
| 误报 | 较少 | 经常 |
| 测试者 | 开发和测试人员 | 数据专家、算法设计者、开发和测试人员 |

(1)测试组件。传统的软件测试检测代码中的缺陷,而机器学习软件测试则需要检测数据、学习程序和框架中的缺陷,每个组件都对构建机器学习模型起着至关重要的作用。

(2)测试行为。传统软件代码的行为在需求确定后通常是固定的,而机器学习软件行为可能会随着训练数据的更新而频繁变化。

(3）测试输入。传统软件测试中的测试输入通常是测试代码时的输入数据；在机器学习软件测试中，测试输入可能会有更多的形式，当测试学习程序时，测试输入可以是但不限于测试数据，测试用例可以是来自测试数据或训练集的单个测试实例；当对数据质量进行测试时，测试输入则成了模型的代码。

（4）测试 oracle。传统的软件测试预期通常由开发者定义，开发人员可以对照期望值验证输出。机器学习软件测试 oracle 通常由开发者定义或标注公司标注，但是机器学习软件在线部署后基于一组新的输入值生成答案，生成的结果是未知的。

（5）测试充分性准则。测试充分性准则用于对被测软件的测试程度提供定量度量。到目前为止，业界提出并广泛采用了许多充分性准则，如路径覆盖率、分支覆盖率、数据流覆盖率等。然而，由于机器学习软件的编程范式和逻辑表示与传统软件存在根本差异，需要新的测试充分性准则。

（6）错误误报率。由于难以获得可靠的预期，机器学习软件测试往往会产生更多的误报。

（7）测试者。机器学习软件测试中的缺陷可能存在于学习程序中，也可能存在于数据或算法中，因此数据专家或算法设计者也可以作为测试人员。

### 8.1.2 机器学习软件测试内容

一个完整的机器学习软件系统主要包括数据、机器学习程序、机器学习框架三部分，如图 8-1 所示[45]。因此，进行机器学习软件系统测试时主要对这三部分进行测试。

数据中的缺陷检测主要检查数据是否足够用于训练或测试模型（数据完整性），数据是否能够表示未来真实场景，是否包含大量噪声等（如是否有偏见的标签、训练数据和测试数据之间是否存在偏移、是否存在影响模型性能的数据或者对抗信息）。

框架为开发人员提供编写处理程序的算法以及训练智能模型的平台。框架中的缺陷检测主要检查当前所用的机器学习框架是否存在导致机器学习系统出错的缺陷。

学习程序可以分为开发人员设计的算法或从框架中选择的算法，以及开发人员为实现、部署或配置算法编写的实际代码，因此，该部分主要检查是否存在由算法的设计、选择或配置不当，或是开发人员在实施设计的算法时拼写错误导致的缺陷。

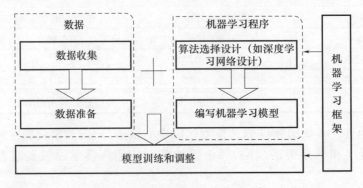

图 8-1 机器学习软件测试对象

### 8.1.3 机器学习软件测试流程

机器学习软件测试在系统开发中的位置如图8-2所示[45]。在机器学习软件系统部署前,需要根据历史数据生成原型模型,并进行离线测试,如交叉验证等,以确保模型满足所需的要求。待机器学习系统部署后,机器学习模型会进行预测,产生新的数据,这些数据可以通过在线测试进行分析,以评估模型的有效性。一个包含机器学习测试过程的机器学习系统完整生命周期如图8-2所示。首先利用历史数据训练得到一个初步模型,实际在线部署模型前,先对这个初步模型进行离线测试以确保该模型满足所需要求,待正式部署之后,该模型就开始执行预测和决策等任务,在这个过程中产生可以通过在线测试进行分析的新数据,评估当前模型如何影响用户行为。离线测试通常依赖于测试数据,而测试数据又是离线数据,可能无法代表当前的最新数据,并且离线测试也无法测试实际应用场景中可能出现的问题,无法获取在线部署过程中得到的一些业务指标,因此在线测试是必不可少的。离线测试和在线测试流程如图8-3所示[45]。

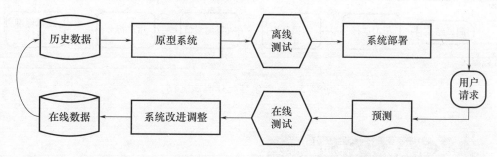

图8-2 机器学习软件测试在系统开发中的位置

**1. 离线测试**

离线测试的工作流程如图8-3的顶部矩形所示。首先,测试人员需要进行测试需求分析,分析系统的需求规格说明,设计测试用例和规划整个测试流程。其次,基于收集的数据或者生成特定目的测试输入,生成测试预言(测试Oracle)。随后执行测试,并收集测试结果,开发人员使用评估指标来检查测试的质量,同时测试执行结果产生错误报告,以帮助开发人员复制、定位和解决错误。最后,对识别出的缺陷将其按照严重性贴上不同的标签,并分配给不同的开发人员进行调试和修复。当缺陷被调试和修复后,就会进行回归测试,以确保修复解决了报告的问题,而不会带来新的问题。如果没有发现错误,离线测试过程将结束,模型将被在线部署。

**2. 在线测试**

离线测试使用历史数据测试模型,而不是在真实的应用程序环境中测试,也缺乏用户行为的数据收集过程。在线测试弥补了离线测试的不足。在线测试必不可少,主要有以下几个原因:一是离线测试通常依赖于测试数据,而实际场景中的输入空间非常大,测试数据只能覆盖所有可能情况中很小的一部分,通常不能完全表示后续的数据;二是离线测试无法测试一些在实际应用场景中可能存在问题的情况,不太可能触发极端情况导致的系统异常,如数据丢失和呼叫延迟等。此外,离线测试无法访问一些业务指标,如打开率、阅读时间和点击率。在线测试的工作流程如图8-3的底部矩形所示。通常会将用户分成不同的组进行对照实验,以便在一定的应用环境下找出哪个模型更好,或者新模型是否优于旧模型。

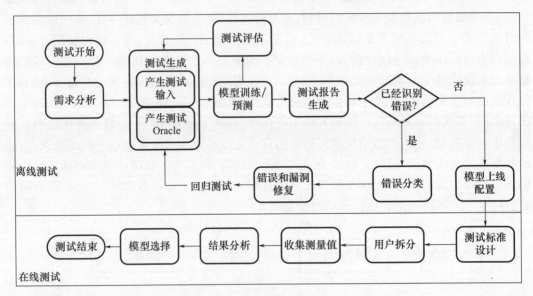

图8-3 机器学习软件测试流程

## 8.1.4 机器学习软件质量属性

机器学习测试一般包括测试流程(如何测)、测试组件(测哪里或测什么)、测试属性(为何测)等要素,其中测试属性也就是机器学习软件质量属性,包括功能性属性和非功能性属性,如图8-4所示。其中功能性属性包括正确性、模型相关性等,非功能性属性包括健壮性、安全性、私密性、效率性、公平性、可解释性等[45]。

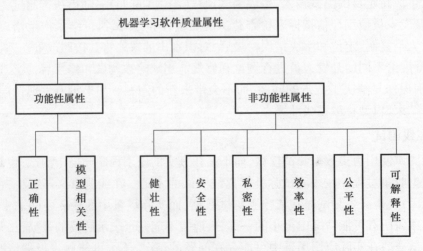

图8-4 机器学习软件模型的质量属性体系

## 1. 正确性

模型正确性是模型在新数据下的性能评估。令 $D$ 为未来的未知数据分布,$x$ 为属于 $D$ 的数据项,$h$ 为待测的机器学习模型,$h(x)$ 是 $x$ 的预测标签,$c(x)$ 是真实标签。模型正确性 $E(h)$ 是 $h(x)$ 和 $c(x)$ 相同的概率:

$$E(h) = P_{r_{x \sim D}}[h(x) = c(x)]$$

通常用经验正确性近似估计模型的正确性。令 $X = (x_1, x_2, \cdots, x_m)$ 为从数据分布 $D$ 中采样得到的测试样本集合。令 $h$ 为待测的机器学习模型,$Y' = (h(x_1), h(x_2), \cdots, h(x_m))$ 为与每个样本$x_i$的预测标签组成的标签集合。令 $Y = (y_1, y_2, \cdots, y_m)$ 为真实标签,其中每个 $y_i \in Y$ 是对应于$x_i \in X$ 的标签值,模型的经验正确性为

$$\hat{E}(h) = \frac{1}{m}\sum_{i=1}^{m} \mathbb{I}(h(x_i) = y_i)$$

机器学习验证是评估机器学习系统正确性最完善、应用最广泛的技术。通过数据采样的方式从原始数据集中隔离出一部分作为测试数据,用来检查训练后的模型是否适用于新样本。评估模型正确性的常用方法有留出法、交叉验证以及自助采样法。常用的正确性度量有准确率(accuracy)、精准率(precision)、召回率(recall)、曲线下面积(AUC)和 $F_1$ 等。

例如,在二分类问题中,只有正样本(postive)或者负样本(negative),真负类概率(true negative,TN)为负样本被预测为负样本的概率,假正类概率(false postive,FP)是负样本被预测为正样本的概率,假负类概率(false negative,FN)是正样本被判断为负样本的概率,真正类概率(true postive,TP)是正样本被判断为正样本的概率。

准确率是预测正确的样本占总体样本的比例:

$$\text{Accuracy} = \frac{\text{TP} + \text{TN}}{\text{TP} + \text{FN} + \text{TN} + \text{FP}}$$

精准率表示预测出来的正确的正样本数量除以所有预测出来的正样本数:

$$\text{Precision} = \frac{\text{TP}}{\text{TP} + \text{FP}}$$

召回率表示预测出来正确的正样本数量除以所有的正样本数量:

$$\text{Recall} = \frac{\text{TP}}{\text{TP} + \text{FN}}$$

AUC 被定义为 ROC 曲线下的面积。使用 AUC 值作为模型的评价标准是因为很多时候曲线并不能清晰地说明哪个分类器的效果更好,而作为一个数值,对应 AUC 值更大的分类器效果更好。ROC 曲线全称为受试者工作特征曲线,是根据一系列不同的二分类方式(分界值或决定阈值),以真正类率(敏感性)为纵坐标,假正类率(1 - 特异性)为横坐标绘制的曲线。

$F_1$ 指标综合考虑了召回率与精准率两个指标,定义如下:

$$F_1 = \frac{2 \times \text{Precision} \times \text{Recall}}{\text{Precision} + \text{Recall}}$$

## 2. 模型相关性

算法能力与数据分布之间的相关性,也称模型的泛化能力。把机器学习模型的实际

预测输出与样本的标签之间的差异称为误差,机器学习模型在训练集上的误差称为训练误差,在未知新样本上的误差称为泛化误差,模型在新数据上的预测能力就称为泛化能力。机器学习的目标是在有限的数据集上学习的一个泛化能力较好(泛化误差小)的模型。如果在训练数据集和新数据集上表现都很差,就是欠拟合;如果在训练数据集上表现较好,而在新数据集上表现很差,就是过拟合。不论是过拟合还是欠拟合,模型的泛化性能实际上就取决于模型和数据这两个方面:其一,模型复杂度是否与当前处理任务难度相匹配(复杂度不足则欠拟合,复杂度过高则过拟合);其二,训练数据中的有效信息是否过少(有效特征不足,数据量不足)还是无效信息过多(噪声、冗余/无效特征或样本等)。所以,提高泛化能力也要从两个方面考虑:其一,降低模型复杂度,减少过拟合风险(如正则化);其二,通过特征工程保证数据质量,增加有效特征,减少冗余/无效特征或者样本,减少数据噪声,或者增加训练数据量,使得噪声对模型训练的影响能够从总体上减少。如果只考虑训练数据确定(特征固定、样本固定)后机器学习模型的训练,可以通过调整模型复杂度去适应当前训练数据的情况,因此过拟合出现的概率更高,泛化能力更多的时候指的是过拟合现象。

机器学习模型是机器学习算法和训练数据的组合,以算法的能力是否适合数据衡量模型的过拟合度。假设 $D$ 为训练数据分布,$R(D,A)$ 是算法 $A$ 必需的最简模型容量,$R'(D,A')$ 是被测机器学习算法 $A'$ 的模型容量,过拟合度就是 $R(D,A)$ 和 $R'(D,A')$ 之间的差异:

$$f = |(R(D,A) - R'(D,A'))|$$

模型对于数据而言过于复杂,尤其在训练数据不足时,模型会去拟合训练数据中的噪声,从而导致过拟合。

### 3. 健壮性

健壮性是机器学习系统的非功能性特征。衡量健壮性的一种方法是在存在噪声的情况下检查系统的正确性,健壮性好的模型应该在存在噪声的情况下还能保持一定的性能。

假设 $S$ 为机器学习系统,$E(S)$ 是 $S$ 的正确性,$\delta(S)$ 是对任何机器学习组件(如数据、学习程序或框架)都有干扰的机器学习系统,则机器学习系统的健壮性是对 $E(S)$ 和 $E(\delta(S))$ 之间差异的度量:

$$r = E(S) - E(\delta(S))$$

健壮性衡量了机器学习系统对微小扰动的恢复能力。对抗健壮性是健壮性的子类,对抗健壮性中的扰动通常被设计为难以检测的微小扰动,可分为局部对抗健壮性和全局对抗健壮性。

局部对抗健壮性:令 $x$ 为机器学习模型 $h$ 的测试输入,$x'$ 是通过对 $x$ 增加对抗扰动而生成的测试输入。对于任意 $x'$,模型 $h$ 在输入 $x$ 处为 $\delta$ 局部健壮定义为

$$\forall x': \|x - x'\|_p \leq \delta \rightarrow h(x) = h(x')$$

式中:$\|\cdot\|_p$ 表示距离测量的 $p$-范数。

全局对抗健壮性:令 $x$ 为机器学习模型 $h$ 的测试输入,$x'$ 是通过对 $x$ 对抗扰动而生成的另一个测试输入。对于任何 $x'$ 和 $x$,模型 $h$ 是 $\epsilon$ 全局健壮的,即

$$\forall x, x': \|x - x'\|_p \leq \delta \rightarrow h(x) - h(x') \leq \epsilon$$

### 4. 安全性

机器学习系统的安全性是系统抵御通过操纵或非法访问机器学习组件而造成的潜在危害或损失的能力。机器学习系统的安全性和健壮性密切相关,具有低健壮性的系统可能是不安全的。如果在抵抗待预测数据扰动方面的健壮性较差,系统可能更容易成为对抗性攻击的受害者。然而,健壮性低只是安全漏洞的一个原因,除了扰动攻击,安全问题还包括模型窃取或提取等其他方面。

### 5. 私密性

机器学习的私密性指的是机器学习系统保护个人隐私数据信息的能力。在对含敏感信息的数据集进行数据分析时,如医疗记录、金融交易记录、网页搜索日志等数据集,需要考虑保护敏感信息。

根据差分隐私的定义,假设 $D_1$ 和 $D_2$ 为相邻数据集,即这两个数据集仅相差一条数据,$A(D_1)$ 是 $D_1$ 经过隐私保护算法 $A$ 处理后的输出,$A(D_2)$ 是相邻数据集 $D_2$ 通过隐私保护算法 $A$ 得到的输出,两者输出的分布被 $\epsilon$ 约束,可以认为这两个分布是相似的,攻击者无法分辨 $D_1$ 和 $D_2$ 的输出,使得用户隐私数据隐藏在其中。差分隐私是响应单个输入变化时对输出变化的一种包含界限,它提供了任何一个人的数据是否具有显著影响的方法(以 $\epsilon$ 为界),一般认为,小于 0.1 的 $\epsilon$ 提供较强的隐私保护,小于 1 的提供一般任务可接受的隐私保护,即

$$Pr[A(D_1) \in S] \leq \exp(\epsilon) * Pr[A(D_2) \in S]$$

### 6. 效率性

机器学习系统的效率性主要指机器学习系统构建和预测的速度。当系统在构建或预测阶段执行缓慢时,就会出现效率问题。随着数据的指数增长和系统的复杂性,效率是模型选择和框架选择要考虑的一个重要特征,有时甚至比准确性更重要。例如,如何将参数量巨大的机器学习模型部署到计算能力较低的用户终端设备,这就需要对深度学习模型进行优化和压缩,或者面向设备的模型定制,这个过程有可能需要牺牲部分精度,提高建模速度以进行更快的机器学习测试。如何检测在模型压缩或者样本约简的过程中引入的缺陷,也是未来效率研究的内容。

### 7. 公平性

机器学习技术通过学习训练数据构建模型,然后应用于收入预测、医疗预测等决策任务。但是由于人类认知可能存在偏见,从而影响收集和标注的数据以及算法的设计,导致训练得到的模型存在偏见。如何确保机器学习系统做出的决策是公正的,不至于引发人权、歧视、法律以及其他伦理方面的问题。

将敏感的、需要保护以避免出现不公正的特征称为保护特征或者敏感特征,如种族、肤色、性别、宗教、国籍、年龄、是否怀孕、家庭情况、是否残疾、是否是退伍军人以及遗传信息等。这些公平性的问题通常也只在一些特定的领域才需要考虑,如信贷、教育、就业、住房以及公共服务等。要解决公平性问题或者构建公平性机器学习系统,首先要对公平性给出明确的定义,用来检测模型是否违背了公平性,导致模型出现偏见的原因主要有5个。

(1)样本偏移。训练样本一开始就存在偏向性,这种偏向性随着时间推移会产生复

利效应。

（2）标注偏见。带有人类偏见的标注行为导致训练数据的标注存在某种偏向性。

（3）特征有限。特征的信息过少或者无法可靠收集，误导模型建立了特征和标签之间的联系。

（4）类不平衡。训练数据集存在严重的类别不平衡问题，导致机器学习模型对少数类样本的学习不够。

（5）代理特征。某些特征是敏感特征的代理，即使去除了敏感特征，模型依然可能存在偏见。

**8. 可解释性**

机器学习可解释性指的是人类可以理解机器学习系统决策原因的程度。与公平性的问题类似，在收入预测、医疗预测等决策任务中部署机器学习系统还需要考虑模型的可解释性。只有让人类理解机器学习系统背后的决策逻辑，人类才会接受和信任机器学习系统做出的决策。理解机器学习系统的决策逻辑有助于消除偏见和获取更多知识，也有助于将其应用到其他情境以及规避安全方面的风险。可解释性包含两个方面：透明性（模型如何工作）和事后解释（可以从模型派生的其他信息）。可解释性又分为局部可解释性和全局可解释性。局部可解释性指的是对某一个输入及其输出的理解，而全局可解释性指的是对整个模型整体的理解。也有研究定义了一系列蜕变关系模式和蜕变关系输入模式用于帮助用户理解机器学习系统如何工作。

## 8.2 基于覆盖的测试技术

在传统的软件测试中，代码覆盖率衡量测试输入执行程序源代码的程度。测试输入的覆盖率越高，隐藏的错误就越有可能被发现。覆盖代码片段是检测代码中隐藏的缺陷的必要条件。由于深度神经网络和传统软件有较大的区别，针对传统软件的测试度量并不能直接移植到深度神经网络的测试中。深度神经网络（deep neural networks，DNN）利用训练集数据训练模型，其内部神经元的激活值分布对于发现 DNN 的边界行为具有重要作用，通过统计和追踪神经元激活值的分布或相邻层神经元之间激活值的变化关系，提出了基于覆盖的 DNN 的测试指标，测试覆盖指标通过计算测试用例的覆盖率评估测试输入对于 DNN 测试的充分性。表 8-2 给出了一些常见的基于覆盖的测试度量方法。

表 8-2 基于覆盖的测试度量方法

| 测试方法 | 覆盖度量指标 |
| --- | --- |
| DeepXplore[46]、DeepTest[47] | 神经元覆盖 |
| DeepGauge[48] | $k$ 多节神经元覆盖、神经元边界覆盖、强神经元激活覆盖、Top-$k$ 神经元覆盖、Top-$k$ 神经元模式 |
| DeepHunter[49] | 神经元覆盖、$k$ 多节神经元覆盖、神经元边界覆盖、强神经元激活覆盖、Top-$k$ 神经元覆盖、Bottom-$k$ 神经元覆盖 |
| Adapt[50] | 神经元覆盖、Top-$k$ 神经元覆盖 |

(续)

| 测试方法 | 覆盖度量指标 |
|---|---|
| DeepCover[51] | 符号 – 符号覆盖、距离 – 符号覆盖、符号 – 值覆盖、距离 – 值覆盖 |
| DeepCruiser[52]、DeepStellar[53] | 状态级别覆盖、转换级别覆盖 |
| DeepPath[54] | $l$ 长度强激活路径覆盖、$l$ 长度输出激活路径覆盖、$l$ 长度全状态路径覆盖 |
| DeepCT[55] | $t$ 路组合稀疏覆盖、$t$ 路组合密集覆盖 |
| SADL[56] | 意外覆盖 |

### 8.2.1 神经元覆盖

用于 DNN 的白盒测试框架 DeepXplore[46]首次提出了神经元覆盖的度量指标。一个神经元的输出值高于阈值(人为设定)即被认为神经元激活,神经元覆盖率(neuron coverage,NC)是指 NC = 激活的神经元个数/所有的神经元个数。DeepXplore 提出了针对 DNN 的差异测试方法,在覆盖更多的神经元(达到覆盖更多的逻辑的目的)和新输入集可以使得模型出错的目标下,最大化差异行为和最大化神经元覆盖率,并产生新的测试输入数据。该过程被建模为联合优化问题,并采用基于梯度下降的搜索技术进行求解。在 MNIST、ImageNet、Driving、VirusTotal、Drebin 等数据集上进行了实验,结果验证了 DeepXplore 可以发现 DNN 存在异常行为。

DeepTest[47]是一种利用神经元覆盖率的测试方法,用于自动检测自动驾驶汽车系统算法的错误行为。神经元覆盖率的变化与自动驾驶汽车执行操作(如转向)的变化有统计学相关性,因此,神经元覆盖率可以作为一种指导机制,系统地探索不同类型的汽车行为,并发现其中的错误行为。通过模拟不同现实驾驶条件的图像变换,如改变对比度/亮度、摄像头的旋转等,可以激活自动驾驶汽车深度神经网络中不同的神经元,通过这些图像变换方法的组合,以神经元覆盖率为导向的贪婪搜索算法,可以有效地找到图像变换组合,从而获得更高的神经元覆盖率,神经元覆盖率相比手动测试方法所能达到的覆盖率提高了 1 倍。

### 8.2.2 拓展神经元覆盖

DeepGauge[48]扩展了神经元覆盖的概念,提出了更细粒度的覆盖指标,分别从神经元级别和层级别两个层次入手,引入 $k$ 多节神经元覆盖($k$ – multisection neuron coverage,KMNC)、神经元边界覆盖(neuron boundary coverage,NBC)和强神经元激活覆盖(strong neuron activation coverage,SNAC)指标,以及 Top – $k$ 神经元覆盖(top – $k$ neuron coverage,TKNC)和 Top – $k$ 神经元模式(top – $k$ neuron patterns,TKNP)指标。在 MNIST 与 ImageNet 数据集上,采用 FGSM、BIM、JSMA 和 C&W 共 4 种对抗性样本生成方法与 5 种 DNN 模型进行实验,其捕捉原始测试数据与对抗性测试数据差异的能力更强。覆盖指标引导下的模糊测试框架 DeepHunter[49]、自适应神经元选择策略的 DNN 白盒测试框架 Adapt[50]也采用了类似的拓展神经元覆盖策略。下面给出神经元覆盖指标的形式化定义。

设 $N=\{n_1,n_2,\cdots\}$ 是一组神经元，$T=\{x_1,x_2,\cdots\}$ 是一组测试输入，$\Phi(x,n)$ 函数表示在给定测试输入 $x\in T$ 时，神经元 $n\in N$ 的输出值，$L$ 为 DNN 的层数，$L_i$ 表示在第 $i$ 层的神经元。对于一个神经元 $n$，$\text{High}_n$ 和 $\text{Low}_n$ 代表着边界值，$[\text{Low}_n, \text{High}_n]$ 为主要功能区。给定测试输入 $x\in T$ 时，若 $\exists n\in N:\Phi(x,n)\in(-\infty,\text{Low}_n)\cup(\text{High}_n,+\infty)$，说明 DNN 落在了边界区，即存在上边界和下边界：

$$\text{UpperCornerNeuron}=\{n\in N|\ \exists x\in T:\Phi(x,n)\in(\text{High}_n,+\infty)\}$$

$$\text{LowerCornerNeuron}=\{n\in N|\ \exists x\in T:\Phi(x,n)\in(-\infty,\text{Low}_n)\}$$

首先将 $[\text{Low}_n,\text{High}_n]$ 等分为 $k$ 个部分，用 $S_i^n$ 表示第 $i$ 节中的值的集合，其中 $1\leqslant i\leqslant k$，如果 $\Phi(x,n)\in S_i^n$，也就是第 $i$ 节被输入 $x$ 覆盖，有一组输入 $T$ 和一个神经元 $n$，覆盖率定义为被 $T$ 覆盖的节数与总节数的比值，因此，神经元的 KMNC 覆盖定义为

$$\frac{|\{S_i^n\ |\ \exists x\in T:\Phi(x,n)\in S_i^n\}|}{k}$$

DNN 的 KMNC 覆盖定义为

$$\text{KMNCov}(T,k)=\frac{\sum_{n\in N}|\{S_i^n\ |\ \exists x\in T:\Phi(x,n)\in S_i^n\}|}{k\times|N|}$$

神经元边界覆盖 NBC 衡量给定的输入测试集覆盖角落区域的程度，此时的角落区域包含上下界两个区域，所有的边界数等于神经元的 2 倍，因为每个神经元都有两个边界，即

$$\text{NBCov}(T)=\frac{|\text{UpperCornerNeuron}|+|\text{LowerCornerNeuron}|}{2\times|N|}$$

强神经元激活覆盖 SNAC 测量给定的输入测试集覆盖上界角落区域的程度：

$$\text{SNACov}(T)=\frac{|\text{UpperCornerNeuron}|}{|N|}$$

对于给定的测试输入 $x$ 和同一层上的神经元 $n_1$ 和 $n_2$，如果 $\Phi(x,n_1)>\Phi(x,n_2)$，说明 $n_1$ 比给定的 $n_2$ 更活跃，$\text{top}_k(x,i)$ 表示给定一个测试输入 $x$，第 $i$ 层中值最大的 $k$ 个神经元，$\text{top}-k$ 神经元覆盖 TKNC 测量了每一层中曾经是最活跃的 $k$ 个神经元的数量：

$$\text{TKNCov}(T,k)=\frac{|\bigcup_{x\in T}(\bigcup_{1\leqslant i\leqslant l}\text{top}_k(x,i))|}{|N|}$$

给定一个测试输入 $x$，每一层的 $\text{top}-k$ 神经元序列也形成了 $\text{top}-k$ 神经元模式 TKNP：

$$\text{TKNPat}(T,k)=|\{(\text{top}_k(x,1),\cdots,\text{top}_k(x,l))|x\in T\}|$$

### 8.2.3 MC/DC 变体覆盖

DeepCover[51] 受到传统软件测试领域 MC/DC 覆盖准则的启发，根据相邻层之间神经元激活值的变化情况，提出了符号-符号覆盖（sign-sign coverage，SSC）、距离-符号覆盖（distance-sign coverage，DSC）、符号-值覆盖（sign-value coverage，SVC）和距离-值覆盖（distance-value coverage，DVC）等 4 种覆盖准则，融合符号方法和启发式搜索算法，可以引导测试输入数据生成，用于发现 DNN 中的异常和错误。在 MNIST、CIFAR-10、ImageNet

等数据集上的实验,从缺陷发现、测试充分性、DNN 安全性分析和 DNN 中间结构分析这 4 个方面证明其提出的测试覆盖标准与测试输入数据生成方法的有效性。

### 8.2.4 状态级覆盖

DeepStellar[53] 将基于循环神经网络(recurrent neural network,RNN)的有状态深度学习系统形式化为离散时间马尔可夫链模型(discrete-time markov chain,DTMC),以刻画 RNN 系统的内部状态和转移行为,基于 DTMC 抽象模型定义了 3 个状态级和 2 个转换级覆盖标准,同时定义了 2 种输入相似性度量,在 4 个 RNN 系统上的测试表明,相似性度量即使在很小的扰动下也能有效地检测到恶意样本,覆盖准则对于揭示错误和异常行为是有效的,生成的对抗样本明显多于随机测试。下面给出 5 个覆盖准则和 2 个相似性度量的形式化定义。

设 $M = (\hat{S}, I, \hat{T})$ 是 RNN 抽象后的 DTMC 模型,其中 $\hat{S}$ 是抽象状态的集合,$I$ 是初始状态的集合,$\hat{T}: \hat{S} \times \hat{S} \mapsto [0, 1]$ 是给出不同抽象转移的概率的转移概率函数。

给定抽象模型 $M$ 和输入 $x$,将 $x$ 所覆盖的抽象状态和转换集合表示为 $\hat{S}_x$ 与 $\hat{\delta}_x$,基于它们所覆盖的状态和转换的 Jaccard 索引,分别定义两个输入 $x$、$y$ 基于状态的轨迹相似性(STSim)和基于变迁的轨迹相似性(TTSim)。轨迹相似性度量的范围在 $[0, 1]$ 上,其中 0 表示不相交的集合($x$ 和 $y$ 引起的轨迹完全不同),而 1 表示相等的集合(轨迹相似),即

$$\text{STSim}_M(x, y) = \frac{|\hat{S}_x \cap \hat{S}_y|}{|\hat{S}_x \cup \hat{S}_y|}, \text{TTSim}_M(x, y) = \frac{|\hat{\delta}_x \cap \hat{\delta}_y|}{|\hat{\delta}_x \cup \hat{\delta}_y|}$$

覆盖准则包括基本状态覆盖(BSCov)、加权状态覆盖(WSCov)、$n$ 步状态边界覆盖($n$-SBCov)、基本转移覆盖(BTCov)和加权转移覆盖(WTCov)。

给定 RNN 抽象模型 $M$ 和一组测试输入 $T$,基本状态覆盖度量 $T$ 在训练时访问的主要功能区域的覆盖程度。训练输入和测试输入访问的抽象状态集合是 $\hat{S}_T$,由训练和测试输入访问的抽象状态的数量相对于训练输入访问的状态的数量 $\hat{S}_M$ 给出:

$$\text{BSCov}(T, M) = \frac{|\hat{S}_T \cap \hat{S}_M|}{|\hat{S}_M|}$$

加权状态覆盖定义了加权的状态覆盖,允许用户指定加权函数。抽象状态 $\hat{S}$ 的默认权重定义为其在所有抽象状态中的相对频率 $w(\hat{S}) = \frac{|\{s | s \in \hat{S}\}|}{|S|}$,其中 $S$ 是所有不同的具体状态的集合,WSCov 定义为

$$\text{WSCov}(T, M) = \frac{\sum_{\hat{S} \in \hat{S}_T \cap \hat{S}_M} w(\hat{S})}{\sum_{\hat{S} \in \hat{S}_M} w(\hat{S})}$$

测试数据还可以触发在训练期间从未访问过的新状态,$n$ 步状态边界覆盖衡量角落区域被测试输入 $T$ 覆盖的情况。$n$ 步边界区域 $\hat{S}_{M_c}(n)$ 包含与 $\hat{S}_M$ 具有最小距离 $n$ 的所有抽象状态,$\hat{S}_{M_c}(n) = \{\hat{S} \in \hat{S}_{M_c} | \min_{\hat{S}' \in \hat{S}_M} \text{Dist}(\hat{S}, \hat{S}') = n\}$,$n$-SBCov 定义为测试输入在距离 $\hat{S}_M$ 至多 $n$ 步的边界区域中访问的状态的比率:

$$n\text{BSCov}(T, M) = \frac{|\hat{S}_T \cap \bigcup_{i=1}^{n} \hat{S}_{M_c}(i)|}{|\bigcup_{i=1}^{n} \hat{S}_{M_c}(i)|}$$

为了量化转换覆盖率，训练和测试阶段进行的抽象转换为$\hat{\delta}_M$和$\hat{\delta}_T$，通过下面的公式给出基本转移覆盖：

$$\text{BTCov}(T,M) = \frac{|\hat{\delta}_T \cap \hat{\delta}_M|}{|\hat{\delta}_M|}$$

如果考虑每个转移的相对频率，加权转移覆盖为

$$\text{WTCov}(T,M) = \frac{\sum_{(\hat{S},\hat{S}') \in \hat{\delta}_T \cap \hat{\delta}_M} w(\hat{S},\hat{S}')}{\sum_{(\hat{S},\hat{S}') \in \hat{\delta}_M} w(\hat{S},\hat{S}')}$$

### 8.2.5 路径覆盖

DeepPath[54]认为，DNN是由节点和加权有向边组成的加权有向连接图构成的，该图以单个权重将信息从前层神经元传递到后层神经元，连接形成了大量从输入层神经元到输出层神经元的路径，定义了$l$-长度强激活路径覆盖（$l$-length strong activated path coverage，$l$-SAP）、$l$-长度输出激活路径覆盖（$l$-length output activated path coverage，$l$-OAP）和$l$-长度全状态路径覆盖（$l$-length full state path coverage，$l$-FSP）3种路径覆盖指标，并用于指导生成对抗样本，可以很好地提高覆盖率和测试模型的异常与错误。

### 8.2.6 意外覆盖

SADL（surprise adequacy for deep learning systems）[56]基于深度学习系统对其训练数据的行为，提出了测试DNN充分性的框架。SADL提出了意外充分性（surprise adequacy，SA）的概念，用于衡量新测试用例相对于训练集中测试用例的多样性程度，指标越大分类器越容易分错，并基于SA提出了意外覆盖（surprise coverage，SC）指标。

给定一个上边界$U$和bucket $B = \{b_1, b_2, \cdots, b_n\}$，将$(0, U]$分成不同的SA段，对于输入$X$测试的意外覆盖率定义为

$$\text{SC}(X) = \frac{\left|\left\{b_i \mid \exists x \in X : \text{SA}(x) \in \left(u * \frac{i-1}{n}, u * \frac{i}{n}\right]\right\}\right|}{n}$$

LSC和DSC是两种特殊的意外覆盖率，分别基于两种SA的计算。

（1）基于可能性的SA（likelihood-based surprise adequacy，LSA），采用核密度估计来获得输入数据的分布密度函数。

（2）基于距离的SA（distance-based surprise adequacy，DSA），通过分别计算和某个测试用例相同类别和不同类别用例的最小欧氏距离，得到距离的比值来衡量测试用例的SA。

SC首先对每个测试用例打分（LSA和DSA），基于测试用例的SA分布，选取不同的阈值会得到不同的覆盖结果。

## 8.3 基于对抗样本的测试技术

对抗样本形式化的定义即假设原输入为 $x$,训练得到的模型为 $f(x)$,其中对于原输入有 $f(x)=l$。对原输入添加一个扰动 $r$,使得 $f(x+r)\neq l$,那么,$x+r$ 则为对抗样本。对抗样本的一个重要特性是对原输入添加的扰动很小,即上述式子中的 $r$ 很小,小到对于图片中的像素来说,人眼无法辨别,那么,理所当然,$f(x+r)$ 结果应当与 $f(x)$ 不同。正是由于对抗样本与原样本相近,而产生的输出又有很大的区别这一特性,对抗样本的研究才受到了极大的关注。对抗样本有助于理解人工智能是否真正模拟了"人的智能",是否是在以人类的方式理解问题,如果所建立的各种各样的模型是真正模拟了"人的智能",那么,模型应该是平滑的,输入的变化量较小时,输出的变化也不应该过大,以人的角度来看,就是一张图片如果产生了轻微的变化,是不影响人的理解的,而对抗样本的出现说明了这些神经网络的模型在模拟人对图片信号的处理机制上仍然是存在问题和缺陷的。另一方面,对抗样本也可作为数据增强工作的一部分,数据增强即通过改善数据集的规模和质量,从而增强模型的泛化能力;通过生成对抗样本,可产生一些通过常规手段得不到的数据集,从而增强模型的鲁棒性和泛化能力。对抗样本的上述特点决定了对抗样本应用在测试领域,有助于发现深度学习模型的缺陷,提高模型的健壮性和泛化能力。

对抗样本具有泛化能力,主要体现在以下两个方面。

(1) 跨模型泛化。对抗样本可以导致不同网络架构,或相同网络架构,训练参数不同的不同模型对于相当大比例的对抗样本都会产生误分类。

(2) 跨数据集泛化。从同一数据集的不同数据子集中训练的不同模型对于相当大比例的对抗样本都会产生误分类。对抗样本的泛化能力正是导致深度学习模型出现危机的重要原因之一。

对抗样本攻击技术按照攻击后的效果可分为定向攻击(targeted attack)和无定向攻击(non-targeted attack)。区别在于定向攻击在攻击前会设置攻击目标,如使一个分类模型将人类识别为熊猫,其攻击后的效果是确定的;无定向攻击在攻击前不用设置攻击目标,如使一个分类模型将人类识别为其他物体,只要结果改变即可,其攻击后的效果是不确定的。对抗样本攻击技术按照攻击模式主要分为白盒攻击(white-box attack)和黑盒攻击(black-box attack)。

### 8.3.1 白盒方法

白盒攻击需要完整获取模型,了解模型的结构以及每层的具体参数,可以完整控制模型的输入,对输入的数据甚至可以进行比特级的修改。白盒攻击多用于深度学习系统的脆弱性检测,是一种生成特定扰动的攻击手段。图8-5给出了一个典型的对抗样本白盒攻击方法流程。对于一个样本的输入,控制已训练好的模型参数不变,将预测输出与目标输出经损失函数计算得到损失,反向传递计算梯度,获得输入处的梯度,通过一定的算法调整输入,最终获得对抗样本,并可以使得对抗样本的输出为目标输出。

对抗样本依据原理可以分为基于直接优化的攻击方法（Box-constrained L-BFGS、C&W）、基于梯度优化的攻击方法（FGSM、I-FGSM、PGD、MI-FGSM）、基于决策边界分析的攻击方法（DeepFool）、基于生成式神经网络生成的攻击方法（ATN、AdvGAN），还有一些其他的攻击方法（JSMA 攻击、stAdv 攻击、BPDA 攻击）。

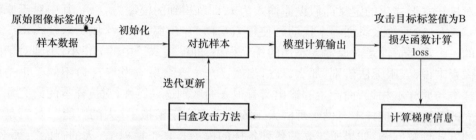

图 8-5　对抗样本的白盒攻击方法流程

### 1. Box-constrained L-BFGS

L-BFGS 全称为 limited memory BFGS 算法[57]，其中 BFGS 是算法的 4 个发明人名字首字母，即有限内存中的 BFGS 算法，是一种通过迭代的方式来逼近牛顿法求函数零点的方法，有限内存是通过时空互换的方法对 BFGS 算法的改进，使其能够适用于大规模的优化问题。通过 L-BFGS 求导函数的零点，及原函数的驻点，则求得原函数的最优值，L-BFGS 算法通过优化一个目标函数得到一个生成对抗样本的扰动。

将整个用以图形分类的神经网络模型形式化地表示成为一个映射 $f: \boldsymbol{R}^m \to \{1,2,\cdots,k\}$，输入 $\boldsymbol{R}^m$ 为一个 $m$ 维的向量，即表示一个总共有 $m$ 个像素点的图片，输出为图片所属于的类别。对于一个给定的图片 $x \in \boldsymbol{R}^m$ 和目标标签 $l \in \{1,2,\cdots,k\}$，想要得到的是一个尽可能小的扰动 $r$，使得 $f(x+r)=l$ 且 $f(x) \neq l$，在最理想的情况下，$x+r$ 是使得被函数 $f$ 分类为 $l$ 的图片中，离 $x$ 的距离最近的一个。得到最近的一个 $x+r$ 是不现实的，因此，需要通过一种方法得到一个近似离 $x$ 最近的 $x+r$。定义目标函数为

$$c|r| + \mathrm{loss}_f(x+r, l)$$
$$\text{s.t.} \quad x+r \in [0,1]^m$$

这里的损失函数 $\mathrm{loss}_f(x+r,l)$ 是对抗样本在现有模型下对想要误分类的类别之间的损失值，通过一个惩罚项 $c|r|$ 限制 $r$ 的大小，这里可以将 $c|r|$ 看成是目标函数的正则化项，通过这个正则化项在最小化 $\mathrm{loss}_f$ 的同时，又能保证 $r$ 是一个很小的值。通过对目标函数进行优化，得到一个尽可能小的扰动 $r$，在原图像 $x$ 上加上扰动 $r$，理想情况下，可将现有模型的分类结果变为 $l$，达到了攻击目的。

### 2. C&W

C&W 算法[58]属于直接优化的攻击算法，分别使用 $l_0$、$l_2$、$l_\infty$ 范数对扰动进行限制生成对抗样本，其使用了 7 种目标函数作为损失函数。除了使用更好的损失函数外，相比于 L-BFGS 算法，C&W 算法去除了盒约束的限定条件，使该优化问题转化为无约束的凸优化问题，方便利用梯度下降法、动量梯度下降法和 Adam 等算法求解。在去除盒约束的条件限制时，使用了 3 种数据截断处理的方法，即梯度投影下降、梯度截断下降和变量变换。C&W 攻击算法生成的对抗样本针对蒸馏防御的模型攻击能力很好，是目前较为强大的白

盒攻击算法,也是用于评估模型健壮性的主要测试算法之一。

$F$ 是神经网络的 softmax 输出,$Z$ 是 logit 输出,$e^+$ 是 $\max(e,0)$ 的简写,$\text{softplus}(x) = \log(1+\exp(x))$,$\text{loss}_{f,s}(x)$ 是交叉熵损失。7 种损失函数分别为

$$f_1(x') = -\text{loss}_{f,t}(x') + 1$$

$$f_2(x') = (\max_{i \neq t}(F(x')_i) - F(x')_t)^+$$

$$f_3(x') = \text{softplus}(\max_{i \neq t}(F(x')_i) - F(x')_t) - \log 2$$

$$f_4(x') = (0.5 - F(x')_t)^+$$

$$f_5(x') = -\log(2F(x')_t - 2)$$

$$f_6(x') = (\max_{i \neq t}(Z(x')_i) - Z(x')_t)^+$$

$$f_7(x') = \text{softplus}(\max_{i \neq t}(Z(x')_i) - Z(x')_t) - \log 2$$

设在原始输入 $x$ 上叠加扰动,生成的对抗样本为 $x+r$,对抗样本和原始数据之间的距离为 $D(x,x+r)$,那么,整个优化函数可以定义为

$$\text{minimize} D(x,x+r) + c \cdot f(x+r)$$
$$\text{s.t.} \quad x+r \in [0,1]^n$$

假设使用的 $l_2$ 范数攻击,被攻击模型的 logit 输出为 $Z$,则损失函数为

$$\text{loss}_{f,t}(x) = \max(\max(\{Z(x)_i : i \neq t\} - Z(x)_t, -k)$$

式中:$i$ 表示标签类别;$t$ 为攻击目标的标签;$k$ 表示对抗样本的攻击成功率,$k$ 越大,生成的对抗样本的攻击成功率越高。

### 3. FGSM

FGSM(fast gradient sign method)[59] 是 Goodfellow 在 2015 年 ICLR 会议上提出来的一种可以简单、快速生成对抗样本的方法,该方法通过对输入数据在梯度的反方向上添加一个扰动,使得对抗样本在模型中的损失值在一定范围内最大,从而使模型误分类输出错误的结果。

假设 $\theta$ 是神经网络模型的参数,$x$ 是模型的输入,$y$ 是相对应 $x$ 的输出,而 $J(\theta,x,y)$ 则为用以训练神经网络的损失函数,通过对损失函数的线性化,得到一个最优的 max – norm constrained 扰动:

$$\eta = \epsilon \text{sign}(\nabla_x J(\theta,x,y))$$

在训练神经网络时,通过反向传播算法只修改模型的参数,即只通过反向传播修改连接的权重、卷积核的权重等,FGSM 算法将损失传播到输入图像中,并且通过归一化约束控制其扰动的大小,使其不会过大。在上述公式中,$\nabla_x J(\theta,x,y)$ 为损失函数反向传播至输入层时的梯度值,$\epsilon$ 是一个可以控制扰动的大小常数。同时,在实验中也发现,将输入 $x$ 在梯度的方向上旋转一个小的角度也可以产生对抗样本。如图 8 – 6 所示,FGSM 算法在 ImageNet 数据集上取得了较好的效果,得到的对抗样本比较逼真。

+.007×

=

原始图像　　　　　　噪声扰动　　　　　　对抗样本

图 8 – 6　FGSM 算法用在 ImageNet 数据集中

### 4. I – FGSM

I – FGSM 算法[60]通过不断迭代 FGSM 方法得到攻击图像。对原有图片在梯度反方向上进行一个常量的上升来生成对抗样本的思想,提出了基本迭代法(basic iterative method)和迭代最小似然类法(iterative least – likely class method)两个变种方法。

迭代法是对 FGSM 方法直接的拓展,相比起 FGSM 方法一步到位在梯度的方向上添加一个常量增量生成对抗样本,迭代法通过多次应用 FGSM 方法,但是每次都只对图片添加更小的扰动常量 $\alpha$,以修改过的图片作为输入计算新的梯度符号后,再对图片进行修改:

$$X_0^{adv} = X, X_{N+1}^{adv} = \text{Clip}_{X,\epsilon}\{X_N^{adv} + \alpha \text{sign}(\nabla_X J(X_N^{adv}, y_{true}))\}$$

其中每一次迭代都要保证修改后的图片在原图片的 $L_\infty \epsilon$ 邻域内,$L_\infty$ 为无穷范数,一个向量的无穷范数即为这个向量各个维度上最大的元素的值,即添加了扰动的图片每一个像素与原图之间的差的最大值不超过 $\epsilon$,通过下面的方式进行修改:

$$\text{Clip}_{(X,\epsilon)}\{X\}'(x,y,z) = \min\{255, X(x,y,z) + \epsilon,$$
$$\max\{0, X(x,y,z) - \epsilon, X'(x,y,z)\}\}$$

图片的迭代次数通过启发式的方法得到,可以选取迭代次数为 $\min(\epsilon+4, 1.25\epsilon)$ 的方法,对此进行分析:当 $\epsilon > 16$ 时,迭代的次数为 $\epsilon + 4$ 次;当 $\epsilon < 16$ 时,迭代的次数为 $1.25\epsilon$ 次。保证迭代的次数不能过多。

无论是迭代法还是 FGSM 法,其思想都是增加正确分类的梯度,从而误导其分到错误的类,但是在这个过程中,想要引导模型将结果误分成哪一个类是不作具体说明的,这两种方法在一些类别的数量较小,并且类彼此之间的差异很大的数据集如 MNIST、CIFAR – 10 下是比较有效率的。但在 ImageNet 中,有大量的类别,并且类与类之间的区分度有些很明显,有些并不那么明显,在这种情况下,上述的两种方法可能会产生一些无意义的误分类结果,比如说从一种猫分类成了另一种猫。为了使分类结果更加有意义,Kurakin 提出了迭代最小似然类法,通过迭代的方法,诱导模型分类结果往特定想要的目标类靠近。将目标类选择为在训练好的网络中,对于原输入 $X$ 预测的概率最小的一个类,即

$$y_{LL} = \arg_y \min\{p(y|X)\}$$

对于一个训练好的网络,least – likely(极小似然)的类总是与原图片真正的类别相似度上有很大的区别,因此,这种攻击方法能够创造更加有意义的对抗样本。

与 FGSM 方法和迭代法往正确分类的梯度的反方向加一个增量不同,极小似然法通过往错误分类的梯度方向下降,FGSM 法和迭代法的思想是使对抗样本在模型中倾向于不分类为其正确的类,而极小似然法是使对抗样本在模型中倾向于分类为错误的类,且该类与其正确的类往往差别很大。为了生成一个能被分类为 $y_{LL}$ 的对抗图片,通过在 $\nabla_X J(X_N^{adv}, y_{LL})$ 的符号方向上不停迭代,即按照如下步骤生成对抗样本:

$$X_0^{adv} = X, X_{N+1}^{adv} = \text{Clip}_{X,\epsilon}\{X_N^{adv} - \alpha \text{sign}(\nabla_X J(X_N^{adv}, y_{LL}))\}$$

在迭代的过程中使用和迭代法相同的 $\alpha$ 和相同的迭代次数。

### 5. DeepFool

DeepFool[61]是一种经典基于边界决策的对抗攻击方式,它首次对样本鲁棒性和模型鲁棒性进行了定义,并且可以精确计算深度分类器对大规模数据集的扰动,从而可靠地量

化分类器的健壮性。DeepFool 生成的扰动非常小,并且能有较高的攻击准确率。图 8-7 是针对线性分类器的攻击示意图。

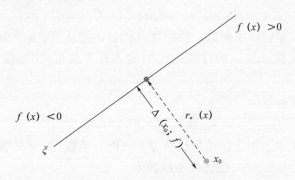

图 8-7 针对线性二分类器的攻击

其中 $f(x) = \boldsymbol{\omega}^T x + b$ 是一个二分类器,$\Delta(x_0;f)$ 为样本点 $x_0$ 到分类界面 $F$ 的最短距离,也就是 $r_*(x_0)$,即为样本点 $x_0$ 在分类器 $f$ 中的健壮性,$F = \{x:\boldsymbol{\omega}^T x + b = 0\}$ 为分类超平面。具体的目标函数如下:

$$r_*(x_0) = \arg\min \|\boldsymbol{r}\|_2$$

$$\text{s. t. } \text{sign}(f(x_0 + r)) \neq \text{sign}(f(x_0)) = -\frac{f(x_0)}{\|\boldsymbol{\omega}\|_2^2}\boldsymbol{\omega}$$

**6. AdvGAN**

AdvGAN[62]在基于神经网络生成的攻击算法中首次引入了生成式对抗网络的思想,直接生成对抗性实例,不仅可以生成感知逼真的实例,对不同目标模型的攻击成功率最高,而且生成过程更高效,AdvGAN 不仅可以用于白盒攻击,也可以用于黑盒攻击。图 8-8 给出了 AdvGAN 的总体架构,主要由生成器 $G$、判别器 $D$ 和目标神经网络 $f$ 三部分组成。

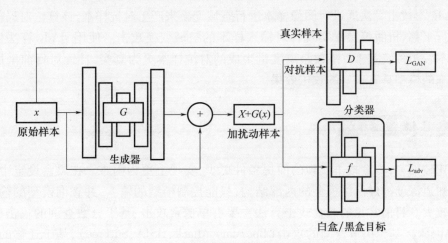

图 8-8 AdvGAN 的总体结构

这里生成器 $G$ 以初始样本 $x$ 为输入,产生扰动 $G(x)$,然后将 $x + G(x)$ 发送给判别器 $D$,用来区分生成的样本和原始样本 $x$,目标模型是 $f$,$\alpha$、$\beta$ 控制每个惩罚项的重要度,目标函数为

$$L = L_{\text{adv}}^f + \alpha L_{\text{GAN}} + \beta L_{\text{hinge}}$$

其中对抗损失函数$L_{\text{GAN}}$为

$$L_{\text{GAN}} = E_x \log D(x) + E_x \log(1 - D(x + G(x)))$$

用于鼓励对抗样本和原始样本相似。判别器$D$的目的是从原始输入样本$x$中区分出扰动数据$x + G(x)$。为了保证生成的样本与原始输入样本接近,实际输入样本从真实类中取样。

目标攻击的损失函数$L_{\text{adv}}^f$为

$$L_{\text{adv}}^f = E_x l_f(x + G(x), t)$$

式中:$t$是目标类别;$l_f$表示用于训练目标模型$f$的损失函数(如交叉熵损失)。$L_{\text{adv}}^f$鼓励对抗样本被错误分类到目标$t$中,优化攻击成功率。

为了限制扰动的大小,在$L_2$范数上增加了一个软铰链损失,$C$为用户指定的约束:

$$L_{\text{hinge}} = E_x \max(0, \|G(x)\|_x - C)$$

#### 7. JSMA 攻击

JSMA[63]攻击是一种基于$L_0$范数约束下的攻击,$L_0$范数本质上是限制输入图像中扰动像素点的个数,通过修改图像中的几个像素点使模型对输入样本误分类。JSMA攻击算法利用显著图表示输入特征对预测结果的影响程度,其每次修改一个干净图像的像素,然后计算模型最后一层的输出对输入的每个特征的偏导,通过得到的前向导数,计算得出显著图,最后利用显著图找到对模型输出影响程度最大的输入特征,通过修改这些对输出影响程度较大的特征点从而得到有效的对抗样本。基于梯度和GAN的对抗攻击是基于全局性扰动,生成的对抗样本有时能够被人眼所察觉,而JSMA生成的对抗样本是基于点扰动,所以产生的对抗性扰动相对而言就会小很多。

#### 8. stAdv 攻击

stAdv[64]攻击算法通过对图像样本进行空域变换来产生对抗样本,该算法对局部图像特征进行平移、扭曲等操作实现针对输入样本的空域变换攻击。使用stAdv算法生成的对抗样本较于传统基于$L_p$范数距离度量生成的对抗样本更为真实,且针对目前采用对抗训练措施的模型具有很好的攻击效果。

### 8.3.2 黑盒方法

相比较而言,黑盒攻击实现的前提条件更少,实现上更为困难。在黑盒设定中,攻击者无法知道深度神经网络模型的内部结构,只能控制模型的输入,并查询模型的输出,攻击难度较大。目前常见的黑盒攻击算法主要有单像素攻击、基于分数查询的攻击(ZOO、QL、N Attack)、基于决策查询的攻击(Boundary Attack、HSJA、SurFree)、基于迁移的攻击、基于替代模型的攻击等。黑盒攻击多用于深度学习的实际攻击中,在互联网中进行数字世界的攻击,可以生成特定扰动和通用扰动。

#### 1. 单像素攻击

单像素[65]攻击是一种基于差分进化算法的攻击算法。单像素攻击算法每次只修改图像样本中的单个像素点的值让模型误分类。实际应用中,是一种极端的攻击方式。该方法对于简单的数据集有较好的攻击效果,如 MNIST 数据集。当输入图像的像素空间较大时,单个像素点的改变很难影响到分类结果,随着图像增大,算法的搜索空间也会迅速增大,使得算法性能下降。

**2. ZOO 攻击**

由于模型是黑盒的,无法得知模型的参数或者内部结构,只能知道输入和输出,此时,梯度信息是无法计算的,也就无法进行反向传播。由于无法进行反向传播,一般使用替代模型生成对抗样本,从而攻击黑盒模型。替代模型是指利用类似分布的数据集,或者利用多次输入输出的结果,训练一个新的模型,并在新的模型上进行反向传播,进而得到一个对抗样本。

与替代模型类似,零阶优化(zeroth order optimization,ZOO)算法[66]是一种有效的黑盒攻击,它只能访问目标 DNN 的输入(图像)和输出(置信度)。与利用替代模型的攻击可转移性不同,基于零阶优化的攻击直接估计目标 DNN 的梯度,以生成对抗性样本。模型中使用零阶随机坐标下降以及降维、分层攻击和重要性抽样技术有效地攻击黑盒模型。通过利用零阶优化,可以实现对目标 DNN 的改进攻击,从而无需训练替代模型,避免攻击可转移性的损失。实验结果表明,ZOO 的攻击具有与最新的白盒攻击(C&W)相当的性能,在攻击成功率和失真方面明显优于基于替代模型的黑盒攻击。

**3. Boundary Attack 攻击**

Boundary Attack 算法[67]属于基于决策信息的黑盒攻击,非常适用于现实世界的场景,如自动驾驶汽车,只需要很少的知识,就可以很好地评估模型的健壮性。基于决策的攻击可扩展到复杂的机器学习模型和自然数据集上,几乎不需要超参数调整,在目标和非目标的计算机视觉场景中,可与最佳的基于梯度的攻击媲美。

边界攻击的核心是使用非常简单的拒绝采样算法,并结合简单的提议分布和受信任区域方法启发的动态步长调整,使其遵循对抗样本和非对抗样本之间的决策边界,从一个大的扰动开始,然后依次减少,最终找到对抗样本。Boundary Attack 边界攻击算法背后的原理是:算法从一个对抗样本点开始初始化,该样本服从均匀分布且目标模型对其分类错误,然后沿着对抗和非对抗区域之间的边界执行随机游走,使得样本停留在对抗区域的同时,减少与目标图像的距离。在迭代过程中,产生的随机扰动,需要服从提议分布 $P$,在迭代过程中,分布 $P$ 从受以下约束的最大熵分布中确定扰动:扰动样本在值域内、扰动要和距离成相对关系、扰动要减少对抗样本和原始样本的距离。

**4. HSJA 攻击**

HSJA 算法[68]属于在优化框架下的基于决策的攻击,仅基于对模型决策的访问,对决策边界处的梯度方向进行估计,并提出了控制偏离边界的误差的方法,用于生成定向攻击和无定向攻击的对抗样本,这些对抗样本针对$l_2$和$l_\infty$的最小距离进行了优化。该算法本质上是迭代的,每个迭代涉及 3 个步骤:梯度方向的估计,通过几何级数进行的步长搜索和通过二分法的边界搜索。基于提出的估计和分析,设计了一系列算法 HopSkipJumpAttack,该算法没有超参数,查询效率高,并且具有收敛性。HSJA 可以有效地对防御机制进行评估,如防御蒸馏、基于区域的分类、对抗训练和输入二值化等。

**5. 基于迁移的攻击**

迁移学习攻击是一种非常重要的黑盒攻击算法,它的基本思想是:结构类似的深度学习网络,在面对相同的对抗样本的攻击时,具有类似的表现,也就是说,如果一个攻击样本可以攻击模型 $A$,那么有一定的概率,可以用于攻击与模型 $A$ 结构类似的模型 $B$。在机器学习领域,有大量的深度神经网络供迁移学习使用。假设要攻击模型 $B$,但是不知道模型 $B$ 的具体细节,但是可以找到与模型 $B$ 功能和结构类似的模型 $A$,模型 $A$ 的结构细节是知道的,基于测试样本对模型 $A$ 进行白盒攻击,得到可以成功攻击模型 $A$ 的对抗样本,再用这些样本去攻击模型 $B$,得到可以成功攻击模型 $B$ 的对抗样本。

例如,在论文"Practical Black-Box Attacks against Machine Learning"[69]中提到的算法,由于不知道目标模型的内部结构,所以采用合成的数据集训练一个本地替代模型 DNN,接着采用雅可比数据增强的方式利用数据在目标模型上的输出更新数据集,再进行模型训练,以建立一个近似于 Oracle 模型 O 的决策边界的模型 $F$,最后攻击者利用替代网络 $F$ 来制作对抗性样本,然后由于对抗性样本的迁移性被 Oracle O 错误分类。论文"Delving Into Transferable Adversarial Examples And Black-Box Attacks"[70]使用基于集成的方法生成可转移的对抗样本,给定 $k$ 个可以进行白盒攻击的模型,这些模型的 softmax 层输出分别是 $J_1, J_2, \cdots, J_k$,原始图像为 $x$,对应的标签是 $y$,定向攻击的分类标签是 $y^*$,对抗样本为 $x^*$,通过集成的方法解决下面的优化问题:

$$\arg\min_{x^*} - \log\left(\sum_{i=1}^{k} \alpha_i J_i(x^*) \cdot l_{y^*}\right) + \lambda d(x, x^*)$$

式中:$\sum_{i=1}^{k} \alpha_i J_i(x^*)$ 是集成的模型;$\alpha_i$ 是集成学习的参数,$\sum_{i=1}^{k} \alpha_i = 1$。

**6. 基于替代模型的攻击**

对于黑盒攻击,在无法访问被攻击模型的架构和权重的情况下,替代模型在黑盒攻击中得到了广泛的研究。通常情况下,该方法并不是直接生成对抗样本,而是训练一个替代模型,在相同的输入数据的查询下,做出与目标模型类似的预测。在一定数量的查询下,这种方法通常能够根据目标模型学习到替代模型。因此,可以对替代模型进行攻击,然后可以转移到目标模型上。以往的替代训练方法主要是基于真实训练数据或合成数据窃取目标模型的知识,论文"Delving into Data:Effectively Substitute Training for Black-box Attack"[71]通过分析基于知识窃取过程中数据分布,设计了一种新的替代模型,首先提出了一个新颖的多样化数据生成模块(data generation module,DDG),该模块将噪声采样与标签嵌入信息相结合生成多样化的训练数据。这样的分布式生成数据基本可以保证替代模型从目标中学习知识。为进一步促使替代模型具有与目标相似的决策边界,提出了对抗替代训练策略(adversarial substitute training strategy,AST),其将对抗样本作为边界数据引入训练过程。DDG 和 AST 的联合学习保证了替代模型和目标模型之间的一致性,这大大提高了在没有任何真实数据的情况下进行黑盒攻击的替代训练的成功率。

## 8.4 融合传统的测试技术

除了上述的基于覆盖的测试技术和基于对抗样本的测试技术外,也有将传统软件的测试技术应用到神经网络测试中,如模糊测试、变异测试、符号执行和组合测试等,用于检测神经网络内部存在的缺陷,缓解评估模型或数据集的质量。

### 8.4.1 模糊测试

模糊测试(fuzzing)属于一种黑盒测试或者灰盒测试方法,通过自动化生成并执行大量的随机测试用例来发现产品或者协议的未知漏洞。如表8-3所列,与其他测试方法相比,具有测试成本低、准确性高等优势。

模糊测试在软件测试中奏效的本质是足够多的具有随机性的测试用例能够让隐藏得很深的漏洞的发现成为接近必然的现象,其背后的理论支撑是概率论中的"大数定律"。

表8-3 不同测试技术的对比

| 测试技术 | 测试准备工作 | 准确性 | 可伸缩性 |
| --- | --- | --- | --- |
| 静态分析 | 简单 | 低 | 相对较好 |
| 动态分析 | 困难 | 高 | 不确定 |
| 符号执行 | 困难 | 高 | 差 |
| 模糊测试 | 简单 | 高 | 好 |

**1. 模糊测试的分类**

在模糊测试中,核心在于测试用例的生成方式,主要有基于变异和基于生成的两种方式,如图8-9所示。

图8-9 测试用例生成的两种方法

根据探索程序的策略,模糊器可以分为定向模糊(directed fuzzing)和基于覆盖的模糊(coverage-based fuzzing),如图8-10所示。定向模糊器期望对程序进行更快的测试,而基于覆盖率的模糊器期望进行更彻底的测试并检测到尽可能多的错误。当然,这其中最为重要的是如何提取执行路径的信息。

图 8-10　基于探索程序策略的模糊测试分类

根据对程序执行状态的监视和测试用例的生成之间是否存在反馈,可以划分出哑模糊(dumb fuzz)和智能模糊(smart fuzz),如图 8-11 所示。智能模糊器会根据收集的信息(通常是测试用例如何影响程序行为)调整测试用例的生成,例如,在基于变异的测试用例生成中会根据这些反馈信息决定对哪一部分的用例进行变异,以及做何种类型的变异。哑模糊测试器具有更好的测试速度,而智能模糊测试器可以生成更好的测试用例并获得更高的效率。

模糊测试具有很多优势,但是也存在一些亟待解决的挑战。在变异的模糊测试中如何更加高效地确定变异的位置,以影响执行的关键流程;如何避免大量随机测试用例却仅能覆盖较少的代码,如何引入程序分析技术;一般在程序的输入前需要做验证的操作,如何让测试用例突破解析和处理前的验证,也是需要解决的问题;现有模糊测试技术对机器学习,尤其是深度神经网络的测试依然面临困难。

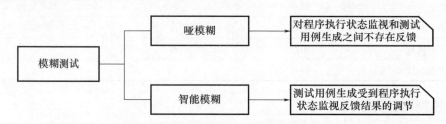

图 8-11　基于反馈路径存在与否的模糊测试分类

**2. 传统的模糊测试方法**

下面介绍几种经典的软件模糊测试方法。

1) AFL 算法

AFL(american fuzzy lop)[72]是一种基于覆盖引导的模糊测试工具,它通过记录输入样本的代码覆盖率,从而调整输入样本以提高覆盖率,增加发现漏洞的概率。其工作流程如图 8-12 所示。

AFL 的基本工作原理如下。

(1)从源码编译程序时进行插桩(instrumentation),以记录代码覆盖率(code coverage)。

(2)选择一些输入文件,作为初始测试集加入输入队列(queue)。

(3)将队列中的文件按一定的策略进行"突变"。

(4)如果经过变异文件更新了覆盖范围,则将其保留添加到队列中。

(5)上述过程会一直循环进行,其间触发了 crash 的文件会被记录下来。

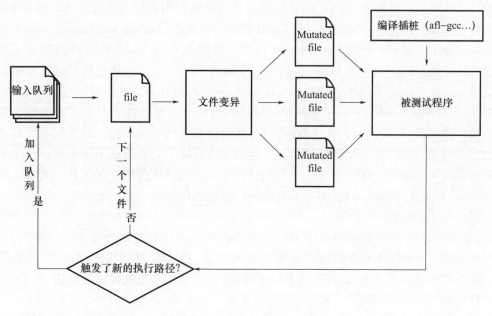

图 8-12　AFL 算法的工作流程

　　AFL 模糊测试对二进制黑盒目标程序的插桩是通过 QEMU 的"user emulation"模式实现的。QEMU 使用 basic blocks 作为翻译单元,利用 QEMU 做插桩,再使用一个和编译期插桩类似的 guided fuzz 的模型。QEMU mode 使用一个 fork server,通过把一个已经初始化好的进程镜像,直接复制到新的进程中。AFL fork server 在 emulator 和父进程之间提供了一个频道,这个频道用来通知父进程新添加的 blocks 的地址,之后把这些 blocks 放到一个缓存中,以便直接复制到将来的子进程中。

　　AFL 是基于代码覆盖率的启发式算法。代码覆盖率是一种度量代码的覆盖程度的方式,也即源代码中的某一行是否已执行。覆盖率的检测一般分为函数、基本块和边界三种级别的覆盖率检测。函数不必过多介绍;基本块是指一组顺序执行的指令,基本块中第一条指令被执行后,后续的指令也会被全部执行,每个基本块中所有指令的执行次数是相同的;当把程序看成一个控制流图,图的每个节点表示一个基本块,而边界就是用以表示基本块之间的跳转。在得到每个基本块和跳转的执行次数,显然就可以知道程序中的每个语句和分支的执行次数,从而获得比基本块更细粒度的覆盖率信息。在 AFL 中,使用二元组(branch_src, branch_dst)表示记录当前基本块和前一基本块的信息,从而表示目标代码的执行流程和代码覆盖情况。

　　在分支点注入代码如下,由此可以捕捉该分支的覆盖率及粗略地计算其执行命中次数:

```
cur_location = < COMPILE_TIME_RANDOM > ;
shared_mem[ cur_location ^ prev_location ] ++ ;
prev_location = cur_location > >1;
```

　　第一行就是用一个随机数 cur_location 标记当前的块,之后将当前块和前一块相或保存到 shared_mem[ ]，其中 shared_mem[ ]数组是一个被调用者传入插桩二进制的 64KB 大小的共享内存区域，其中的每一位可以理解成对于特别的(branch_src,branch_dst)式的元组的一次命中。最后一行将 cur_location 右移一位作为 prev_location，这样就完成了对两个块的路径的标记。AFL 的 fuzzer 包括一个全局的 Map 存储之前执行时看到的元组。这些数据可以被用来对不同的路径进行快速对比，从而可以计算出是否新执行了一个 dword 指令/一个 qword-wide 指令/一个简单的循环。当一个变异的输入产生了一个包含新元组的执行路径时，对应的输入文件就被保存，然后被发送到下一过程。对于那些没有产生新路径的输入，就算它们的路径是不同的，也会被抛弃掉。变异测试用例是能够产生新的语句转移的测试用例。这种变异测试用例会被加入到输入队列中，当做下一次 fuzz 的起点，作为已有测试用例的补充，但并不替换掉已有测试用例。

2）CollAFL 算法

CollAFL 算法[73]主要是对 AFL 算法进行了改进。主要有两处改进：第一，在 AFL 中，AFL 要用到一个 64KB 大小的位图保存覆盖的信息，在 AFL 进行模糊测试时，会发生碰撞。两个基本块构成一个边，AFL 为边赋了哈希值，这个哈希值就代表这条边，可是，不同的边计算出的哈希值可能是一样的，于是就发生了冲突，冲突可能会导致某些输入到达新的路径，但 AFL 却没有将该输入作为种子。CollAFL 针对这一点，采用了一个新的算法，解决了路径哈希值冲突的问题。第二，在对种子进行选择的时候，CollAFL 会优先选择对覆盖有贡献的种子。下面两个式子分别是在某一基本块存在唯一前置基本块和存在多个前置基本块的情况。

$$\text{Fsingle}(cur, prev): c$$
$$\text{Fhash}(cur, prev): hash\_table\_lookup(cur, prev)$$

对于种子选择的问题，CollAFL 算法提出了 3 种选择方案：

$$\begin{cases} \text{Weight}_{br}(T) = \sum_{bb \in \text{Path}(T)} \sum_{<bb,bb_i> \in \text{EDGES}} \text{IsUntouched}(<bb,bb_i>) \\ \text{Weight}_{desc}(T) = \sum_{bb \in \text{Path}(T)} \sum_{\text{IsUntouched}(<bb,bb_i>)} \text{NumDesc}(bb_i) \\ \text{Weight}_{mem}(T) = \sum_{bb \in \text{Path}(T)} \text{NumMemInstr}(bb) \end{cases}$$

简单来说，就是分别将拥有更多未受影响的邻近分支的种子优先用以模糊；拥有更多未受影响的邻近后代的种子将优先考虑模糊；拥有更多内存访问操作的种子将优先进行模糊。

3）V-Fuzz 算法

V-Fuzz[74]由两个主要部分组成：基于神经网络的脆弱性预测模型和面向脆弱性的进化模糊器，如图 8-13 所示。给定一个到 V-Fuzz 的二进制程序，漏洞预测模型将预测出软件的哪些部分更脆弱。然后，模糊器利用进化算法生成输入，在脆弱性预测结果的指导下，输入往往会到达脆弱性位置。实验结果表明，V-Fuzz 可以比最先进的模糊器能更有效地发现错误。

对于给定的任意一个二进制文件,输入到 $M$(也就是脆弱性预测模型)中,得到的是该二进制文件中每一个函数 $f_i$ 的脆弱性值 PV:

$$\mathrm{PV}_{f_i} = M(f_i)$$

脆弱性预测模型的预测输入是 ACFG(attributed control flow graph)的图嵌入表示方法,可以将二进制程序函数转换为数值向量,如图 8-14 所示。将每一个基本块作为节点,基本块之间的关系使用边来关联。使用节点在该图中共 255 个统计特性,由 ACFG 对输入的二进制程序进行向量化表示。

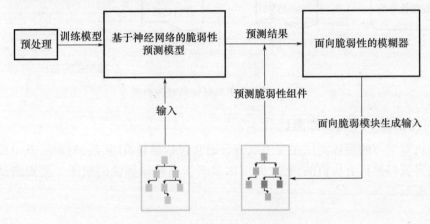

图 8-13 V-Fuzz 的框架

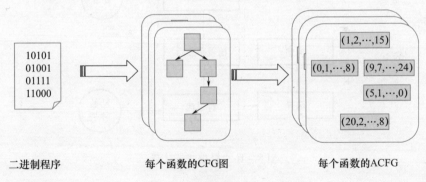

图 8-14 数据处理的工作流

如图 8-15 所示,基于脆弱性的模糊测试的输入是 PV 值,在此基础上进行种子选择、变异、和测试迭代等工作。在 PV 值的基础上,需要给出每一个基本块的静态脆弱性值(SVS),由以下公式给出:

$$\mathrm{SVS}(b_i) = k \cdot p_v + \omega$$

式中:$p_v$ 是该函数的 PV 值;$b_i$ 是属于函数 $f$ 的一个基本块;$k$、$\omega$ 是参数。进一步地,需要对种子库进行补充。如果一个测试实例让程序崩溃,这个测试实例需要加入到种子库中。通过计算每个实例覆盖的路径的 SVS 值之和(记为 fitness,简写为 $F$),可以将 $F$ 值较大的 Top $N$ 个测试实例加入到种子库中去。

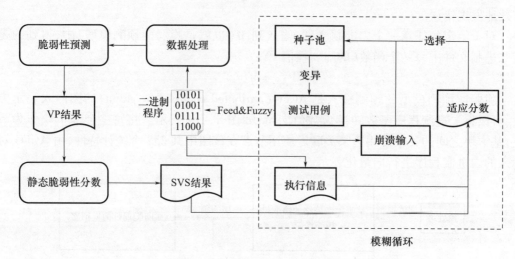

图 8-15　基于脆弱性的模糊测试

### 3. 面向机器学习的模糊测试

面向机器学习的模糊测试主要组成部分通常包括变异策略、反馈指导,其中反馈指导可以为变异策略提供有价值的调整,并可以显著提高模糊算法的效率。模糊测试过程如图 8-16 所示。

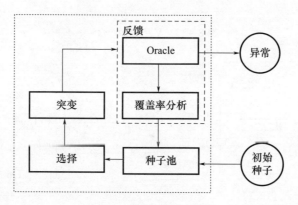

图 8-16　模糊测试过程

给定种子样本,模糊测试的输入选择器从种子文件中选取一些作为输入。选择输入之后,变异器对输入文件进行修改,将变异后的文件输入被测模型,计算覆盖率,如果变异后的文件产生了新的覆盖,就将该文件加入种子池中,如果遇到程序异常,就终止。然而,由于传统软件与机器学习软件之间存在根本区别,例如,变异和反馈在许多方面都不同,对于传统软件,变异通常是随机的,并且经常生成无效的种子,这些种子将很早就被程序中的健全性检查拒绝。因此,常规的模糊测试工具通常只能查找浅层错误,如分析错误和不正确的输入验证。另一方面,机器学习软件的输入通常需要特殊格式,违反格式规范的输入甚至在学习过程开始之前就将被拒绝。因此,基于某些中间表示而不是原始数据自定义感知变异策略更有效。模糊测试关键技术如下。

(1) 反馈方法。模糊测试的目标之一是达到更高的神经元覆盖率,因为覆盖更多神经元可能触发更多逻辑和错误行为,当神经元的输出值大于设定的阈值时,即激活或覆盖了该神经元,设计多种神经元选择策略来选择可能覆盖更多逻辑和触发更多错误输出的神经元。目标之二是揭示系统更多异常行为,即错误行为最大化,通过变异策略引导系统暴露不正确的行为,从而改变测试输入。因此,可以将上述两个目标视为联合优化问题,求解该优化问题可以用基于梯度上升的方法实现。

（2）变异策略。以规定格式的输入作为测试种子,在反馈方法的指导下,如可以采用传统遗传算法的变异策略进行变异,也可以采用增加微小扰动形成对抗样本的方式,保证变异策略的多样性。

（3）种子维护。在模糊过程中,计算覆盖率后,使神经元覆盖率有一定增加的变异输入保留在种子列表中。

下面简单介绍一些机器学习系统的模糊测试方法。

**4. 基于对抗样本生成的深度神经网络模型模糊测试**

对抗样本是指在正常样本中添加微小的、不可预测的扰动后,达到使模型出错的目标的一类输入数据。从模糊测试的角度看,对抗样本是期望的变异结果。

DLFuzz 方法[75]基于对抗样本的生成,旨在能够在不参考相似深度神经网络模型或者不使用带有标签的数据实现最大化神经元覆盖。具体流程如图 8-17 所示。

首先,DLFuzz 使用变异算法对输入的良性样本 $t$ 进行变异,变异的过程是对 $t$ 施加微小的不可预测的扰动以得到 $t'$,并构成中间变异输入对 $(t,t')$,如果 $(t,t')$ 的预测结果不一致,可以认为这是一种异常,而不必去关注输入真正的标签,进而实现了不依赖于带标签的真实数据的目标。将 $t'$ 加入到对抗样本输入数据集合中。如果中间变异输入对的预测结果相同,需要对 $t'$ 做进一步的变异。

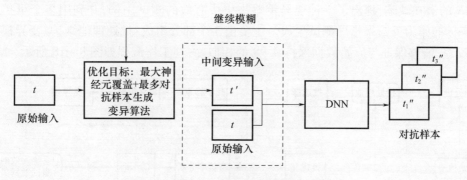

图 8-17 DLFuzz 的架构

DLFuzz 算法的关键是变异算法,其兼顾了最大神经元覆盖和最多对抗样本生成的联合优化目标。

同样是基于梯度的对抗样本生成,DLFuzz 使用梯度增加的方法最大化优化器函数,优化器如下:

$$obj = \sum_{i=0}^{k} c_i - c + \lambda \sum_{i=0}^{m} n_i$$

式中:$\sum_{i=0}^{k} c_i - c$ 是第一部分,$c_i$ 是输入数据的原始标签之外由 DNN 生成的最大可能的类的概率,共有 $k$ 个。最大化第一部分,使得变异之后被错误分类的概率更大。$\lambda \sum_{i=0}^{m} n_i$ 是第二部分,标识被激活的神经节点的多少。

模糊测试的过程:对于每一个给定的输入样本,模糊测试的目的都是获取一个对抗样本集合,算法为每一个给定的输入样本维护一个种子列表(seed_list),通过对损失函数的梯度求导,确定变异增量,并由此得到变异后的样本。考察变异后的样本的预测结果及变异后的 $l_2$ 范数,将能够导致错误分类的变异后样本加入对抗样本集,并根据变异后样本覆盖的神经元情况及 $l_2$ 范数距离决定该变异样本是否加入种子列表。

关于神经元的覆盖,给出了几种策略。
(1)选择在过去测试中最经常被覆盖的神经元。
(2)选择在过去的测试中更少被覆盖的神经元。
(3)选择那些具有较高权重的神经元。
(4)选择接近于激活函数的阈值的神经元。

**5. 基于覆盖引导的深度神经网络模糊测试**

在覆盖引导模糊测试中,模糊测试过程主要包含对所测试程序输入测试集(种子文件)、种子文件的突变策略、用以提升模糊测试效果的反馈机制。根据突变过程对这些种子文件进行变异,当突变输入能够产生新的神经元覆盖时,这些种子文件就会保留在种子库中。覆盖范围的测量可以采用神经元覆盖、$k$ 多节神经元覆盖、神经元边界覆盖、强神经元激活覆盖、Top-$k$ 神经元覆盖、Bottom-$k$ 神经元覆盖等度量标准,并将覆盖率的结果反馈,用于指导变异策略和维护测试的种子库。

DeepHunter[49] 是一种基于覆盖引导的通用深度神经网络模糊测试框架,用于检测通用 DNN 的潜在缺陷,提出了一种变异策略来生成有效的测试用例,并利用多个可扩展的覆盖率标准作为反馈来指导测试生成。主要由 3 个部分组成:批处理池维护、变异模块和 DNN 反馈,能够保证与原始数据保持 0.98 的相似度,其工作流程如图 8-18 所示。

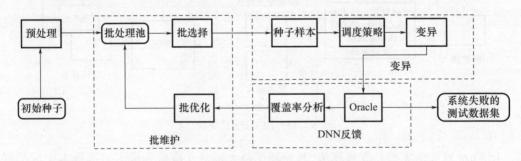

图 8-18 DeepHunter 的工作流程

具体的模糊测试算法过程如下。
(1)DeepHunter 的输入是初始种子和被测试的目标 DNN 模型。在模糊循环之前,初始种子作为批处理重新构造的种子,这些批处理将添加到批处理池。
(2)在模糊处理过程中,模糊器从优先级批处理池中选择一个批次。
(3)从该批种子中,模糊器将一些进行突变。
(4)模糊器对采样的种子应用功率调度,以确定每个种子的突变机会。

(5) 对于每个采样的种子,模糊器将在指定时间内将其进行突变,并清洗突变种子。变异所有取样的种子后,将存活的突变体作为一个批次。

(6) DNN 将预测所有种子并收集批次的覆盖信息。

(7) 如果批处理获得覆盖范围,将添加到批处理池中。

其中的变异策略为了增加可变性,使用 2 类 8 种图像变换。

(1) 像素值变换 $P$,改变图像对比度、图像亮度、图像模糊和图像噪声。

(2) 仿射变换 $G$,图像平移、图像缩放、图像剪切和图像旋转。

变异过程中采用了一种保守的策略,使得仿射变换只被选择一次,因为多个仿射变换更容易产生无意义的图像。像素值变换可以多次选择,并使用 $L_0$ 和 $L_\infty$ 范数限制像素值的变化。

DeepHunter 选择 6 个不同粒度的神经元覆盖标准作为不同的反馈,以确定是否应该保留新生成的批次以供进一步突变,分别是 NC、KMNC、NBC、SNAC、TKNC、BKNC。

### 6. 面向代码编辑的深度神经网络模型模糊测试

CoCoFuzzing[76] 是一个面向代码编辑的深度神经网络模型的模糊测试任务。通常可见深度学习应用到语音、自然语言及图像处理中,而在代码编辑的智能化领域上却较为冷门。深度学习在代码编辑中可以应用于变量名预测、代码摘要生成等任务。需要注意一点,在该任务中数据本身就是代码的源文件。

CoCoFuzzing 提出了 10 种数据变异的方法,并提出了基于覆盖的测试用例生成方法。10 种数据变异的方法如下。

(1) [Op1] Dead store。在一个基础块中插入一个未使用的变量声明,并随即命名并指定数据类型。

(2) [Op2~3] Obfuscating。通过添加和删除相同类型的相同随机数值,重写数值或变量在语句中及其用法,如 $x = 1.0 + 0.1 - 0.1$。

(3) [Op4] Duplicates。复制一个随机选择的语句,并在其原始位置之后立即插入。为了避免副作用,适用的赋值语句仅限于不使用方法调用的语句。

(4) [Op5~9] Unreachable loops/branches。在随机选择的基本块中插入一个无法到达的循环或者条件分支。

(5) [Op10] Renaming。重命名程序中声明的本地变量。

## 8.4.2 变异测试

### 1. 变异测试过程

变异测试是一种对测试集的充分性和质量进行评估的技术,以创建更有效的测试集。变异测试过程如图 8-19 所示,通过变异算子将错误(必须是合乎语法的变更,如将"+"操作符更改为"-"操作符)注入源代码,从而生成一些错误的版本,称为变异体。将过滤后的测试用例集 $T'$ 分别在源程序 $P$ 和每个变异体 $P'$ 上执行,并比较两者之间的结果是否相同:如果不同,则称为杀死了变异体,说明错误可以通过测试用例检出;反之,如果结果相同,则该变异体存活,测试用例没有检测到变异体错误。若已有测试用例不能杀死所有非等价变异体(等价变异体即变异体和源程序等价),则需要额外设计新的测试用例,并添加到测试用例集中,以提高测试充分性。

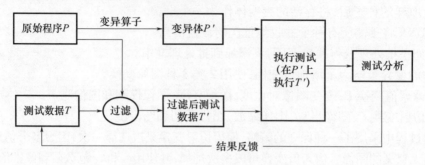

图 8-19　变异测试过程示意图

人们在编程过程中容易出现简单的非技术性错误,如在程序中写 $X < Y + 1$ 却因粗心漏掉后面的常数而写成了 $X < Y$。变异算子就是用来模拟一些典型的用户输入错误(如运算符或变量名使用错误等)以及强制使某些表达式满足一定的条件等,它是一个将原始程序转换成变异体的规则,因此也称为变异规则或变异转换。可以将一个具体的变异算子看成是一个函数,它将被测程序 $P$ 映射为 $k$ 个变异体。传统软件常用的变异算子有变量替换、运算符替换、常数替换和删除或插入整条语句等。变异算子设计的合理有利于提高变异测试的效率。

变异测试的总体目标是评估测试集 $T$ 的质量,进而提供反馈和指导测试改进。一般使用检错率 MS(mutation score)来评价测试集的质量,公式如下:

$$MS = \frac{M_k}{M_t - M_q}$$

式中:$M_k$ 为测试用例检测出变异体的个数;$M_t$ 为生成变异体总数;$M_q$ 为等价变异体个数。

### 2. 机器学习数据程序变异算子

对于机器学习系统的变异测试,重要的是设计变异算子,将潜在故障注入到训练数据或机器学习训练程序中。在注入故障之后,使用变异的训练数据或训练程序重新执行训练过程,以生成对应的变异模型。在 Ma 等提出的 DeepMutation[77] 中,从源码级别和模型级别两方面,设计了数据程序变异算子和模型变异算子。源码级变异算子即数据和程序变异算子如表 8-4 所列。

表 8-4　数据和程序变异算子

| 变异算子 | 类别 | 描述 |
| --- | --- | --- |
| 数据重复(DR) | 数据变异 | 复制训练数据和特定类型的数据 |
| 标签错误(LE) | 数据变异 | 更改数据的标签 |
| 数据丢失(DM) | 数据变异 | 删除选择的数据和特定类型的数据 |
| 数据打乱(DF) | 数据变异 | 打乱训练数据和特定类型数据的顺序 |
| 噪声扰动(NP) | 数据变异 | 向训练数据和特定类型数据添加噪声 |
| 层移除(LR) | 程序变异 | 删除 DNN 的一层 |
| 层添加(LAs) | 程序变异 | 增加 DNN 的一层 |
| 激活函数去除(AFRs) | 程序变异 | 删除激活函数 |

(1)数据重复(DR)。DR操作符复制小部分训练数据。训练数据通常来自多个来源,其中一些来源非常相似,并且同一数据点可以多次收集。

(2)标签错误(LE)。训练数据集 $D$ 中的每个数据点 $(d,l)$,其中 $d$ 表示特征数据,$l$ 是 $d$ 的标签。由于 $D$ 通常相当大(如 MNIST 数据集包含 60000 个训练数据),一些数据点可能被错误标记的情况并不少见。LE 操作符通过更改数据的标签注入此类错误。

(3)数据丢失(DM)。DM 操作符删除一些训练数据。由于疏忽或错误地删除了一些数据点,可能会发生这种情况。

(4)数据打乱(DF)。DF 操作符在训练过程之前将训练数据打乱到不同的顺序。理论上,针对同一组训练数据运行的训练程序应该获得相同的 DL 模型。然而,训练过程的实施往往对训练数据的顺序敏感。在准备训练数据时,开发人员通常不太注意数据的顺序,因此在训练过程中很容易忽略这些问题。

(5)噪声扰动(NP)。NP 操作符随机向训练数据添加噪声。数据点可能携带来自各种来源的噪声。例如,相机捕获的图像可能包括由不同天气条件(即雨、雪、灰尘等)引起的噪声。NP 操作符试图模拟与有噪声的训练数据相关的潜在问题(如 NP 将随机扰动添加到图像的某些像素)。

(6)层移除(LR)。在删除的层的输入和输出结构相同的情况下,LR 随机删除 DNN 的一层。虽然可以删除满足该条件的任何层,但是任意删除层可以生成与原始 DL 模型明显不同的 DL 模型。因此,LR 算子主要集中在 BatchNormalization 层,其删除不会对变异模型产生太大的影响。LR 运算符模拟开发人员删除表示 DNN 层的一行代码的情况。

(7)层添加(LAS)。与 LR 运算符不同,LAS 运算符将层添加到 DNN 模型中。LAS 算子主要关注添加 Activation、BatchNormalization 层等,它引入了由于添加或复制表示 DNN 层的一行代码而可能导致的故障。

(8)激活函数去除(AFRs)。激活函数在 DNN 的非线性中起着非常重要的作用。AFRs 操作符随机删除层的所有激活函数,以模拟开发人员忘记添加激活层的情况。

**3. 机器学习模型变异算子**

模型变异算子如表 8-5 所列。

(1)高斯模糊(GF)。权重是 DNN 的基本元素,它描述神经元之间连接的重要性。权重对 DNN 的决策逻辑有很大的贡献。改变权重的一种自然方法是模糊化其值以更改其表示的连接重要性。GF 运算符遵循高斯分布 $N(\omega,\sigma^2)$ 以改变给定权重值 $\omega$,其中 $\sigma$ 是用户可配置的标准偏差参数。GF 运算符主要将权重模糊化到其附近的值范围(如模糊值以 99.7% 的概率位于 $[\omega-3\sigma,\omega+3\sigma]$ 中),但也允许以较小的机会将权重改变到更大的距离。

(2)权重混洗(WS)。神经元的输出通常由来自上一层的神经元决定,每一层神经元都与权重有关。WS 操作符随机选择一个神经元,并将其连接到上一层的权重置乱。

(3)神经元效应阻塞(NEB)。当测试数据点被读取到 DNN 中时,它通过具有不同权重和神经元层的连接进行处理和传播,直到产生最终结果。每个神经元根据其连接强度在一定程度上对 DNN 的最终决策做出贡献。NEB 操作符将神经元效应阻塞到下一层所有连接的神经元,这可以通过将其下一层的连接权重置为零来实现。NEB 消除了神经元对最终 DNN 决策的影响。

表 8-5 模型变异算子

| 变异算子 | 级别 | 描述 |
| --- | --- | --- |
| 高斯模糊(GF) | 权重 | 由高斯分布确定模糊权重 |
| 权重混洗(WS) | 神经元 | 将连接神经元的上一层权重打乱 |
| 神经元效应阻塞(NEB) | 神经元 | 将连接神经元的下一层权重置零 |
| 神经元激活反转(NAI) | 神经元 | 神经元激活状态反转 |
| 神经元交换(NS) | 神经元 | 切换同一层内两个神经元 |
| 层停用(LD) | 层 | 移除整个层,限制为输入和输出形状一致的层 |
| 层添加(LAM) | 层 | 增加一层,限制为输入和输出形状一致的层 |
| 激活函数去除(AFRm) | 层 | 去除整层激活函数的影响 |

(4)神经元激活反转(NAI)。激活函数在 DNN 的非线性行为中起着关键作用。NAI 操作符尝试反转神经元的激活状态,可以通过在应用神经元的激活函数之前改变其输出值的符号实现。这有助于创建更多的变异神经元激活模式。

(5)神经元交换(NS)。DNN 层的神经元经常对下一层连接的神经元产生不同的影响。NS 操作符在同一层内切换两个神经元,以交换它们对下一层的作用和影响。

(6)层停用(LD)。DNN 的每一层都转换为其上一层的输出,并将其结果传播到其后续层。LD 运算符是一种层级变异运算符,它移除整个层的变换效果,就像从 DNN 中删除一样。简单地从训练的 DL 模型中删除一个层可能会破坏模型结构,将 LD 运算符限制为输入和输出形状一致的层。

(7)层添加(LAM)。LAM 运算符试图通过向 DNN 添加一层来产生与 LD 运算符相反的效果。与 LD 运算符类似,LAM 运算符在相同的条件下工作,以避免破坏原始 DNN。LAM 运算符还包括在其原始层之后复制和插入复制的层,要求层输入和输出的形状一致。

(8)激活函数去除(AFRm)。AFRm 操作符去除整层激活函数的影响。AFRm 运算符与 NAI 运算符不同之处是 AFRm 在层级上工作,AFRm 算法去除了激活函数的影响,而 NAI 算子保留了激活函数,并试图反转神经元的激活状态。

### 8.4.3 符号执行

符号执行是使用符号值代替真实值执行程序,在软件测试中可以达到更高覆盖率的一种测试数据生成方法。符号执行技术通过分析程序,计算出能够执行代码特定部分的程序输入,因此通过符号执行技术产生的程序输入能够更加高效地实现代码覆盖。Concolic 测试技术是一种将程序具体执行与符号执行结合起来的软件测试技术。直接执行程序能够以更小的代价实现对特定输入的测试,而将符号执行作为具体执行过程中的指导能够帮助以更少的执行次数发现错误,二者的结合能够发挥各自优势,以更高效率生成高质量的测试输入。DeepConcolic[78]是一种基于符号执行的测试和调试 DNN 的算法,结构如图 8-20 所示。

DeepConcolic 是一种覆盖率指导的测试工具,它的覆盖标准目前支持神经元覆盖率、边界神经元覆盖率和 DNN 的 MC/DC 变体。预处理模块格式化输入数据并配置后端测试引擎,即生成测试用例的后端引擎和梯度上升(遗传算法)搜索引擎,其中定义了一个 testobject 类对格式化的输入和用于运行 DeepConcolic 的命令行配置进行编码,Coveringlayer 类封装要覆盖的每个 DNN 层,并实现覆盖标准所需的数据结构。Conolicic 引擎结合了具体输入的执行和符号分析技术,可以有效地满足指定覆盖率标准中的测试条件,可以从以下两种符号技术中进行选择。

(1)线性规划(LP)方法。使用范数进行优化,是两个输入的每个维度之间的最大变化。

(2)全局优化方法。适用于(输入图像)像素级的 $L_0$ 范数。遗传算法(genetic algorithm,GA)搜索引擎使用基于梯度变化的搜索方法。Oracle 用来生成对抗样本,测试套件可以提供关于覆盖率的报告,包括达到指定标准的覆盖率级别,以及在每个步骤中生成的测试样本的数量、对抗样本的数量、每个对抗样本的距离以及一些可追溯性信息等。

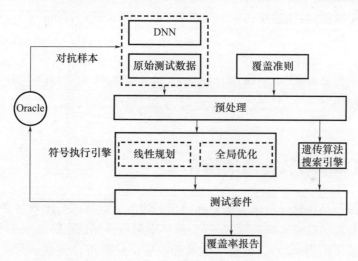

图 8-20 DeepConcolic 测试的框架

Conolicic 引擎的核心是进行符号分析,以保证测试满足覆盖率标准,主要有线性规划和全局优化两种方法。

**1. 线性规划(LP)**

给定输入 $x$,DNN 实例 $N[x]$ 可以通过线性规划的方式映射到激活模式 $ap[x]$,下面的线性约束产生与 $x$ 相同的 ReLU 行为的一组输入:

$$\{u_{k,i} = \sum_{1 \leqslant j \leqslant s_{k-1}} \{w_{-1,j,i} \cdot v_{k-1,j}\} + b_{k,i} | k \in [2,K], i \in [1 \cdots s_k]\}$$
$$\{u_{k,i} \geqslant 0 \wedge u_{k,i} = v_{k,i} | ap[x]_{k,i} = \text{true}, k \in [2,K), i \in [1 \cdots s_k]\}$$
$$\cup \{u_{k,i} < 0 \wedge v_{k,i} = v_{k,i} | ap[x]_{k,i} = \text{false}, k \in [2,K), i \in [1 \cdots s_k]\}$$

上述的线性模型可以产生与编码的激活模式相同的输入集合,从输入和覆盖标准对 $(t,r)$ 寻找新输入的符号分析等价于寻找新的激活模式,在 LP 模型中添加了最小化 $t$ 和 $t'$ 之间距离的目标,使用 $L_\infty$ 范数保证距离的度量是线性的。

神经元覆盖的符号分析取输入测试用例 $t$ 和对神经元 $n_{k,i}$ 的激活的要求 $r$,并返回新的测试$t'$,使得网络实例$N[t']$满足测试要求。给定$N[t]$的激活模式$ap[t]$,可以建立新的激活模式$ap'$:

$$\{ap'_{k,i} = \neg\, ap[t]_{k,i} \wedge \forall k_1 < k: \bigwedge_{0 \leqslant i_1 \leqslant s_{k_1}} ap'_{k_1,i_1} = ap[t]_{k_1,i_1}\}$$

对于 MC/DC 变体中的符号–符号覆盖,为了满足覆盖的要求$r$,定义新的激活模式:

$$\{ap'_{k,i} = \neg\, ap[t]_{k,i} \wedge ap'_{k+1,j} = \neg\, ap[t]_{k+1,j} \wedge \forall k_1 < k: \bigwedge_{0 \leqslant i_1 \leqslant s_{k_1}} ap'_{k_1,i_1} = ap[t]_{k_1,i_1}\}$$

对于神经元边界覆盖,符号分析的目的是寻找一个输入$t'$,使得神经元$n_{k,i}$的激活值超过上界$h_{k,i}$或者下界$l_{k,i}$,在保留 DNN 的激活模式$ap[t]$的同时,增加了以下约束:

$$\text{if } u[x]_{k,i} - h_{k,i} > l_{k,i} - u[x]_{k,i} : u_{k,i} > h_{k,i}$$
$$\text{otherwise } u_{k,i} < l_{k,i}$$

**2. 全局优化**

寻找新输入$t'$的符号分析也可以对目标问题的全局优化来实现。通过将测试需求$r$指定为优化目标,应用全局优化来计算满足测试覆盖需求的测试用例。

对于神经元覆盖,目标是找到一个$t'$,使得指定的神经元$n_{k,i}$有$ap[t']_{k,i}$ = true。

对于符号–符号覆盖,给定神经元对$(n_{k,i}, n_{k+1,j})$和原始输入$t$,优化目标变为

$$ap[t']_{k,i} \neq ap[t]_{k,i} \wedge ap[t']_{k+1,j} \neq ap[t]_{k+1,j} \wedge \bigwedge_{i' \neq i} ap[t']_{k,i'} = ap[t]_{k,i}$$

对于神经元边界覆盖,根据激活神经元$n_{k,i}$的上界和下界,寻找新的输入$t'$的目标是$u[t']_{k,i} > h_{k,i}$或者$u[t']_{k,i} < l_{k,i}$。

## 8.5 机器学习软件测试预言

软件测试预言是指软件测试过程中在给定的输入下能够区分出软件正确行为和潜在的错误行为。与其他软件系统的测试一样,机器学习软件测试也需要解决测试预言问题,即如何判断对给定的测试输入,机器学习软件的输出是否符合预期。测试预言问题解决方法主要包括蜕变测试和伪预言等。

### 8.5.1 蜕变测试

机器学习软件中的机器学习算法最大问题在于其结果不可预测,同样的训练集数据可能会得到不同的分类结果。所以在进行测试时,不能得到确定的可以用以检测正确性的 Oracle。采用蜕变测试可以有效进行结果判定,蜕变测试过程如图 8–21 所示。原始测试用例$X_0$和衍生测试用例$r(X_0)$满足蜕变关系定义的输入,将原始测试用例$X_0$和衍生测试用例$r(X_0)$输入到被测程序,程序输出的结果$P(X_0)$和$P(r\,X_0)$应该也满足蜕变关系。即通过蜕变关系对输入数据进行加工,并且对输出数据进行检测。

图 8–21 蜕变测试过程

在蜕变测试中,蜕变关系是蜕变测试中的核心部分,它不仅用于测试用例生成,还提供了测试结果验证机制,直接关系着整个蜕变测试的效率。如果缺少必要的蜕变关系构造方法和准则将产生两方面问题。

(1)生成大量测试功能相似的测试用例,严重影响测试效率。

(2)待测程序的某些功能未被覆盖到,导致测试不充分。

因此,蜕变测试的关键技术是构造蜕变关系和选取蜕变关系。构造蜕变关系,目的是建立良好的蜕变关系准则,产生可能的蜕变关系,根据蜕变关系可以在一组测试集的基础上创造出更多的测试集。选取蜕变关系,目的是定义合适的蜕变关系选取策略,更好地约简测试用例来减少测试成本。

**1. 蜕变关系构造**

构建蜕变关系时,按照机器学习算法有监督、半监督、无监督的分类方法,将形成不同的蜕变关系构造准则。如针对有监督机器学习算法,应从测试数据和标签两方面考虑蜕变关系,如针对输入数据进行线性变换,不改变输出结果,对标签数据进行线性变换不改变输出结果等。针对无监督机器学习算法,由于没有标签数据,只能从测试数据构建蜕变关系,如对输入数据增加微小的扰动,输出结果应与原输出结果相同。根据领域划分,总结了现有蜕变关系构造方法如表8-6所列。

表8-6 蜕变关系构造方法

| 应用领域 | 蜕变关系构造方法 |
| --- | --- |
| 排序系统[79] | 1. 对输入加相同值不改变输出;<br>2. 对输入乘相同值不改变输出;<br>3. 对输入小幅度扰动不改变输出;<br>4. 对输入取反后的输出是可预料的;<br>5. 对包含于输入集内的新输入的输出是可预料的;<br>6. 对不包含于输入集内的新输入的输出是不可预料的 |
| 图像[80] | 1. 对所有训练数据和测试数据中特征的值做仿射变换后,预测结果保持一致;<br>2. 对所有训练数据和测试数据中的标签进行一致的打乱后,预测结果保持一致;<br>3. 对所有训练数据和测试数据中的 $m$ 个特征进行一致的打乱,预测结果不变;<br>4. 在测试数据中添加无关属性,测试数据的预测结果不变;<br>5. 在分类结果为 $l$ 的测试数据中添加与分类 $l$ 相关度高的属性,分类结果仍为 $l$;<br>6. 将某数据和其分类结果添加到训练集中,训练出的新分类器的预测结果不变;<br>7. 将训练数据中与预测标签一致的数据重复,训练出的新分类器的预测结果不变;<br>8. 假设某数据分类结果为 $l$,将训练数据中标签不为 $l$ 的部分数据的标签重设为一个新的类别 $m$ 后加入训练集,训练出的新分类器对该数据的分类结果仍为 $l$;<br>9. 假设某数据分类结果为 $l$,将训练数据中标签不为 $l$ 的部分数据的标签重设为一个新的类别 $m$ 后替换原数据,训练出的新分类器对该数据的分类结果仍为 $l$;<br>10. 假设某数据分类结果为 $l$,将训练数据中某些不为 $l$ 的标签的所有数据移出训练集,训练出的新分类器对该数据的分类结果仍为 $l$;<br>11. 假设某数据分类结果为 $l$,将训练数据中某些不为 $l$ 的标签的部分数据移出训练集,训练出的新分类器对该数据的分类结果仍为 $l$ |
| 图像[81] | 1. 训练数据集和测试数据集输入RGB通道排列改变,分类精度不变;<br>2. 训练数据集和测试数据集卷积操作排列改变,分类精度不变;<br>3. 测试数据集特征均乘以一个常数 $k$,分类精度不变;<br>4. 训练数据集和测试数据集特征排列改变,分类精度不变;<br>5. 训练数据集中训练用例的顺序改变,分类精度不变;<br>6. 训练数据集和测试数据集特征扩大常量倍,分类精度不变(只针对非线性内核);<br>7. 测试数据集特征线性缩放之后,分类精度不变(只针对线性内核) |

(续)

| 应用领域 | | 蜕变关系构造方法 |
|---|---|---|
| 图像[82] | | 1. 修改图片对比度不影响预测结果;<br>2. 修改图片亮度不影响预测结果;<br>3. 修改图片锐度不影响预测结果;<br>4. 对图片进行模糊不影响预测结果;<br>5. 对图片进行小幅度扰乱不影响预测结果;<br>6. 对图片进行仿射变换不影响预测结果 |
| 多领域[83] | | 1. 交换数据顺序;<br>2. 交换数据中的特征顺序;<br>3. 交换数据中特征的名称(不交换特征的值);<br>4. 将数据中的类别特征替换为数值型(如将"男"替换为1) |
| 人脸识别系统 | 化妆 | 1. 改变妆容不影响人脸识别结果;<br>2. 改变发色不影响人脸识别结果;<br>3. 改变发型不影响人脸识别结果 |
| | 配饰 | 1. 使用贴纸不影响人脸识别结果;<br>2. 贴纸位置不影响人脸识别结果;<br>3. 贴纸旋转不影响人脸识别结果;<br>4. 添加眼镜不影响人脸识别结果;<br>5. 增加部分遮挡(如口罩)不影响人脸识别结果 |
| | 灯光 | 修改光照不影响人脸识别结果 |
| | 姿势 | 更改头部姿势不影响人脸识别结果 |
| | 表情 | 更改面部表情不影响人脸识别结果 |
| | 背景 | 图像中插入非目标图像不影响人脸识别结果 |
| | 标准化 | 图像归一化不影响人脸识别结果 |
| | 频域 | 增加复杂图像高频信息不影响人脸识别结果 |

**2. 蜕变关系选取**

正确的蜕变关系应当包括对于程序核心功能的执行和有效验证,应当对错误具有很高的敏感性,能够区分绝大多数错误的用例。蜕变关系对于错误的敏感性主要是由错误的特性和错误与关系的关联决定的。因此,蜕变关系的选取主要有黑盒和白盒两个方面。黑盒构造的蜕变关系根据规约或者领域知识来决定,白盒构造的蜕变关系根据程序结构来决定。黑盒和白盒方法只适用于一般性质的选取,实际上应用中从程序结构方面进行考虑能够选取出更加优良的蜕变关系,而基于命题逻辑的推理规则,还可以构建复合蜕变关系,复合蜕变关系综合了组成它的各种关系的优点,具有更强的检错能力,也能构造出更多可以用于检测的蜕变关系。复合蜕变关系即假设$MR_x$、$MR_y$是两条蜕变关系,如果$MR_x$任意原始测试用例$T$的衍生测试用例$F_x(T)$都可以作为$MR_y$的原始测试用例时,说$MR_x$、$MR_y$可以复合。复合后的蜕变关系$MR_{xy}$,对任意原始测试用例$T$,$MR_{xy}$的衍生测试用例为$F_{xy}(T)=F_y(F_x(T))$。复合后的蜕变关系检错率不差于参与复合的初始蜕变关系的检错率,而且可以提高测试效率,降低测试成本。

**3. 测试结果正确性判定**

在整个机器学习程序的蜕变测试框架中,由于针对于机器学习程序的实现错误,因此需要先排除数据以及机器学习框架的错误。测试结果正确性判定过程如图 8-22 所示。

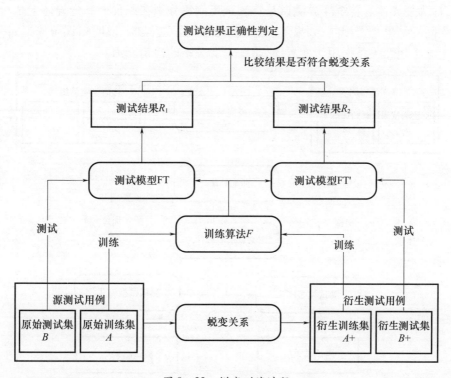

图 8-22 蜕变测试过程

(1) 将已收集好的原始训练集 $A$ 和原始测试集 $B$ 结合蜕变关系即可得到衍生训练集 $A+$ 和衍生测试集 $B+$。

(2) 把原始训练集 $A$ 和衍生训练集 $A+$ 分别对已经编写好的算法 $F$ 进行训练,得到测试模型 FT 和 FT′。

(3) 将原始测试集 $B$ 和衍生测试集 $B+$ 分别对测试模型 FT 和 FT′ 进行测试。

(4) 判断两个分类器的测试结果 $R_1$ 与 $R_2$ 是否满足蜕变关系,从而对测试结果进行正确性判定。

蜕变测试得到的结果一般有 3 种。

(1) 程序执行没有错误,原始测试用例结果集和衍生测试用例结果集符合蜕变关系。

(2) 程序执行没有错误,原始测试用例结果集和衍生测试用例结果集不符合蜕变关系。

(3) 程序执行发现错误,原始测试用例结果集和衍生测试用例结果集符合蜕变关系。

结果 1 和 3 表示测试通过,结果 2 表示测试不通过。实际情况中,1 和 2 可以很好表征一个程序和蜕变关系的适配性,情况 3 由于错误没有被发现,属于异常情况,所以要尽量避免。

**4. 蜕变关系有效性验证**

为了验证蜕变关系的有效性和效率,一般采用变异测试的方法对蜕变关系进行分析。

变异测试是一种基于故障的软件测试技术,它定义了一种用于衡量测试用例集检错能力和效率的标准。如图 8-23 所示,变异分析方法是将错误注入源代码从而生成一些错误的版本,称为变异体。传统变异测试是将测试用例集分别在源程序和变异体上执行,并比较两者之间的结果是否相同,如果不同,则称为杀死了变异体,说明错误可以通过测试用例检测出。将蜕变关系作用于变异体,验证蜕变关系的检错能力。

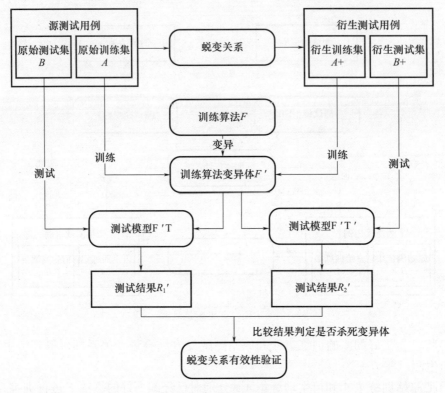

图 8-23 蜕变测试过程

(1)通过执行变异算子得到图像分类算法 $F'$。

(2)将原始训练集 $A$ 和衍生训练集 $A+$ 分别对变异的算法 $F'$ 进行训练,分别得到测试模型 $F'T$ 和 $F'T'$。

(3)将原始测试集 $B$ 和衍生测试集 $B+$ 分别对测试模型 $F'T$ 和 $F'T'$ 进行测试。

(4)通过判断两个分类器的测试结果 $R_1'$ 与 $R_2'$ 是否一致来度量蜕变关系的有效性。

一般会出现以下 3 种结果。

(1)测试结果不满足蜕变关系。说明该蜕变关系杀死了变异体,即该蜕变关系可以检测出此类变异体的错误。

(2)测试结果满足蜕变关系。说明该蜕变关系未杀死变异体,即该蜕变关系无法检测出此类变异体错误。

(3)测试过程出现异常,导致程序终止,说明该蜕变关系可以检测出此类变异体错误。

### 8.5.2 伪预言

伪预言是一种差分测试技术,通过运行多个相似系统与被测系统进行比较,给所有系统相同的输入并观察其输出,输出的差异被认为是被测系统的错误。差分测试的局限在于,运行多个系统可能导致资源不足,且多个系统可能存在相同的错误。

OGMA 算法[84]提出了一种系统测试框架,其能接受基于语法的输入,有效生成测试样本,并自动发现 NLP 机器学习系统分类器的错误行为。利用差异测试(两个实现相同功能的分类器对输入 $I$ 进行分类,如果分类结果差异很大,可以认为这个输入存在问题),提取其语法 Grammar,并在其语法域内寻找(OGMA 算法生成)一个类似于 $I$ 的测试输入 $I'$,由于 $I$ 存在错误,可以认为 $I'$ 也大概率存在错误,在 $I$ 和 $I'$ 的基础上,OGMA 方法在其上添加扰动,在其领域探索,生成一批满足本域语法的错误输入。

CRADLE 算法[85]是针对深度学习模型进行差异测试的方法。对比同一个深度网络模型在不同后端框架下的表现是否一致进行缺陷检测。

## 8.6 机器学习模型测试工具

### 8.6.1 Deepchecks

Deepchecks[86]是测试和验证机器学习模型和数据的开源工具,只需要很少的代码就可以完成机器学习模型的测试。提供了很多 API 接口用于完成各种验证和测试需求,分为三大类型:数据的完整性检测、训练集和测试集分布一致性检测、模型评估检测,每种类型中提供了十多种单项检测。在使用以前需要安装 Deepchecks 包。

安装命令:pip install deepchecks

下面通过几个实例说明 Deepchecks 测试工具的使用方法。

**1. 数据完整性检测**

对于机器学习模型而言,经常遇到的场景是不断的有新的数据添加进来,对于新的数据集进行检测是非常有必要的,保证数据的质量对于整个模型的训练和评估是很有帮助的,Deepchecks 提供了数据完整性检测的接口函数,帮助开发者发现新数据集存在的问题,参考源代码如下:

```
from deepchecks.tabular.suites import data_integrity
suite = data_integrity( columns = ['a','b','c'], n_samples = 1_000_000)
result = suite.run( )
result.show( )
```

其中的 suite 可以对新数据集进行全栈检测,生成的测试结果报告中默认内容包括

Columns Info、Conflicting Labels、Data Duplicates、Feature Label Correlation、Is Single Value、Mixed Data Types、Mixed Nulls、Outlier Sample Detection、Special Characters、String Length Out Of Bounds 和 String Mismatch，除了全栈检测，也可以进行某一单项的检测，如 Data Duplicates 是检查数据是否出现重复。测试报告中会给出数据中存在的问题以及原因，比如数据中缺少某些项、数据为空等。

### 2. 训练集和测试集一致性检测

对于机器学习模型而言，第二个经常遇到的场景是在建模以前，如何科学地划分训练集和测试集，目的是保证模型的输入数据在训练集和测试集上分布一致，不会出现数据漂移的现象，对于序列信号数据不会出现数据泄露，参考源代码如下：

```
from deepchecks.tabular.suites import train_test_validation
train_test_suite = train_test_validation()
train_test_result = train_test_suite.run(train_dataset = ds_train, test_dataset = ds_test)
train_test_result.show()
```

其中的 suite 可以对训练集和测试集进行全栈检测，生成的测试结果报告中默认内容包括 New Category、Datasets Size Comparison、Date Train Test Leakage Duplicates、Date Train Test Leakage Overlap、Feature Label Correlation Change、Index Leakage、Multivariate Drift、New Label、String Mismatch Comparison、Train Test Feature Drift、Train Test Label Drift 和 Train Test Samples Mix，除了全栈检测，也可以进行某一单项的检测，如 Train Test Feature Drift 检查训练集和测试集的特征是否分布一致，有没有出现数据漂移的现象。测试报告中会给出训练集和测试集中存在的问题以及原因。

### 3. 分类性能评估

以简单的卷积神经网络模型和手写体数字 MNIST 数据集为例，分类性能评估可以对给定分类模型和数据集的召回率 Recall 和精确率 Precision 进行度量，并在一次检查中返回所有结果。参考源代码如下：

```
#导入相关的库:
from deepchecks.vision.checks.model_evaluation import class_performance
from deepchecks.vision.datasets.classification import mnist
#准备模型和数据:
mnist_model = mnist.load_model()
train_ds = mnist.load_dataset(train = True, object_type = 'VisionData')
test_ds = mnist.load_dataset(train = False, object_type = 'VisionData')
#进行分类性能测试:
check = class_performance.ClassPerformance()
result = check.run(train_ds, test_ds, mnist_model)
#得到评估报告:
result.save_as_html()
```

报告中生成的 Recall 和 Precision 的结果如图 8-24 所示。

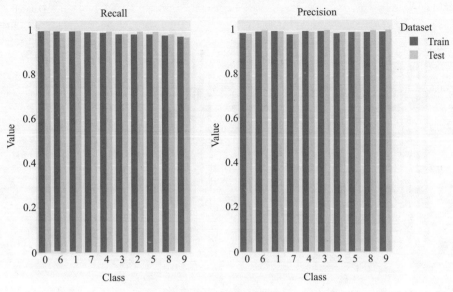

图 8-24 模型的分类性能评估结果

以 Yolo5 模型和目标检测数据集 COCO 为例,目标检测任务的评估指标是平均精度(average precision,AP),平均精度的定义和 COCO 数据集的定义一致,是针对一组 IoU 阈值(0.5,0.95,0.05)计算得到。参考源代码如下:

```
#导入相关的库:
from deepchecks.vision.checks.model_evaluation import class_performance
from deepchecks.vision.datasets.detection import coco
#准备模型和数据:
yolo = coco.load_model(pretrained = True)
train_ds = coco.load_dataset(train = True, object_type = 'VisionData')
test_ds = coco.load_dataset(train = False, object_type = 'VisionData')
#进行目标检测性能分析:
check = class_performance.ClassPerformance(show_only = 'best')
result = check.run(train_ds, test_ds, yolo)
#得到评估报告:
result.save_as_html()
```

报告中生成的平均召回率和平均精度的结果如图 8-25 所示。

还是以 Yolo5 模型和目标检测数据集 COCO 为例,通过设定条件来检测模型的性能大于某一个阈值。比如定义的条件为测试集的平均精度 AP 大于 0.2。参考源代码如下:

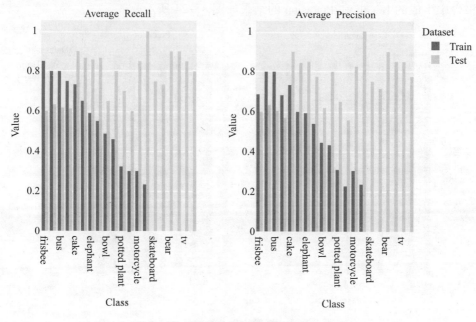

图 8-25 模型的目标检测性能评估结果

```
check = class_performance.ClassPerformance(show_only = 'worst')
check.add_condition_test_performance_greater_than(0.2)
result = check.run(train_ds, test_ds, yolo)
result.save_as_html()
```

报告中生成的平均召回率和平均精度的结果如图 8-26 所示,可以看到模型对若干类物体的检测精度低于阈值 0.2,尤其是拖拉机 Truck 的检测精度几乎为 0。

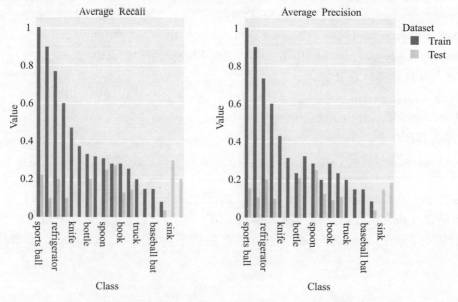

图 8-26 模型条件下的目标检测性能评估结果

### 4. 混淆矩阵评估

Deepchecks 可以生成汇总模型性能的可视化混淆矩阵。混淆矩阵包含 TP、FP、TN 和 FN，可以从中得出相关的性能度量，如正确率、精确度、召回率等。

混淆矩阵测试可以输出分类问题和目标检测问题的混淆矩阵。以 Yolo5 模型和目标检测数据集 COCO 为例，测试报告中生成的混淆矩阵的结果如图 8-27 所示，在目标检测问题中，一些预测结果和任何标签都不匹配，标记为"No overlapping"。参考源代码如下：

```
from deepchecks.vision.datasets.detection import coco
yolo = coco.load_model(pretrained = True)
train_ds = coco.load_dataset(object_type = 'VisionData')
from deepchecks.vision.checks.model_evaluation import ConfusionMatrixReport
check = ConfusionMatrixReport(categories_to_display = 10)
result = check.run(train_ds, yolo)
result.save_as_html()
```

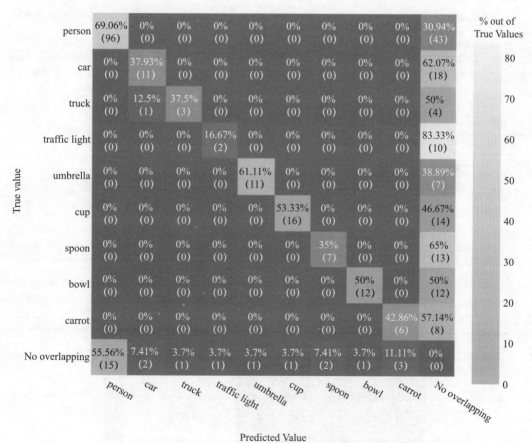

图 8-27 目标检测模型的混淆矩阵评估结果

以 AdaBoost 分类器和鸢尾花数据集 Iris 为例，测试报告中生成的混淆矩阵的结果如图 8-28 所示，参考源代码如下：

```
#导入相关的库:
import pandas as pd
from sklearn. datasets import load_iris
from sklearn. ensemble import AdaBoostClassifier
from sklearn. model_selection import train_test_split
from deepchecks. tabular import Dataset
from deepchecks. tabular. checks import ConfusionMatrixReport
#AdaBoost 分类模型和数据准备:
iris = load_iris( as_frame = True)
clf = AdaBoostClassifier( )
```

```
frame = iris. frame
X = iris. data
y = iris. target
X_train, X_test, y_train, y_test = train_test_split(X, y, test_size = 0.5, random_state = 42)
clf. fit( X_train, y_train)
    ds = Dataset( pd. concat( [ X_test, y_test], axis = 1), features = iris. feature_names, label
= 'target')
#生成混淆矩阵报告:
check = ConfusionMatrixReport( )
check. run( ds, clf)
```

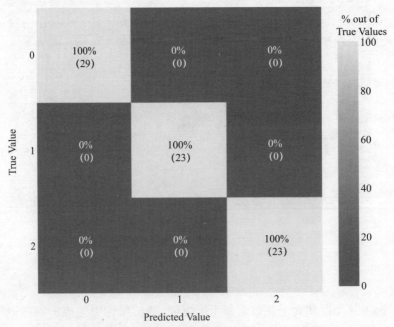

图 8 - 28　AdaBoost 分类器的混淆矩阵评估结果

## 5. 不同模型性能比较

函数 MultiModelPerformanceReport 提供了在同一个测试集上多个模型的性能比较,使用的度量标准有 F1、分类的精度和召回率、负的均方根误差(root mean square error, RMSE)、负的平均绝对误差(mean absolute error, MAE)和回归分析的 R2 分数。AdaBoost、随机森林 RandomForest 和决策树 DecisionTree 3 种机器学习模型的性能比较结果如图 8 – 29 所示,参考源代码如下:

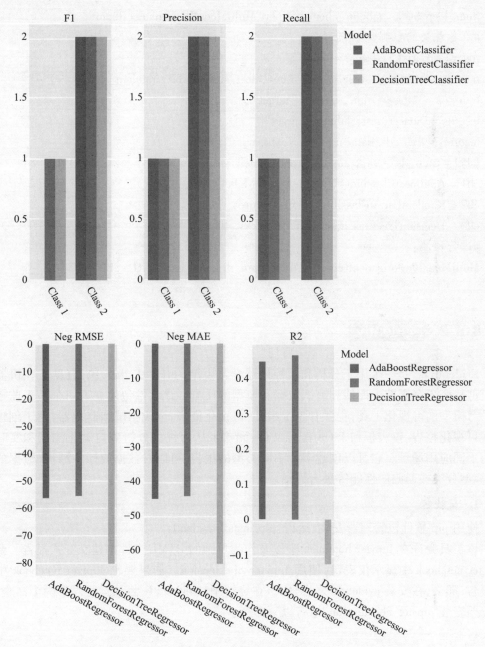

图 8 – 29  不同模型的性能评估比较

```
#导入相关的库:
from sklearn.datasets import load_iris
from sklearn.ensemble import AdaBoostClassifier
from sklearn.model_selection import train_test_split RandomForestClassifier
from sklearn.tree import DecisionTreeClassifier
from deepchecks.tabular import Dataset
from deepchecks.tabular.checks import MultiModelPerformanceReport
#准备相关的数据集和模型:
iris = load_iris(as_frame = True)
train, test = train_test_split(iris.frame, test_size = 0.33, random_state = 42)
train_ds = Dataset(train, label = "target")
test_ds = Dataset(test, label = "target")
features = train_ds.data[train_ds.features]
label = train_ds.data[train_ds.label_name]
clf1 = AdaBoostClassifier().fit(features, label)
clf2 = RandomForestClassifier().fit(features, label)
clf3 = DecisionTreeClassifier().fit(features, label)
#进行检测:
MultiModelPerformanceReport().run(train_ds, test_ds, [clf1, clf2, clf3])
```

### 8.6.2 Evidently

Evidently[87]是一个用于分析和监控机器学习模型的开源 Python 包,有助于在机器学习模型整个生命周期中评估和测试数据和模型的质量。该软件包建立了一个易于监控机器学习模型的可视化工具,主要有 3 个组件:可视化报告、全栈测试和监视器,用于创建交互式可视化报告、仪表板和 JSON 配置文件,涵盖了从可视化分析到自动化测试和实时监控的不同应用场景。它可以创建多种不同类型的报告,可以对数据或标签漂移、数据的质量、模型分类或回归的性能等进行评估。

**1. 安装包**

使用 pip 软件包管理器安装,运行:pip install evidently。

该工具允许在 Jupyter notebook 中以及作为单独的 HTML 文件构建交互式报告。要在 Jupyter notebook 中显示仪表盘,使用 Jupyter nbextension。如果要在 Jupyter notebook 中显示报告,那么,在安装 evidently 之后,应该在终端中从 evidently 目录运行以下两个命令。

要安装 jupyter nbextension,运行以下命令:

jupyter nbextension install − − sys − prefix − − symlink − − overwrite − − py evidently

要启用它,运行以下命令:

```
jupyter nbextension enable evidently --py --sys-prefix
```

**2. 导入相关的库**

导入创建机器学习模型所需的库。还将导入用于创建用于分析模型性能的可视化报告的库。导入pandas以加载数据集,参考源代码如下:

```
import pandas as pd
import numpy as np
from sklearn import datasets, ensemble, model_selection
from evidently import ColumnMapping
from evidently.report import Report
from evidently.metric_preset import DataDriftPreset
from evidently.metric_preset import DataQualityPreset
from evidently.metric_preset import RegressionPreset
from evidently.metric_preset import ClassificationPreset
from evidently.metric_preset import TargetDriftPreset
```

**3. 加载数据集并创建模型**

下载示例数据集并将其分离为参考数据集(基线数据集)和预测数据集。示例中采用了人口普查收入数据集、住房数据集、乳腺癌数据集和鸢尾花数据集共4个标准数据集。参考源代码如下:

```
#人口普查收入数据集
adult_data = datasets.fetch_openml(name='adult', version=2, as_frame='auto')
adult = adult_data.frame
adult_ref = adult[~adult.education.isin(['Some-college', 'HS-grad', 'Bachelors'])]
adult_cur = adult[adult.education.isin(['Some-college', 'HS-grad', 'Bachelors'])]
adult_cur.iloc[:2000, 3:5] = np.nan

#住房数据集
housing_data = datasets.fetch_california_housing(as_frame='auto')
housing = housing_data.frame
housing.rename(columns={'MedHouseVal': 'target'}, inplace=True)
housing['prediction'] = housing_data['target'].values + np.random.normal(0, 3, housing.shape[0])
housing_ref = housing.sample(n=5000, replace=False)
housing_cur = housing.sample(n=5000, replace=False)
```

```
#乳腺癌数据集用于二分类
bcancer_data = datasets.load_breast_cancer(as_frame = 'auto')
bcancer = bcancer_data.frame
bcancer_ref = bcancer.sample(n = 300, replace = False)
bcancer_cur = bcancer.sample(n = 200, replace = False)
bcancer_label_ref = bcancer_ref.copy(deep = True)
bcancer_label_cur = bcancer_cur.copy(deep = True)
model = ensemble.RandomForestClassifier(random_state = 1, n_estimators = 10)
model.fit(bcancer_ref[bcancer_data.feature_names.tolist()], bcancer_ref.target)
bcancer_ref['prediction'] = model.predict_proba(bcancer_ref[bcancer_data.feature_names.tolist()])[:, 1]
bcancer_cur['prediction'] = model.predict_proba(bcancer_cur[bcancer_data.feature_names.tolist()])[:, 1]
bcancer_label_ref['prediction'] = model.predict(bcancer_label_ref[bcancer_data.feature_names.tolist()])
bcancer_label_cur['prediction'] = model.predict(bcancer_label_cur[bcancer_data.feature_names.tolist()])

#鸢尾花数据集用于多分类
iris_data = datasets.load_iris(as_frame = 'auto')
iris = iris_data.frame
iris_ref = iris.sample(n = 75, replace = False)
iris_cur = iris.sample(n = 75, replace = False)
model = ensemble.RandomForestClassifier(random_state = 1, n_estimators = 3)
model.fit(iris_ref[iris_data.feature_names], iris_ref.target)
iris_ref['prediction'] = model.predict(iris_ref[iris_data.feature_names])
iris_cur['prediction'] = model.predict(iris_cur[iris_data.feature_names])
```

**4. 数据漂移检测**

对参考数据集和预测数据集进行数据漂移的检测,验证两个数据集的数据分布是否存在漂移,可以在没有标签的条件下检测模型性能、在离线环境下理解模型是否有漂移以及决定是否进行模型的重新训练等场景下使用,生成的交互可视化报告如图8-30所示,从图中可以看到,数据集总共15个特征,其中5个特征存在数据漂移,采用的评估指标是KS值和模型稳定度PSI,参考源代码如下:

```
data_drift_report = Report(metrics = [DataDriftPreset(num_stattest = 'ks', cat_stattest = 'psi',
                    num_stattest_threshold = 0.2, cat_stattest_threshold = 0.2),])
data_drift_report.run(reference_data = adult_ref, current_data = adult_cur)
data_drift_report.save_html("data_drift_report.html")
```

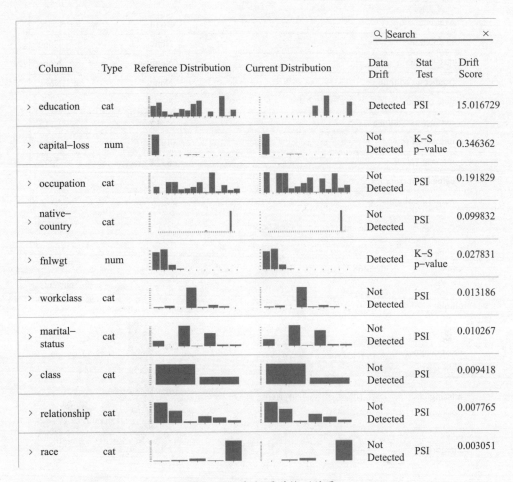

图 8-30 数据漂移检测结果

### 5. 数据质量评估

对参考数据集和预测数据集进行数据质量和数据完整性的评估,验证和评估测试数据集和参考数据集的质量偏移程度,生成的交互可视化报告如图 8-31 所示,从中可以看到,包括完整的数据集质量评估结果汇总、数据集丢失的数据汇总和数据集的相关性分析等内容,参考源代码如下:

```
data_quality_report = Report(metrics = [DataQualityPreset(),])
data_quality_report.run(reference_data = adult_ref, current_data = adult_cur)
data_quality_report.save_html("data_quality_report.html")
```

### 6. 数值目标漂移评估

对参考数据集和预测数据集进行数值目标漂移的检测,在测试数据集和参考数据集上对数值目标和特征行为的变化进行评估,生成的交互可视化报告如图 8-32 所示。

| Metric | Current | Reference |
|---|---|---|
| id column | None | None |
| target column | None | None |
| prediction column | None | None |
| date column | None | None |
| number of columns | 15 | 15 |
| number of rows | 34687 | 14155 |
| missing values | 8373 | 2092 |
| categorical columns | 9 | 9 |
| numeric columns | 6 | 6 |

|  | current | reference |
|---|---|---|
| count | 34687 | 14155 |
| unique | 2 (0.01%) | 2 (0.01%) |
| most common | <=50K (77.29%) | <=50K (73.1%) |
| missing | 0 (0.0%) | 0 (0.0%) |
| new categories | 0 | |
| missing categories | 0 | |

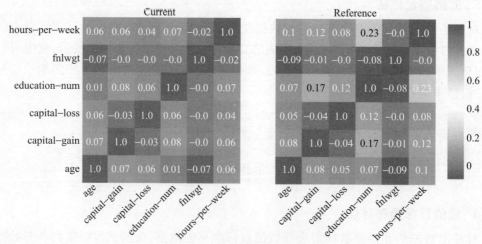

图 8-31 数据质量评估结果

参考源代码如下：

```
num_target_drift_report = Report(metrics = [TargetDriftPreset(num_stattest = 'ks', cat_stattest = 'psi'),])
num_target_drift_report.run(reference_data = housing_ref, current_data = housing_cur)
num_target_drift_report.save_html("num_target_drift_report.html")
```

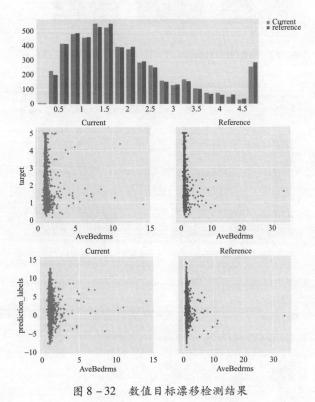

图 8-32　数值目标漂移检测结果

### 7. 分类目标漂移评估

对参考数据集和预测数据集进行分类目标漂移的评估，在测试数据集和参考数据集上对分类目标和特征行为的变化进行评估，生成的交互可视化报告如图 8-33 所示。

参考源代码如下：

```
multiclass_cat_target_drift_report = Report（metrics = [TargetDriftPreset（num_stattest = '
                ks',cat_stattest = 'psi'），]）
multiclass_cat_target_drift_report.run（reference_data = iris_ref, current_data = iris_cur）
multiclass_cat_target_drift_report.save_html（"multiclass_cat_target_drift_report.html"）
```

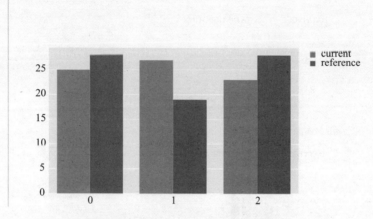

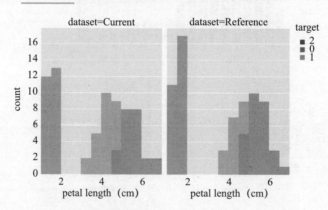

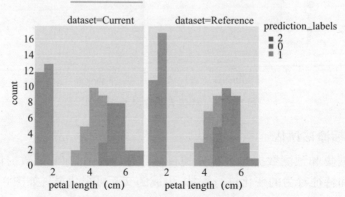

图 8-33 分类目标漂移检测结果

## 8. 回归模型性能检测

在参考数据集和预测数据集上对回归模型的性能和模型误差进行分析,可以计算一些标准的模型质量度量指标:平均误差(mean error,ME)、平均绝对误差(mean absolute error,MAE)、平均绝对百分比误差(mean absolute percentage error,MAPE)。生成的交互可视化报告如图 8 - 34 所示。

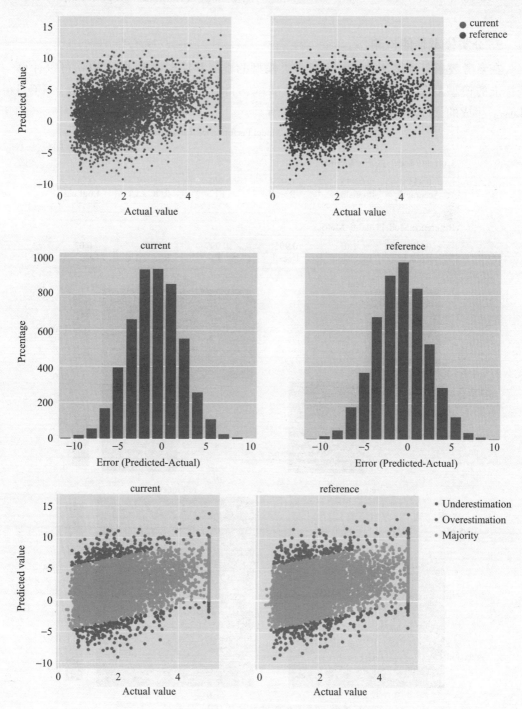

图 8 - 34　回归模型性能检测结果

参考源代码如下：

```
regression_performance_report = Report( metrics = [ RegressionPreset( ) , ] )
regression_performance_report. run( reference_data = housing_ref. sort_index( ) , current_
                                    data = housing_cur. sort_index( ) )
regression_performance_report. save_html( "regression_performance_report. html" )
```

### 9. 分类模型性能检测

在参考数据集和预测数据集上对分类模型的性能和模型误差进行分析,可以计算一些标准的模型质量度量指标:准确率、精准率、召回率、F1 – score、ROC 曲线、AUC、LogLoss。生成的交互可视化报告如图 8 – 35 所示。

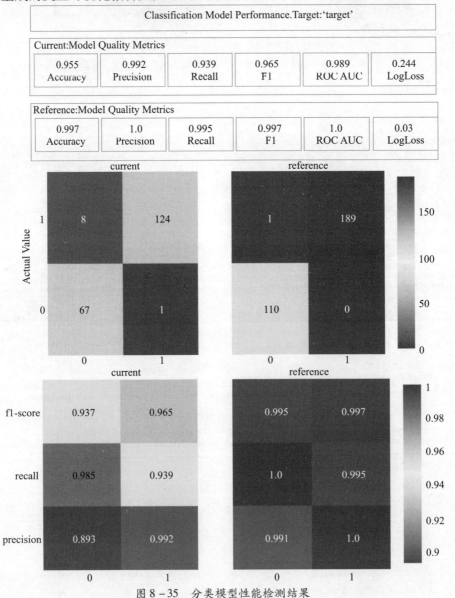

图 8 – 35　分类模型性能检测结果

参考源代码如下:

```
classification_performance_report = Report( metrics = [ ClassificationPreset( probas_threshold = 0.7),])
classification_performance_report.run( reference_data = bcancer_ref, current_data = bcancer_cur)
classification_performance_report.save_html( "classification_performance_report.html" )
```

## 8.7　机器学习软件测试发展趋势

机器学习软件检测经历了快速的发展,但其仍处于早期阶段,仍有许多问题需要研究。主要包括以下内容。

(1)测试的应用场景更加丰富。目前,很多测试任务主要集中在图像分类上,而在许多领域,如语音识别、自然语言处理等仍有研究前景。

(2)测试更多机器学习类别。目前,机器学习主流分为监督学习、无监督学习、强化学习。不同机器学习类别上的测试存在明显的不平衡,大多数研究都集中在监督学习(特别是分类问题上),因而,对无监督学习和强化学习的测试将会有很多研究机会。同时,迁移学习的测试也会变得很重要。

(3)测试更多的机器学习软件属性。对机器学习软件的大多数测试主要集中在正确性、鲁棒性和安全性上,对模型相关性(过拟合)、公平性、可解释性、效率性等属性的测试研究也很有非常有前景。

(4)提供更多的测试基准。现有的机器学习软件测试采用了大量的数据集,但这些数据集通常是用于构建机器学习系统的数据集,很少有专门为机器学习软件测试研究而设计的数据集。因此机器学习软件测试需要一个带有真实缺陷的机器学习程序库,可以用来为缺陷修复提供一个很好的基准。

(5)执行更多类型的测试活动。现有的测试工作主要是进行离线测试,但离线测试无法测试一些在实际应用场景中可能存在的问题。虽然在线测试也有很多研究,但在评估在线模型或数据时可能还存在局限性。

同时,由于机器学习模型的黑盒特性,机器学习测试结果往往比传统的软件测试更难以让开发人员理解。因此,可视化的测试结果在机器学习测试中特别有用,可以帮助开发人员理解缺陷,并帮助修复缺陷。

# 参考文献

[1] 肖丰佳,李立新. 软件测试技术研究[J]. 工业控制计算机,2012,25(1):75-76.
[2] 崔书彬. 软件测试的方法[J]. 电子技术与软件工程,2018(16):41-43.
[3] 国家标准化管理委员会. 系统与软件工程 系统与软件质量要求和评价(SQuaRE 第1部分:SQuaRE 指南):GB/T 25000.1—2021[S]. 2021.
[4] 邓梅淇. 计算机软件测试方法及发展趋势[J]. 信息与电脑(理论版),2021,33(8):114-116.
[5] 任卫军,贺昱曜,张卫钢. 基于 Gompertz 模型的软件质量与测试过程评估[J]. 计算机工程与应用,2008(9):87-89.
[6] 刘方. 一种适用于敏捷开发的新型软件测试模型——"车轮"模型[J]. 软件导刊,2018,17(5):142-145.
[7] 邓璐娟,刁海港,孙义坤,等. 软件测试模型及 X 模型的改进[J]. 郑州轻工业学院学报,2011,26(1):91-94.
[8] 赵永青. 基于行为驱动开发的改进 X 测试模型及其应用[J]. 软件,2021,42(9):148-150.
[9] 孟祥丰. 软件测试模型及其改进方案[J]. 电子设计工程,2012,20(23):38-40.
[10] 刘凯,梁欣,张俊萍. 软件测试过程模型研究[J]. 计算机科学,2018,45(S2):518-521.
[11] 刘跃光,齐坤. FinTech 背景下银行自动化测试技术研究与应用[J]. 中国金融电脑,2019(9):68-70.
[12] 迈克·康奈尔. 快速软件开发[M]. 席相霖,等译. 北京:电子工业出版社,2002.
[13] 潘丽丽,王天锷,秦姣华. 软件测试教学研究与实践[J]. 计算机时代,2015(7):57-59.
[14] 饶慧,杜成章. 加强建筑智能化软件产品的测试技术研究[J]. 智能建筑,2010(1):41-43.
[15] 张秀琼. ATC 系统软件自动化单元测试工具的研究与实现[D]. 成都:四川大学,2006.
[16] 陈计喜,姜丽红. 自动化功能测试的方法与实现[J]. 计算机工程,2004,30(B12):168-169.
[17] 邓青华. 软件自动化测试工具研究[J]. 软件导刊,2011(1):57-59.
[18] 冯晶晶. 基于 Selenium 的 Web 自动化测试框架的设计与实现[D]. 北京:北京工业大学,2018.
[19] 姜文,刘立康. 基于 Selenium 的 Web 软件自动化测试[J]. 计算机技术与发展,2018(9):47-52.
[20] 赵静文. 基于 Selenium 的 Web 自动化测试系统的研究与实现[D]. 南京:东南大学,2014.
[21] 王艳梅. 基于 Selenium 的 Web 应用测试框架的开发[D]. 上海:上海交通大学,2014.
[22] 陈梦珂,戴平. 浅谈移动 App 测试流程[J]. 科技传播,2018,10(8):145-146.
[23] 姚炯. 基于 Appium 的手机应用程序自动化测试研究[J]. 软件导刊,2017,16(1):129-132.
[24] 任涛. 深入理解自动化测试工具 Appium[J]. 信息与电脑(理论版),2016(21):139-140.
[25] 王益洁. 基于 Appium 的手机软件自动化测试应用实例[J]. 工业控制计算机,2021,34(2):113-115.
[26] 51Testing 教研团队. 自动化测试主流工具入门与提高[M]. 北京:人民邮电出版社,2020.
[27] 学习笔记-性能测试-概述[EB/OL]. https://blog.csdn.net/weixin_30897079/article/details/96390574.
[28] 段念. 软件性能测试过程详解与案例剖析[M]. 北京:清华大学出版社,2020.
[29] 谈谈功能测试、性能测试、自动化测试区别[EB/OL]. https://blog.csdn.net/weixin_50829653/article/details/111168621.
[30] 性能测试简单介绍[EB/OL]. https://blog.csdn.net/baidu_37964071/article/details/82192792.
[31] 常用性能测试工具有哪些?[EB/OL]. http://www.51testing.com/html/41/n-4464941.html?nomobile=1.
[32] ERINLE B. JMeter 性能测试实战[M]. 黄鹏,译. 北京:人民邮电出版社,2020.
[33] 陈志勇,马利伟,万龙. 全栈性能测试修炼宝典 JMeter 实战[M]. 北京:人民邮电出版社,2020.
[34] 赵国亮,等. 嵌入式软件测试与实践[M]. 北京:清华大学出版社,2018.
[35] 嵌入式系统[EB/OL]. https://baike.baidu.com/item/嵌入式系统.
[36] 浅析嵌入式系统中的特点与分类[EB/OL]. https://www.elecfans.com/d/1569826.html.
[37] 黄松,洪宇,郑长友,朱卫星. 嵌入式软件自动化测试[M]. 北京:机械工业出版社,2022.
[38] 黄源,等. 大数据技术入门[M]. 北京:清华大学出版社,2022.

[39] 艾辉,等. 机器学习测试入门与实践[M]. 北京:人民邮电出版社,2020.

[40] 温春水,等. 从零开始学 Hadoop 大数据分析[M]. 北京:机械工业出版社,2019.

[41] 李伟杰,等. 大数据技术入门到商业实战:Hadoop + Spark + Flink 全解析[M]. 北京:机械工业出版社,2021.

[42] 刘攀. 大数据测试技术数据采集、分析与测试实践[M]. 北京:人民邮电出版社,2018.

[43] 艾辉,等. 大数据测试技术与实践[M]. 北京:人民邮电出版社,2021.

[44] 阿里巴巴技术质量小组. 阿里测试之道[M]. 北京:电子工业出版社,2022.

[45] ZHANG J M, HARMAN M, MA L, et al. Machine learning testing:survey, landscapes and horizons[J]. IEEE Transactions on Software Engineering, 2022, 48(1):1 – 36.

[46] PEI K, CAO Y, YANG J, et al. DeepXplore:automated whitebox testing of deep learning systems[C]// Proceedings of the 26th Symposium on Operating Systems Principles, ACM, 2017:1 – 18.

[47] TIAN Y, PEI K, JANA S, et al. DeepTest:automated testing of deep – neural – network – driven autonomous cars[C]// Proceedings of the 40th International Conference on Software Engineering (ICSE), IEEE/ACM, Gothenburg, Sweden, 2018:303 – 314.

[48] MA L, LIU Y, ZHAO J, et al. DeepGauge:multi – granularity testing criteria for deep learning systems[C]// Proceedings of the 33rd International Conference on Automated Software Engineering (ASE), IEEE/ACM, Montpellier, France, 2018:120 – 131.

[49] XIE X, SEE S, MA L, et al. DeepHunter:a coverage – guided fuzz testing framework for deep neural networks[C]// Proceedings of the 28th ACM SIGSOFT International Symposium on Software Testing and Analysis, ACM, 2019:146 – 157.

[50] LEE S, CHA S, LEE D, et al. Effective white – box testing of deep neural networks with adaptive neuron – selection strategy[C]// Proceedings of the 29th ACM SIGSOFT International Symposium on Software Testing and Analysis, ACM, 2020:165 – 176.

[51] SUN Y, HUANG X, KROENING D, et al. Testing deep neural networks[J]. ArXiv preprint arXiv:1803.04792, 2018.

[52] DU X, XIE X, LI Y, et al. DeepCruiser:automated guided testing for stateful deep learning systems[J]. ArXiv preprint arXiv:1812.05339, 2018.

[53] DU X, XIE X, LI Y, et al. DeepStellar:model – based quantitative analysis of stateful deep learning systems[C]// Proceedings of the 27th ACM Joint Meeting on European Software Engineering Conference and Symposium on the Foundations of Software Engineering, ACM, 2019:477 – 487.

[54] WANG D, WANG Z, FANG C, et al. DeepPath:path – driven testing criteria for deep neural networks[C]// International Conference On Artificial Intelligence Testing (AITest), IEEE, Newark, CA, USA, 2019:119 – 120.

[55] MA L, XU F, XUE M, et al. DeepCT:tomographic combinatorial testing for deep learning systems[C]// The 26th International Conference on Software Analysis, Evolution and Reengineering (SANER), Hangzhou, China, IEEE, 2019:614 – 618.

[56] KIM J, FELDT R, YOO S. Guiding deep learning system testing using surprise adequacy[J]. The 41st International Conference on Software Engineering (ICSE), Montreal, QC, Canada, IEEE/ACM, 2019:1039 – 1049.

[57] SZEGEDY C, ZAREMBA W, SUTSKEVER I, et al. Intriguing properties of neural networks[J]. ArXiv preprint arXiv:1312.6199, 2013.

[58] CARLINI N, WAGNER D. Towards evaluating the robustness of neural networks[C]// Symposium on Security and Privacy (SP), San Jose, CA, USA, IEEE, 2017:39 – 57.

[59] GOODFELLOW I, SHLENS J, SZEGEDY C. Explaining and harnessing adversarial examples[J]. ArXiv Preprint arXiv:1412.6572, 2015.

[60] KURAKIN A, GOODFELLOW I, BENGIO S. Adversarial examples in the physical world[J]. ArXiv Preprint arXiv:1607.02533, 2016.

[61] MOOSAVI – DEZFOOLISM, FAWZI A, FROSSARD P. DeepFool:A simple and accurate method to fool deep neural networks[C]// IEEE Conference on Computer Vision and Pattern Recognition (CVPR), Las Vegas, NV, USA, 2016:2574 – 2582.

[62] XIAO C, LI B, ZHU J Y, et al. Generating adversarial examples with adversarial networks[C]// Proceedings of the 27th International Joint Conference on Artificial Intelligence, 2018:3905 – 3911.

[63] PAPERNOT N, MCDANIEL P, JHA S, FREDRIKSON M, et al. The limitations of deep learning in adversarial settings [C]// European Symposium on Security and Privacy (EuroS&P), Saarbruecken, Germany, IEEE, 2016:372-387.

[64] XIAO C, ZHU J Y, LI B, et al. Spatially transformed adversarial examples[J]. ArXiv Preprint arXiv: 1801.02612, 2018.

[65] SU J, VARGAS D V, SAKURAI K, et al. One pixel attack for fooling deep neural networks[J]. IEEE Transactions on Evolutionary Computation, 2019, 23(5):828-841.

[66] CHEN P Y, ZHANG H, SHARMA Y, et al. ZOO: zeroth order optimization based black-box attacks to deep neural networks without training substitute models[C]// Proceedings of the 10th ACM Workshop on Artificial Intelligence and Security, ACM, 2017:15-26.

[67] BRENDEL W, RAUBER J, BETHGE M. Decision-based adversarial attacks: reliable attacks against black-box machine learning models[J]. ArXiv Preprint arXiv:1712.04248, 2017.

[68] CHEN J, JORDAN M I, WAINWRIGHT M J. HopSkipJumpAttack: a query-efficient decision-based attack[C]// Symposium on Security and Privacy (SP), San Francisco, CA, USA, IEEE, 2020:1277-1294.

[69] PAPERNOT N, MCDANIEL P, GOODFELLOW I, et al. Practical black-box attacks against machine learning[C]// Proceedings of the 2017 ACM on Asia Conference on Computer and Communications Security, ACM, 2017:506-519.

[70] LIU Y, CHEN X, LIU C, et al. Delving into transferable adversarial examples and black-box attacks[J]. ArXiv Preprint arXiv:1611.02770, 2016.

[71] WANG W, YIN B, YAO T, et al. Delving into data: effectively substitute training for black-box attack[C]// IEEE/CVF Conference on Computer Vision and Pattern Recognition (CVPR), Nashville, TN, USA, IEEE/CVF, 2021:4759-4768.

[72] AFL 覆盖引导模糊测试工具[EB/OL]. https://github.com/googleprojectzero/winafl.

[73] GAN S, CHAO Z, QIN X, et al. CollAFL: path sensitive fuzzing[C]// IEEE Symposium on Security and Privacy (SP), San Francisco, CA, USA, IEEE, 2018:679-696.

[74] LI Y, JI S, LV C, et al. V-Fuzz: vulnerability-oriented evolutionary fuzzing[J]. ArXiv Preprint arXiv: 1901.01142, 2019.

[75] GUO J, JIANG Y, ZHAO Y, et al. DLFuzz: differential fuzzing testing of deep learning systems[J]. ArXiv Preprint arXiv:1808.09413, 2018.

[76] WEI M, HUANG Y, YANG J, et al. CoCoFuzzing: testing neural code models with coverage-guided fuzzing[J]. ArXiv Preprint arXiv:2106.09242, 2021.

[77] MA L, ZHANG F, SUN J, et al. DeepMutation: mutation testing of deep learning systems[C]// The 29th International Symposium on Software Reliability Engineering (ISSRE), Memphis, TN, USA, IEEE, 2018:100-111.

[78] SUN Y, HUANG X, KROENING D, SHARP J, et al. DeepConcolic: testing and debugging deep neural networks[C]// The 41st International Conference on Software Engineering: Companion Proceedings (ICSE-Companion), Montreal, QC, Canada, IEEE/ACM, 2019:111-114.

[79] MURPHY C, KAISER G E, HU L, et al. Properties of machine learning applications for use in metamorphic testing [C]// Proceedings of the Twentieth International Conference on Software Engineering & Knowledge Engineering (SEKE 2008), San Francisco, CA, USA, DBLP, 2008.

[80] XIE X, HO J, MURPHY C, KAISER G, et al. Application of metamorphic testing to supervised classifiers[C]// The Ninth International Conference on Quality Software, Jeju, Korea (South), 2009:135-144.

[81] 刘佳洛,姚奕,黄松,等. 机器学习图像分类程序的蜕变测试框架[J]. 计算机工程与应用,2020,56(17):69-77.

[82] BRAIEK HB, KHOMH F, et al. DeepEvolution: a search-based testing approach for deep neural networks[C]// The IEEE International Conference on Software Maintenance and Evolution (ICSME), Cleveland, OH, USA, 2019:454-458.

[83] SHARMA A, WEHRHEIM H. Testing machine learning algorithms for balanced data usage[C]// The 12th IEEE Conference on Software Testing, Validation and Verification (ICST), Xi'an, China, 2019:125-135.

[84] UDESHI S, CHATTOPADHYAY S. Grammar Based Directed Testing of Machine Learning Systems[J]. IEEE Transactions on Software Engineering, 2021,47(11):2487-2503.

[85] PHAM H V, LUTELLIER T, QI W, TAN L. CRADLE: cross-backend validation to detect and localize bugs in deep

learning libraries[C]// The 41st International Conference on Software Engineering (ICSE), Montreal, QC, Canada, IEEE/ACM, 2019:1027-1038.

[86] deepchecks 工具文档[EB/OL]. https://docs.deepchecks.com/.
[87] evidently 工具文档[EB/OL]. https://www.evidentlyai.com/.
[88] 王赞,闫明,刘爽,等. 深度神经网络测试研究综述[J]. 软件学报,2020,31(5):1255-1275.
[89] 李舵,董超群,司品超,等. 神经网络验证和测试技术研究综述[J]. 计算机工程与应用,2021,57(22):53-67.